ANTON V. BJALOBŽESKIJ

KORROSION DURCH RADIOAKTIVE STRAHLUNG

ANTON V. BJALOBŽESKIJ

KORROSION DURCH RADIOAKTIVE STRAHLUNG

In deutscher Sprache herausgegeben
von
Prof. Dr.-Ing. habil., Dr. rer. nat. h. c.
KURT SCHWABE

Mit 108 Abbildungen und 31 Tabellen

AKADEMIE-VERLAG · BERLIN · 1971

А. Б. БЯЛОБЖЕСКИЙ
РАДИАЦИОННАЯ КОРРОЗИЯ
Erschienen im Verlag der Akademie der Wissenschaften der UdSSR,
Übersetzt aus dem Russischen durch Dr. CLAUS HEROLD, Dresden

Erschienen im Akademie-Verlag GmbH, 108 Berlin, Leipziger Straße 3—4

Lizenz-Nr. 202 · 100/498/71
Gesamtherstellung: VEB Druckhaus „Maxim Gorki“, 74 Altenburg
Bestellnummer: 5756
EDV-Nr.: 761437 6
Printed in German Democratic Republic

Vorwort des Herausgebers

Kohlekraftwerke werden in der DDR im Laufe der nächsten 20 Jahre immer mehr durch Kernkraftwerke ersetzt werden. Für die Betriebssicherheit und Lebensdauer solcher Anlagen ist das Korrosionsverhalten der verwendeten Werkstoffe von entscheidender Bedeutung. Bei Kernkraftwerken können zusätzliche Korrosionserscheinungen durch die ionisierende Strahlung, denen die Werkstoffe im Bereich des Kernreaktors ausgesetzt sind, hervorgerufen werden.

Einerseits können durch die Strahlung im Werkstoff selbst Veränderungen, Gitterstörungen usw. verursacht werden, die die Korrosion der Metalle begünstigen, andererseits kann in Wasser oder wäßrigen Lösungen durch Radiolyseprodukte die Korrosion beschleunigt werden.

Im vorliegenden Buch werden die physikalischen Grundlagen der Strahlungskorrosion von beiden Aspekten aus behandelt und das Korrosionsverhalten der praktisch in Betracht kommenden metallischen Werkstoffe im Strahlungsfeld beschrieben.

Da bei strahlungschemischen Prozessen, die zur technischen Synthese organischer Verbindungen angewendet werden, häufig Chlorkohlenwasserstoffe als Lösungsmittel benutzt werden, ist der Strahlungskorrosion metallischer Werkstoffe in diesen Medien auch ein Kapitel gewidmet.

Korrosionserscheinungen sind von vielen Faktoren abhängig, die von Anlage zu Anlage verschieden sind. Eine sichere Voraussage des Korrosionsverhaltens ist infolgedessen nicht möglich. Der Verfasser hat daher ausführlich die Versuchsanordnungen und die Versuchstechnik zur Durchführung von Messungen über die Strahlungskorrosion unter betriebsnahen Bedingungen beschrieben.

Im Hinblick auf die große Bedeutung, die Kernkraftwerke für die Energieversorgung der DDR und die Strahlenchemie in der chemischen Industrie erlangen werden, ist es von größter Wichtigkeit, das Korrosionsverhalten der metallischen Werkstoffe unter Strahlungsbedingungen zu kennen oder zu prüfen und bei der Projektierung und Konstruktion solcher Anlagen zu berücksichtigen. Dazu kann das vorliegende Buch von großem Nutzen sein.

Dresden, Herbst 1970 *K. Schwabe*

Vorwort des Verfassers

In der vorliegenden Monographie wird der Einfluß der radioaktiven Strahlung auf die Korrosion der Metalle unter verschiedenen Anwendungsbedingungen betrachtet.

Radioaktive Strahlung ist ein mächtiger energetischer Faktor, der in allen Fällen der Anwendung von Atomenergie berücksichtigt werden muß. Die Strahlung ändert die Eigenschaften verschiedener Stoffe, darunter auch der Konstruktionsmaterialien. Man kann behaupten, daß die Strahlung immer Einfluß auf die Korrosionsprozesse ausübt, da sie durch Wechselwirkung mit dem Metall oder dem Korrosionsmedium das Energiepotential verändert. Jedoch ist die Frage der quantitativen Seite der korrosiven Strahlenwirkung bei weitem noch nicht klar.

Anfangs wurde die Strahlenwirkung stark überschätzt, indem große Effekte erwartet wurden. Dann wurde im Laufe der Zeit klar, daß die Strahlung in einigen Fällen keinerlei Einfluß auf die Korrosion ausübt, und es galt als Axiom, daß die Korrosionswirkung der Strahlung im allgemeinen wegen ihrer Geringfügigkeit vernachlässigt werden kann. Die Verbreitung dieses Standpunktes wurde durch die Tatsache gefördert, daß infolge der verhältnismäßig geringen Strahlungsintensitäten und der Anwendung einer sehr begrenzten Anzahl metallischer Materialien und Korrosionsmedien die Strahlungseffekte in der Praxis tatsächlich gering waren. Jedoch zeigten ausgedehntere Untersuchungen, daß es sogar beim derzeitigen Stand der Atomtechnik einige Fälle gibt, wo die Strahlung die Korrosionsgeschwindigkeit von Metallen beträchtlich erhöht.

Es muß darauf hingewiesen werden, daß Korrosionsfragen in der Atomindustrie im Vergleich zu anderen Zweigen der Volkswirtschaft besondere Bedeutung gewinnen. Das hängt vor allem mit der Strahlung zusammen, deren Vorhandensein die Forderungen an die Dauerhaftigkeit und Zuverlässigkeit der Apparaturen erhöht, da deren Reparatur mit großen Schwierigkeiten, darunter der Gesundheitsgefährdung für Menschen, verbunden ist. Die Korrosionsprodukte ermöglichen wegen ihrer induzierten Aktivität keine gefahrlose Arbeit an Atomanlagen. Außerdem sind Fälle bekannt, wo sogar geringe Mengen an Korrosionsprodukten zu ernsten Störungen im technologischen Prozeß führten.

Daher können unbedeutende, unter gewöhnlichen Bedingungen tragbare Korrosionsschäden in Einrichtungen der Atomindustrie zu ernsten Folgen führen. Deshalb müssen alle Faktoren, die die Korrosion im gegebenen Fall beeinflussen, darunter auch die radioaktive Strahlung, sorgfältig untersucht werden.

Zweifellos kann bei weiterer Intensivierung der Atomindustrie und entsprechend bei Erhöhung der Strahlungsdosisleistungen der Einfluß der letzteren auf die Metallkorrosion bedeutend wachsen und in einigen Fällen sogar zum bestimmenden Faktor werden. Im Zusammenhang damit ist es schon jetzt nötig, Vorstellungen über die allgemeinen Gesetzmäßigkeiten der Korrosionswirkung der Strahlung zu haben und die Bedingungen zu kennen, unter denen die Wirkung besonders intensiv hervortritt.

Die in den letzten Jahren erschienenen Übersichtsarbeiten, die dem Problem der Strahlenwirkung bei der Metallkorrosion gewidmet sind, sind als Nachschlagmaterial sehr nützlich. Sie haben jedoch den Nachteil, daß in ihnen das Problem als Ganzes praktisch nicht betrachtet wird, das Wesen der ablaufenden Prozesse nicht aufgedeckt wird.

Wir hoffen, daß die vorgelegte Monographie diese Lücke in einem gewissen Umfang ausfüllt.

Als Grundlage der vorliegenden Monographie dienten Arbeiten, die der Autor zusammen mit V. D. Val'kov, V. N. Lukinska und V. V. Sedov ausführte.

Bei der Arbeit an diesem Buch wurden wertvolle Anregungen von I. L. Rozenfel'd, N. D. Tomašov, Ja. M. Kolotyrkin, R. S. Ambarcumjan, Ju. N. Golovanov, M. N. Fokin, E. N. Miroljubov, P. I. Dolin und A. K. Pikaev gegeben, denen der Autor seinen Dank ausspricht.

A. V. Bjalobžeskij

Inhalt

1. Einführung

1.1. Strahlung und Korrosion

Unter den verschiedenen Korrosionsproblemen, die den Forschern von der Atomindustrie gestellt wurden, ist die Ermittlung der Gesetzmäßigkeiten der Einwirkung radioaktiver Strahlung auf die Korrosionsprozesse der Metalle spezifisch. Erste Untersuchungen auf diesem Gebiet wurden von FRIEND [1] ausgeführt, der bereits 1921 einige Versuche zur Bestimmung des Einflusses von Radiumstrahlung auf die Korrosion des Eisens vornahm. Jedoch wurde für diese Versuche keine geeignete Technik verwendet, und sie ergaben keine klaren Ergebnisse.

Ausgedehnte systematische Untersuchungen zum Studium des Einflusses radioaktiver Strahlung auf Korrosionsprozesse wurden in den 40er Jahren mit der Entwicklung der Atomindustrie begonnen, und regelmäßige Veröffentlichungen begannen am Ende der 40er und Anfang der 50er Jahre zu erscheinen.

Unter Zusammenfassung der vorhandenen Literaturangaben kann man folgende allgemeine Einschätzung der korrodierenden Wirkung der Strahlung vornehmen: Strahlung ist in keiner Weise ein schwerwiegender, korrosionsinitiierender Faktor. In einer Reihe von Fällen beeinflußt sie die Korrosionsprozesse nicht merklich, mitunter zeigt sie sogar eine hemmende Wirkung.

Gleichzeitig gibt es Fälle, in denen die Strahlung eine sehr bedeutende, bisweilen sogar eine bestimmende Rolle spielt. So zeigen STOBBS und SWALLOW [2] in ihrer der Strahlungswirkung bei der Metallkorrosion gewidmeten Übersichtsarbeit, daß der Beginn intensiver Arbeiten am Projekt des homogenen Reaktors in England und den USA wegen Schwierigkeiten gehemmt wurde, die mit der Auffindung von gegen Uranylsalzlösungen, die beim homogenen Reaktor als Brennstoff dienen, hinreichend korrosionsbeständigen Materialien zusammenhingen. Dabei wurde gezeigt, daß die Korrosionsgeschwindigkeit der Metalle unter diesen Bedingungen durch die Intensität der radioaktiven Strahlung der Uranyllösung bestimmt wird.

In der Arbeit von LINTNER, NACHTIGALL und SCHMID [3] wird eine intensive Korrosion an Stahlkonstruktionen und Maschinen in radioaktiven Stollen beschrieben. Nach sorgfältigen Untersuchungen gelangten die Autoren zu dem Schluß, daß die Ursache der verstärkten Korrosion die radioaktive Strahlung der in dem Stollen vorhandenen Radiumemanation war. Überhaupt kann man eindeutig feststellen, daß Strahlung die Korrosion zahlreicher Metalle unter atmosphärischen Bedingungen zehn- und hundertfach verstärkt. Sehr stark kann sich das Vorhandensein von Strahlung bei der Korrosion von Metallen in einigen organischen Medien äußern, und auch die Korrosionsbeständigkeit von Uranlegierungen beeinflußt sie merklich.

Durch Analyse der Gesetzmäßigkeiten und Mechanismen der Korrosionswirkung der Strahlung kann die Ansicht bekräftigt werden, daß die weitere Entwicklung der Atomtechnik, die Erhöhung der Neutronenflüsse und Strahlungsniveaus, die Vergrößerung der Anzahl an Arbeitsmedien, die Erhöhung ihrer Temperatur und ihrer Durchsatzgeschwindigkeit zu einem starken Anstieg von Korrosionsfällen führen muß, bei denen die Strahlung den bestimmenden Faktor darstellt.

Zum Veständnis des Wirkungsmechanismus der radioaktiven Strahlung bei der Metallkorrosion muß man wissen, was Strahlung darstellt und welche Gesetzmäßigkeiten ihrer Wechselwirkung mit Materie existieren.

1.2. Charakteristik der radioaktiven Strahlung

Die Erscheinungsformen der radioaktiven Strahlung sind sehr mannigfaltig. Als hauptsächlichste sind zu nennen:

Neutronen — neutrale Teilchen mit einer Masse von $1{,}675 \cdot 10^{-24}$ g. Die mittlere Lebensdauer des freien Neutrons beträgt $\sim$17 Minuten. (Dann wandelt es sich in ein Proton, ein Elektron und ein Antineutrino um). Die Art der Wechselwirkung der Neutronen mit Materie hängt von ihrer Energie ab. Man unterscheidet langsame Neutronen mit einer Energie bis 0,1 MeV (darunter thermische mit einer Energie bis 0,025 eV) und schnelle, deren Energie 0,1 MeV übersteigt (darunter hochenergetische mit einer Energie $>$20 MeV [47]).

Protonen — Kerne von Wasserstoffatomen. Das Proton trägt eine positive Elementarladung und hat eine Masse von $1{,}672 \cdot 10^{-24}$ g.

Deuteronen — Kerne von Deuteriumatomen. Das Deuteron trägt eine positive Elementarladung und besteht aus einem Proton und einem Neutron. Die Masse des Deuterons beträgt $3{,}347 \cdot 10^{-24}$ g.

α-Teilchen — Heliumkerne. Jedes Teilchen trägt zwei positive Elementarladungen und besteht aus zwei Protonen und zwei Neutronen. Die Masse des α-Teilchens beträgt $6{,}694 \cdot 10^{-24}$ g.

β-Teilchen — sind in der Regel Elektronen, die eine negative Elementarladung tragen (β^-). Außerdem werden beim radioaktiven Zerfall positive β-Teilchen, sogenannte Positronen (positive Elektronen), ausgestoßen. Die Masse des β-Teilchens ist gleich der Masse des Elektrons, d. h. $9{,}107 \cdot 10^{-28}$ g.

γ-Strahlung ist analog der Röntgenstrahlung eine elektromagnetische Strahlung. Sie besteht aus Photonenquanten hoher Energie. Bei Abbremsung des Photons wird aus ihm ein Elektron-Positron-Paar gebildet.

Alle aufgezählten Teilchen können folgendermaßen klassifiziert werden:

— nach der Masse: schwere (Neutronen, α-Teilchen, Deuteronen und Protonen) und leichte Teilchen (β-Teilchen, γ-Quanten)

— nach der Ladung: geladene (Protonen, Deuteronen, α-, β-Teilchen) und neutrale Teilchen (Neutronen, γ-Quanten).

Bei Strahlungsmessungen werden folgende Bestimmungen und Einheiten angewandt.

Absorbierte Dosis: Strahlungsenergiebetrag, der von der Massen- oder Volumeneinheit des bestrahlten Stoffes absorbiert worden ist. Bei Korrosionsuntersuchungen wird die absorbierte Dosis vorteilhafterweise in eV/g, eV/cm³ oder eV/l [1]) ausgedrückt. Bei γ-Strahlung wird die absorbierte Dosis gemäß GOST 8848-58 in rad[2]) gemessen. 1 rad ist 100 erg pro 1 g des bestrahlten Systems.

Bestrahlungsdosis: Gesamtbetrag der Strahlungsenergie, deren Wirkung das bestrahlte System unterworfen wird. Die Dosis von Röntgen- oder γ-Strahlung ist eine Meßgröße der Strahlung, die auf ihrem Ionisationsvermögen begründet ist. Die Dosiseinheit dieser Strahlungstypen ist das Röntgen. Gemäß GOST 8848-58 ist das Röntgen die Dosiseinheit von Röntgen- oder γ-Strahlung in Luft, bei der die begleitende Korpuskular-Emission in 0,001293 g (1 cm³ bei der Temperatur 0 °C und dem Druck 760 Torr) Luft Ionen beider Vorzeichen erzeugt, die je eine Ladung von einer elektrostatischen Einheit (CGSE) (entsprechend der Bildung von $2{,}08 \cdot 10^9$ Ionenpaaren) tragen. Die Anwendung des Röntgens als Maßeinheit der Dosis wird für Strahlung mit Energien bis 3 MeV gestattet.

Für andere Strahlungsarten wurde von uns die Bestrahlungsdosis entweder durch den in Luft absorbierten Energiebetrag bezüglich des Austritts von Strahlungsteilchen aus der Strahlungsquelle (eV/cm³) oder durch den Betrag an Bestrahlungsenergie, der 1 cm² Oberfläche des bestrahlten Systems durchsetzt (eV/cm²), ausgedrückt. Für eine Gruppe schwerer Teilchen wurde die Bestrahlungsdosis als die Teilchenmenge gemessen, die 1 cm² Oberfläche (Neutronen/cm², Deuteronen/cm², Protonen/cm²) durchdrang.

In der Kerntechnologie mißt man die Größe der Dosis häufig in Wh, und für geladene Teilchen werden mitunter elektrotechnische Einheiten (A, μA) angewandt).

Absorbierte Dosisleistung: In der Zeiteinheit absorbierte Dosis. In Übereinstimmung mit dem oben Dargelegten sind ihre Einheiten rad/sec, rad/min, rad/h, eV/cm³ sec, MeV/cm³ sec usw.

Die *Bestrahlungsdosisleistung* wird in Röntgen/sec, Röntgen/min, Röntgen/h, eV/cm³ sec usw. gemessen.

Bestrahlungsintensität: Energiebetrag der Strahlung oder Menge an Strahlungsteilchen, die pro Sekunde 1 cm² Oberfläche des bestrahlten Systems durchsetzt. Sie wird in folgenden Einheiten gemessen: eV/cm² sec, Neutronen/cm² sec usw.

Zur quantitativen Charakterisierung radioaktiver Präparate wird der Begriff „Aktivität" verwandt. Sie wird durch die Anzahl der in der Zeiteinheit zerfallenden Atome bestimmt. Die Aktivitätseinheit ist das Curie ($3{,}7 \cdot 10^{10}$ Zerfälle pro Sekunde).

[1]) Neben dem Elektronenvolt (eV) werden gewöhnlich die größeren Maßeinheiten Kiloelektronenvolt (keV), gleich 10^3 eV, und Megaelektronenvolt, gleich 10^6 eV, benutzt.

[2]) Der Begriff wurde aus den Anfangsbuchstaben der englischen Wörter „radiation absorbed dose" gebildet.

Die Bestrahlungsdosisleistung I_D in Röntgen/h in einem Abstand von 1 m vom radioaktiven Präparat kann angenähert nach folgender Formel berechnet werden [49]:

$$I_D = 0{,}6 \cdot E_{Qu} \cdot C,$$

wobei E_{Qu} die Quantenenergie des radioaktiven Isotops in MeV und C die Aktivität der Quelle in Curie ist.

Es bestehen folgende Beziehungen zwischen den verschiedenen Dosiseinheiten [47]:

1 erg	$= 6{,}24 \cdot 10^5$ MeV $= 6{,}24 \cdot 10^{11}$ eV
1 cal	$= 4{,}185 \cdot 10^7$ erg
1 eV	$= 1{,}602 \cdot 10^{-12}$ erg
1 MeV	$= 1{,}602 \cdot 10^{-6}$ erg
1 eV/g	$= 1{,}602 \cdot 10^{-14}$ rad
1 rad	$= 100$ erg/g $= 10^{-5}$ Joule/g $= 2{,}4 \cdot 10^{-6}$ cal/g $= 6{,}24 \cdot 10^7$ MeV/g $= 6{,}24 \cdot 10^{13}$ eV/g
1 Röntgen	$= 0{,}877$ rad in Luft $= 0{,}98$ rad in weichem Gewebe $= 0{,}96$ rad in Wasser (für Photonen von etwa 1 MeV) $= 2{,}08 \cdot 10^9$ Ionenpaare in 1 cm^3 Luft $= 1{,}61 \cdot 10^{12}$ Ionenpaare in 1 g trockener Luft
1 Wh	$= 3{,}6 \cdot 10^3$ Joule $= 3{,}6 \cdot 10^{10}$ erg $= 2{,}25 \cdot 10^{22}$ eV
1 A	$= 3 \cdot 10^9$ CGSE/sec $= 6{,}25 \cdot 10^{18}$ Elektronen/sec

1.3. Allgemeine Gesetzmäßigkeiten der Wechselwirkung von Strahlung mit Materie

Irgendein Medium durchsetzende Elementarteilchen treten mit Atomen oder Molekülen, mit denen sie auf ihrem Weg zusammentreffen, in Wechselwirkung, indem sie an diese ihre Energie abgeben. Die Energie kann auf verschiedene Weise übertragen werden.

Im allgemeinen Fall führt die Wechselwirkung von Strahlung mit Materie zu folgenden Prozessen¹).

Elastische Stöße von Elementarteilchen, aus denen die Strahlung besteht, mit Atomen eines Stoffes. Dieser Prozeß hat besondere Bedeutung für Feststoffe, da er zu Störungen des Kristallgitters führen kann, was sich auf die Eigenschaften des Stoffes auswirkt.

Elastische Stöße können in Abhängigkeit von dem Energiebetrag E_a, der von dem ruhenden Atom beim elastischen Zusammenstoß mit dem in Bewegung befindlichen Elementarteilchen aufgenommen wird, zu zweierlei Effekten führen. Wir bezeichnen mit E_d den für eine adiabatische Überführung eines Atoms von seinem normalen auf einen Zwischengitterplatz notwendigen Energiebetrag. (Für die meisten Metalle gilt $E_d = 25$ eV). Wenn $E_a < E_d$ ist, dann führt der elastische Stoß zur Atomanregung oder -ionisation. Wenn aber $E_a \geq E_d$ ist, so

¹) Die Ergebnisse unelastischer Stöße von Elementarteilchen, z. B. von Neutronen, mit Atomkernen, die zur Bildung neuer Stoffe führen, werden von uns nicht betrachtet, weil dieser Effekt keinerlei Bedeutung für die Korrosion von Konstruktionsmaterialien besitzt.

wird das Atom infolge des elastischen Stoßes auf einen Zwischengitterplatz verschoben, wobei ein Auslagerungsatom (Rückstoßatom) und eine Leerstelle (ein sogenanntes FRENKEL-Paar) gebildet wird. Wenn $E_a \gg E_d$, dann kann das Rückstoßatom beim Zusammenstoß mit anderen Atomen auch diese aus ihren Plätzen herausschlagen, wobei sekundäre Rückstoßatome entstehen, die ihrerseits tertiäre bilden können usw. Dabei wirkt jedes Rückstoßatom analog einem Bestrahlungsteilchen, indem es FRENKEL-Paare bildet, die auch Störungen des Kristallgitters des Feststoffes hervorrufen. Da der Haupteffekt, der einen Einfluß auf die Eigenschaften fester Stoffe beim elastischen Stoß ausübt, gerade der Auslagerungseffekt ist, so verbindet man gewöhnlich diesen Effekt mit dem elastischen Stoß. Deshalb werden bei den weiteren Darlegungen unter elastischen Stößen nur solche verstanden, die zu einer Auslagerung von Atomen führen.

Die *Ionisation* von Atomen und Molekülen eines Stoffes ist das Ergebnis der Wechselwirkung von Elementarteilchen mit Orbitalelektronen. Es muß bemerkt werden, daß Ionisation auch stattfinden kann

(*a*) bei elastischen Stößen von Strahlungsteilchen mit Atomen eines Stoffes infolge Änderung der Kernlage bezüglich der Elektronenschalen;

(*b*) beim Zerfall von Molekülen in Ionen im Ergebnis ihres Beschusses mit Bestrahlungsteilchen;

(*c*) bei Anlagerung eines auf thermische Geschwindigkeit abgebremsten geladenen Elementarteilchens an ein neutrales Atom, Radikal oder Molekül.

Es muß weiterhin bemerkt werden, daß bei Bestrahlung ionogener Medien das Herausschlagen von Orbitalelektronen nicht zur Ionisation, sondern umgekehrt zum Neutralisationsprozeß (Umwandlung geladener Teilchen in neutrale) führen kann.

Die Anregung von Atomen und Molekülen findet im Ergebnis einer Energieübertragung durch das Bestrahlungsteilchen statt, die zur Auslösung des Ionisationsprozesses nicht ausreichend ist.

Welcher Anteil der Strahlungsenergie wird für den elastischen Stoß und welcher zur Ionisation und Anregung von Atomen verbraucht? Das hängt von verschiedenen Ursachen ab. Ohne genaue Behandlung dieser Frage betrachten wir nur einige Gesetzmäßigkeiten, deren Kenntnis im weiteren Verlauf das Verständnis des Wesens der Strahlungseinwirkung auf die Kinetik der Korrosionsprozesse erleichtert.

Bei der Verringerung der kinetischen Energie (E_k) der Teilchen wird ein Teil dieser Energie zur Anregung oder Ionisation verbraucht.

Zur Auslösung des Ionisationsaktes muß die Energie des in Bewegung befindlichen Teilchens größer als ein bestimmter Schwellwert E_i sein.

E_i kann näherungsweise [4] aus dem Ausdruck

$$E_i \approx \frac{M_1}{2m_E} \tag{1.1}$$

gefunden werden, wobei M_1 die Masse des Bestrahlungsteilchens und m_E die Elektronenmasse ist. Die Abweichungen sind nicht größer als 50%, was der Bestimmungsgenauigkeit für die Ionisationsgrenzenergie entspricht.

In der Praxis kann eine Faustregel benutzt werden:
Eine Ionisation findet praktisch nicht statt, wenn die Energie des in Bewegung befindlichen Teilchens in Kiloelektronenvolt kleiner als das Atomgewicht ist (unabhängig von dem Stoff, in dem sich das Teilchen bewegt). Damit ergibt sich für Protonen ~1 keV, für Deuteronen ~2 keV, für aus Gitterpunkten herausgeschlagene Kupferatome ~65 keV usw.

Je größer die Masse des Bestrahlungsteilchens bei sonst gleichen Bedingungen ist, desto größer ist der auf den elastischen Stoß entfallende und desto kleiner der zur Anregung und Ionisation verfügbare Energieanteil.

Im allgemeinen kann man sagen, daß elastische Stöße bei Bestrahlung mit schweren Teilchen eine bedeutende Rolle spielen.

Für die Gruppe der leichten Teilchen ist die Energieübertragung bei elastischen Stößen im allgemeinen gering.

Zum Beispiel treten γ-Strahlen hauptsächlich mit Orbitalelektronen in Wechselwirkung. Ist dabei die Energie der γ-Quanten ausreichend hoch, um das Elektron von seinem Orbital über die Grenze des Atoms hinaus zu entfernen, so erscheinen die sogenannten sekundären Photoelektronen, die im wesentlichen auch die Effekte verursachen, die bei Bestrahlung eines Stoffes mit γ-Strahlen beobachtet werden.

γ-Strahlung charakterisiert man oft durch die Wellenlänge λ, doch kann man sie auch durch ihre Energie, ausgedrückt in eV, charakterisieren. Zur Umrechnung von λ in eV benutzt man folgende Gleichung:

$$\lambda = \frac{1238 \cdot 10^{-5}}{E_\gamma}, \tag{1.2}$$

wobei λ die Wellenlänge in Å und E_γ die Energie in MeV ist.

Die Anzahl elastischer Stöße, besonders solcher, die zu einer Auslagerung der Atome im Kristallgitter führen, ist im Falle der γ-Strahlung — obgleich sie noch endlich bleibt — sehr gering. Das hängt damit zusammen, daß der Impuls — sogar von hochenergetischen — γ-Quanten sehr klein ist und deshalb das γ-Quant dem schweren Atom nur einen kleinen Anteil seiner Energie — noch dazu nicht unmittelbar, sondern über Photoelektronen [5] — übertragen kann. Der Querschnitt der Atomauslagerung ist für γ-Strahlen $\sim 10^{-26}$ cm² [6]. So wird in [4] für die Bestrahlung von Germanium mit ^{60}Co ein Auslagerungsquerschnitt von $1{,}5 \cdot 10^{-25}$ cm² angegeben. Van Bjuren [6] zeigt, daß es einen merklichen Auslagerungsquerschnitt nur für Photonen mit Energien > 5 MeV gibt.

Elektronenstrahlung (β-Teilchen) kann Paardefekte hervorrufen. Der Betrag an kinetischer Energie, der von dem Elektron auf das auszulagernde Atom übertragen wird, hängt von der Anfangsenergie des Elektrons und der Masse des Atoms ab. Er kann nach folgender Formel [5] berechnet werden:

$$E_k = \frac{2 E_E (E_E + 2 m_E c^2) M M_2}{(M M_2 + m_E)^2 c^2}, \tag{1.3}$$

wobei E_k die von dem Elektron auf das Atom übertragene kinetische Energie, M die Protonenmasse, M_2 die Masse des auszulagernden Atoms, c die Lichtgeschwindigkeit und E_E die Energie des Elektrons ist. So ist für einen Stoff mit $M_2 = 30$ zur Erreichung von $E_k \geq (25 - 50\ \text{eV})\ E_E = 0{,}6 - 0{,}8$ MeV erforderlich.

Die Aufteilung der Energie von Elektronenstrahlung hängt vom Betrag dieser Energie ab. BETHE [7] gibt folgende Tabelle dieser Verteilung an.

Tabelle 1

Aufteilung (in %) der Energie von Elektronen bei ihrer Wechselwirkung mit Materie

	Energie der Primärelektronen, eV					
	10^3	10^4	10^5	10^6	10^7	10^8
Elastische Stöße	8,7	6,5	5,1	4,1	2,6	1,8
Atomanregung	54,8	58,4	61,2	63,5	66,4	68,0
Atomionisation	36,5	35,1	33,7	32,4	31,0	30,2

Schwere Teilchen bilden gewöhnlich zahlreiche primäre und sekundäre Auslagerungen pro Teilchen. Schwere, geladene Teilchen (Nukleonen) besitzen eine sehr kurze Reichweite in fester Materie und liefern eigentümliche Häufungen [6] von Gitterdefekten im Gegensatz zu Elektronen, die bedeutend einheitlichere Defektverteilungen bilden. Die geringe Reichweite der Nukleonen hängt damit zusammen, daß das elektrische Feld des Atoms, das die Orbitalelektronen mit dem Kern verbindet, die Bewegung geladener Teilchen stark bremst, dagegen keinen Einfluß auf neutrale Teilchen ausübt. Darum werden die geladenen Teilchen in einer verhältnismäßig dünnen Schicht des bestrahlten Stoffes vollständig abgebremst und die von ihnen hervorgerufenen Effekte tragen hauptsächlich Oberflächencharakter. Dagegen verursachen die ausreichend tief in den bestrahlten Stoff eindringenden neutralen Teilchen Effekte von Volumencharakter. Deshalb bilden Neutronen eine vielfach größere Menge an Defekten als Nukleonen, wie aus Tab. 2 ersichtlich ist.

Tabelle 2

Menge an Frenkeldefekten, die von einem Beschußteilchen gebildet werden (nach SEITZ [11])

Material	Beschußteilchen		
	Neutron	α-Teilchen (10 MeV)	Proton (10 MeV)
Aluminium	6030	82	48
Beryllium	454	59	32
Graphit	1870	77	45
Germanium	—	81	56

1.4. Strahlenwirkung auf Metalle

Für das Metall hat die Atomionisation wegen des Vorhandenseins einer ohnehin großen Menge freier Elektronen (Elektronengas) keine wesentliche Bedeutung. Eine bedeutendere Rolle spielt die Anregung dieser Elektronen, was dazu führen kann, daß sich der Teil der Elektronen, der genügend kinetische Energie erhalten hat, wie eingeschossene β-Teilchen verhält, d. h., daß sekundäre Elektronen gebildet werden. Jedoch üben — wie bereits weiter oben dargelegt — elastische Stöße der Bestrahlungsteilchen mit den Atomkernen der Metalle einen stärkeren Einfluß auf die Metalleigenschaften aus.

Die mittlere Zahl ausgelagerter Atome in der Volumeneinheit eines Metalles ist bei Beschuß mit schweren Teilchen gleich [4]:

$$N_d = N_0 \cdot n_d \tag{1.4}$$

mit

$$N_0 = \varepsilon \cdot n_0 \sigma \cdot t, \tag{1.5}$$

wobei N_0 die Zahl primär ausgelagerter Atome, n_d die mittlere Anzahl ausgelagerter Atome je primär herausgeschlagenes, ε die Bestrahlungsintensität in Teilchen/cm^2 · sec, n_0 die Anzahl Atome in der Volumeneinheit (cm^3) des bestrahlten Stoffes, σ der Stoßquerschnitt für die Auslagerung in cm^2 und t die Beschußzeit in sec ist.

Wenn man von dem in der Arbeit [4] angegebenen Auslagerungsmodell ausgeht, so ist

$$n_d = \frac{E_g}{2E_d}, \tag{1.6}$$

wo E_g der Energieanteil des primär herausgeschlagenen Atoms ist, der in elastischen Zusammenstößen verbraucht wird. In erster Näherung kann E_g bei schweren Atomen gleich E_a gesetzt werden, d. h. der Gesamtenergie des primär

Tabelle 3

Energie (in eV) der primär herausgeschlagenen Atome bei Beschuß verschiedener Elemente mit Neutronen mit einer Energie von 1 MeV [4]

Bestrahltes Element	E_a	E_g	E_i
	$\times 10^{-3}$		
Beryllium	180	22	9
Kohlenstoff	142	45	12
Eisen	34	34	56

herausgeschlagenen Atoms. Für leichte Elemente, für die E_a bedeutend höher als die Ionisationsschwelle E_i ist, gilt die genannte Näherung nicht.

Ähnliche Berechnungen und Formeln zur Ermittlung des Ausmaßes der durch Bestrahlung von Metallen mit Teilchen unterschiedlicher Art hervorgerufenen Störungen können in den Arbeiten [4—6] gefunden werden.

Infolge elastischer Stöße bilden sich, wie oben gezeigt wurde, sogenannte Frenkel-Defekte. Jedoch lassen sich allein mit der Bildung von Frenkel-Paaren schwer alle bei der Bestrahlung von Metallen beobachteten Erscheinungen erklären, die durch Änderung ihrer Kristallstruktur verursacht werden. Im Zusammenhang damit wurde die Hypothese von den sogenannten „thermischen Störbereichen" aufgestellt, d. h. eines sehr schnellen Aufheizens und Abkühlens mikroskopischer Materialvolumina längs des Weges des schnellen Teilchens, das einen Teil seiner Energie an nahegelegene Atome ohne Auslagerung aus dem Gitter überträgt. Seitz [8] berechnete theoretisch, daß die Temperatur in den „thermischen Störbereichen" 10^4 °K erreichen und für einen Zeitraum der Größenordnung 10^{-11} sec bestehen kann. Er nahm an, daß die in der Nachbarschaft der „thermischen Störbereiche" entstehenden irreversiblen plastischen Verformungen auch Umlagerungsprozesse des Kristallgitters — seine Deformation — hervorrufen.

Brinkman [9] sprach die Vermutung aus, daß am Ende der Reichweite der Rückstoßatome Zonen gebildet werden, die er „Umlagerungsbereiche" nannte. Nach den Berechnungen Brinkmans schmilzt in diesen Zonen das Material, wobei die Frenkel-Defekte fortschreitend ausgeheilt werden und verschwinden. Beim Erstarren bilden sich Kristalle mit neuer Orientierung und es verbleiben Störungen in Form von Versetzungsschleifen. Jedoch ergaben die Berechnungen andere Autoren, daß die Umlagerungsbereiche nur bei den schweren Metallen existieren können [10, 11].

Infolge der Strukturstörungen des Kristallgitters unter der Wirkung direkter elastischer Stöße und thermischer Umlagerungen ändern sich eine Reihe der Metalleigenschaften.

Tabelle 4

Einfluß der Strahlung auf die mechanischen Materialeigenschaften (Versuchsbedingungen [11]: Temperatur 250 °C; Bestrahlungsdosis 1,1—1,4 · 10^{20} Neutronen/cm^2)

Material (ausgeglüht)	Änderung, %		
	Bruchfestigkeit	relative Dehnung	Mikrohärte
Kupfer	+11	—40	+28
Nickel	+56	—55	
Armco-Eisen	+61	—67	
Aluminium	+ 3	— 5	—12
Stahl Ch 18 N 9 T (gehärtet bei 1100 °C)	+29	—48	+53

Mechanische Eigenschaften.

Wie aus den Daten der Tab. 4 ersichtlich ist, wächst bei den bestrahlten Metallen der Widerstand gegen plastische Verformung und die Plastizität sinkt.

Es muß darauf hingewiesen werden, daß die Effekte der Strahlungswirkung bei erhöhten Temperaturen [12, 13] infolge Ausheilung der Strukturdefekte herabgesetzt werden.

Elektrische Leitfähigkeit der Metalle.

Wie die Angaben der Tab. 5 zeigen, führt Bestrahlung in der Regel zu einem Anwachsen des elektrischen Widerstandes der Metalle. Bei Legierungen hängen Widerstandsänderungen vom Ordnungsgrad der Legierung ab [8, 13], wie aus Abb. 1

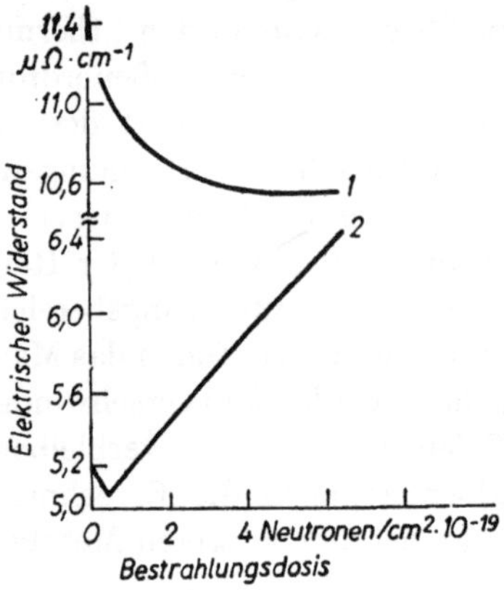

Abb. 1: Einfluß schneller Neutronen auf den elektrischen Widerstand regelmäßiger (1) und unregelmäßiger (2) Cu_3Au-Legierungen

Tabelle 5

Einfluß der Strahlung auf die Erhöhung des elektrischen Widerstands verschiedener Metalle [11]

Metall	Kristall-gittertyp	Zwischenatomare Bindungsenergie kcal/Mol	Bestrahlungs-dosis	Erhöhung des elektr. Widerstands nach Bestrahlung (%)
Wolfram	kubisch	210	$1 \cdot 10^{19}$ N/cm²*)	10
Molybdän	raum-	128	$1 \cdot 10^{17}$ D/cm²**)	7
Eisen	zentriert	84	(10 MeV)	50
Platin	kubisch	127	$1{,}5 \cdot 10^{19}$ N/cm²	2
Kobalt	flächen-	93		10
Nickel	zentriert	91	$1 \cdot 10^{17}$ D/cm²	10
Kupfer		73	(10 MeV)	20
Aluminium		68		33

*) Neutronen/cm² **) Deuteronen/cm²

ersichtlich ist. Bei Legierungen mit geordneter Atomverteilung wird bei hinreichend großen Intensitäten ein Anstieg des elektrischen Widerstandes beobachtet, während umgekehrt bei ungeordneter eine Erniedrigung (Anstieg der elektrischen Leitfähigkeit) bemerkbar ist.

Die beobachteten Gesetzmäßigkeiten werden dadurch erklärt, daß bei geordneten Legierungen die Bestrahlung Desorientierungsvorgänge begünstigt, während sie bei ungeordneten Legierungen zu einer Erhöhung des Ordnungsgrades führt.

Geschwindigkeit der Diffusionsprozesse.

Es wurde ein beschleunigender Einfluß der Strahlung auf die Diffusionsprozesse in metallischen Systemen festgestellt. So wird beispielsweise der Vorgang der Selbstordnung der Legierung Cu_3Au, zu dessen Vollendung bei 200 °C $\sim 10^5$ Stunden erforderlich sind, nach Bestrahlung mit schnellen Neutronen (10^{18} Neutronen/cm^2) innerhalb 10—12 Stunden abgeschlossen [14]. Die Diffusionsgeschwindigkeit von Silber in Lithium bei 16 °C erhöhte sich 10—12fach bei Bestrahlung in einen langsamen Neutronenfluß von 10^{12} Neutronen/cm^2 · sec [15].

In einem anderen Fall [16] wurde ^{60}Co in beträchtlicher Tiefe einer Graphitfolie festgestellt, nachdem diese Folie zusammen mit einer aufgedrückten, vorher vergoldeten Kobaltscheibe der Bestrahlung mit schnellen Neutronen unterworfen worden war.

Phasenumwandlungen.

Es wurde gezeigt, daß unter der Wirkung von Reaktorstrahlung weißes Zinn sogar bei —196 °C (wo die Phasenumwandlungsgeschwindigkeit von Zinn sehr klein ist) in graues übergeht [17].

Es wurde auch gefunden, daß Neutronenbestrahlung zu einer Erhöhung der Ferritkomponente in Chrom-Nickel-Stahl führt. Die Versuche wurden mit einem Stahl ausgeführt, der 20,5 Gew.-% Cr, 10,9 Gew.-% Ni und 1,49 Gew.-% Mn enthielt [18].

Daraus kann man ersehen, daß Strahlung eine Reihe Eigenschaften metallischer Materialien merklich beeinflußt.

1.5. Wirkung von Strahlung auf Korrosionsmedien, die Radiolyse des Wassers

In Flüssigkeiten und Gasen fehlt eine feste Struktur, und eine Lageveränderung der Bestandteile (Moleküle, Ionen) verläuft ungehemmt, weshalb elastische Stöße der Bestrahlungsteilchen mit den Teilchen des Korrosionsmediums für die Korrosionsprozesse keine bedeutende Rolle spielen.

Umgekehrt besitzen Ionisations- und Anregungsprozesse im Ergebnis der Absorption der Strahlungsenergie große Bedeutung, weil sie das chemische Potential des Korrosionsmittels verändern. Wenn die durch das Molekül aufgenommene Energie die Bindungsenergie seiner Bestandteile übersteigt, kann das Molekül in Ionen, Atome oder Radikale zerfallen. Die in der Regel sehr aktiven Zerfallsprodukte der Moleküle reagieren leicht mit den Teilchen des Mediums, wobei sie zu verschiedenen chemischen Reaktionen führen. Wenn es zu keinem Molekülzerfall kommt, so erleichtert die Molekülanregung infolge Herabsetzung der Energiebarriere den Verlauf verschiedenartiger chemischer Reaktionen.

Am Beispiel des Wassers wollen wir in allgemeiner Form charakteristische Gebiete der Radiolyse eines Korrosionsmediums betrachten.

1. Es muß bemerkt werden, daß die Strahlung in Wasser zu Teilchen sehr unterschiedlicher Art führt, wie z. B. geladenen Molekülen (H_2O^+), angeregten Molekülen (H_2O^*), verschiedenen Radikalarten (OH, H, HO_2), hydratisierten Elektronen (e_{aq}) [19] usw. Das ermöglicht den Verlauf sehr unterschiedlicher Reaktionen und erschwert die exakte Beurteilung der ablaufenden Prozesse.
2. Die gebildeten Radiolyseprodukte werden in zwei Gruppen eingeteilt:

   a) kurzlebige (die Lebensdauer wird in Bruchteilen von Sekunden gemessen), z. B. im Falle wäßriger Medien die Radikale H, OH, HO_2;

   b) langlebige (bleiben lange Zeit nach Beendigung der Bestrahlung erhalten), z. B. Wasserstoffperoxid bei bestrahltem Wasser.
3. Der Radiolyseprozeß verläuft besonders dann energisch, wenn ein Teil der gebildeten Produkte aus der Bestrahlungssphäre entfernt wird.
4. Die Radiolyseprodukte entstehen an allen Stellen des Elektrolytvolumens, wo Strahlenabsorption stattfindet.
5. Parallel zum Radiolyseprozeß verläuft die Rekombination, d. h. die Rückbildung von Molekülen (Ionen), die infolge der Strahlenwirkung zerfallen sind, z. B.

$$H_2O \underset{\text{Rekombination}}{\overset{\text{Radiolyse}}{\rightleftharpoons}} H + OH. \qquad (1.7)$$

Der Rekombinationsprozeß kann auch komplizierten Charakter besitzen, wie später gezeigt werden soll. Die Geschwindigkeit des Rekombinationsprozesses steigt mit Erhöhung der Konzentration an Radiolyseprodukten. Letzten Endes stellt sich ein Gleichgewicht zwischen den Geschwindigkeiten der Radiolyse- und der Rekombinationsprozesse ein, das für eine gegebene Bestrahlungsintensität und einen gegebenen Elektrolyten charakteristisch ist. Dann wird eine stationäre Konzentration der Radiolyseprodukte erreicht.

Konkrete, in verschiedenen Medien ablaufende Prozesse werden bei der Behandlung der Metallkorrosion in den entsprechenden Medien betrachtet. Hier behandeln wir nur die allgemeine Bedeutung besitzende Radiolyse des Wassers.

Der Radiolyseprozeß des Wassers kann durch folgende Formel beschrieben werden

$$H_2O \rightsquigarrow OH,\ H,\ e_{aq},\ H_2O_2,\ H_2\ H_3O^+. \qquad (1.8)$$

Der Mechanismus der ablaufenden Prozesse kann folgendermaßen dargestellt werden [20—22]. Die Teilchen der Strahlung schlagen aus den Wassermolekülen schnelle Elektronen heraus (e_{sch}), wobei positiv geladene Molekülionen gebildet werden,

$$H_2O \rightsquigarrow H_2O^+ + e_{sch}, \tag{1.9}$$

die mit den Wassermolekülen unter Bildung neuer Ionen reagieren:

$$H_2O^+ + H_2O \rightarrow H_3O^+ + OH. \tag{1.10}$$

Reaktion (1.9) und (1.10) verläuft in einem sogenannten „track"[1]. Schnelle Elektronen können einige Wassermoleküle ionisieren. Auf diesem Weg entstandene Ionengruppen werden als „spurs" bezeichnet. Unter Verlust seiner Energie geht das schnelle Elektron in ein thermisches über

$$e_{sch} \rightarrow e_{th} \tag{1.11}$$

und wird dann vom Wasser hydratisiert

$$e_{th} \rightarrow e_{aq}. \tag{1.12}$$

Zugleich mit e_{aq} werden auch H-Atome gebildet. Die wahrscheinlichste Reaktion ist

$$e_{aq} + H_3O^+ \rightarrow H + H_2O. \tag{1.13}$$

Diese Reaktion verläuft im sauren Medium mit hoher Ausbeute, wobei die reduktive Radiolysekomponente praktisch nur aus H-Atomen besteht. Im alkalischen Medium werden e_{aq} gemäß der Reaktion

$$H + OH^- \rightarrow e_{aq} + H_2O \tag{1.14}$$

gebildet. Diese Reaktion ist reversibel, der Gleichgewichts-pH ist 4,6 und die Gleichgewichtskonstante $\sim 10^6$.

In den „tracks" wird eine ziemlich hohe Konzentration an Radikalen ($\sim 1 - 3$ m) erreicht, und im Ergebnis ihrer Wechselwirkung werden hier molekulare Radiolyseprodukte gebildet:

$$OH + OH \rightarrow H_2O_2, \tag{1.15}$$

$$H + H \rightarrow H_2, \tag{1.16}$$

$$2e_{aq} + 2H_2O \rightarrow H_2 + 2OH^-, \tag{1.17}$$

$$e_{aq} + H + H_2O \rightarrow H_2 + OH^-, \tag{1.18}$$

[1]) Als „track" bezeichnet man den Raum, der die Produkte der direkten Einwirkung der schnellen Teilchen auf die Lösungsmoleküle enthält. Für schnelle ionisierende Teilchen haben die „tracks" die Form eines Zylinders, dessen Achse mit der Spur des Teilchens zusammenfällt. Bei leichten Teilchen ist diese Gruppe von Radiolyseprodukten traubenförmig um die Spur des Teilchens angeordnet.

aber es verlaufen auch Rekombinationsreaktionen:

$$H + OH \rightarrow H_2O, \tag{1.19}$$

$$e_{aq} + OH \rightarrow OH^-, \tag{1.20}$$

$$H_3O^+ + OH^- \rightarrow 2H_2O. \tag{1.21}$$

Infolge von Diffusionsprozessen wächst die Radikalkonzentration im Lösungsvolumen sehr schnell an, und es werden Reaktionen des Typs Radikal — gelöster Stoff ermöglicht.

In reinem Wasser verlaufen die Reaktionen

$$e_{aq} + H_2O_2 \rightarrow OH + OH^-, \tag{1.22}$$

$$H_2O_2 + H \rightarrow H_2O + OH, \tag{1.23}$$

$$H_2 + OH \rightarrow H_2O + H, \tag{1.24}$$

$$H_2O_2 + OH \rightarrow H_2O + HO_2. \tag{1.25}$$

Die hohe Geschwindigkeit dieser Reaktionen ergibt sich daraus, daß in von allen gelösten Stoffen gereinigtem Wasser die stationäre Konzentration an Wasserstoffperoxid und an molekularem Wasserstoff außerordentlich niedrig ist. Zur Erhöhung der Konzentration molekularer Radiolyseprodukte ist es nötig, dem Wasser geeignete Stoffe — Radikalakzeptoren — zuzusetzen. Betrachten wir den Einfluß derartiger Akzeptoren auf die Ausbeute an Wasserstoffperoxid, das uns als starker katodischer Depolarisator besonders interessiert.

Gute Radikalakzeptoren sind Bromidionen:

$$OH + Br^- \rightarrow OH^- + Br, \tag{1.26}$$

$$Br + H \rightarrow H^+ + Br^-. \tag{1.27}$$

In luftgesättigter KBr-Lösung wurde eine Ausbeute $G_{H_2O_2} = 0{,}71$[1]) bestimmt [23], was näherungsweise als Ausbeute der Reaktion (1.15) angesehen werden kann, da der Akzeptor in erster Linie mit den im Lösungsvolumen befindlichen Radikalen reagiert und nicht mit denen in den „tracks", deren Volumenanteil sehr gering ist. Eine sehr große Rolle spielt der im Wasser gelöste Sauerstoff. Auch er ist ein Akzeptor für H-Radikale und e_{aq}:

$$H + O_2 \rightarrow HO_2, \tag{1.28}$$

$$e_{aq} + O_2 \rightarrow O_2^-, \tag{1.29}$$

1) Hier und weiterhin wird als Ausbeute (G) die pro 100 eV absorbierter Energie gebildete Menge an Stoffteilchen bezeichnet.

wobei er die Reaktionen (1.22) und (1.23) einschränkt und neue Reaktionen der Wasserstoffperoxidbildung ermöglicht:

$$H^+ + O_2^- \rightleftarrows HO_2, \quad (1.30)$$

$$2\,O_2^- + 2\,H^+ \rightarrow H_2O_2 + O_2, \quad (1.31)$$

$$HO_2 + HO_2 \rightarrow H_2O_2 + O_2. \quad (1.32)$$

In diesem Fall kann die H_2O_2-Ausbeute 1,08—1,25 (in Abhängigkeit vom pH) erreichen.

Die gleichzeitige Anwesenheit von molekularem Wasserstoff und Sauerstoff erhöht die Wasserstoffperoxidausbeute noch stärker, da Wasserstoff unter Umsetzung mit OH-Radikalen gemäß (1.24) Atome bildet, die mit Sauerstoff nach der Reaktion (1.28) in Wechselwirkung treten. Hierbei erreicht die Peroxidausbeute Werte von 3,2 — 4,0 (in Abhängigkeit vom pH).

Unter gewöhnlichen Bedingungen hat bei der Mehrheit der untersuchten Lösungen der Sauerstoff den dominierenden Einfluß auf die Peroxidausbeute. Bei sehr reinem Wasser wurde festgestellt, daß bei Abwesenheit von Sauerstoff praktisch kein Peroxid entsteht [24].

Auf diese Weise werden bei der Radiolyse des Wassers und wässriger Lösungen starke Oxydationsmittel — Wasserstoffperoxid und die Radikale OH, HO_2 (oxydative Radiolysekomponente) — und Reduktionsmittel —e_{aq}, H, H_2 (reduktive Radiolysekomponente) — gebildet. Die Radikale e_{aq}, OH, HO_2, H gehören zu

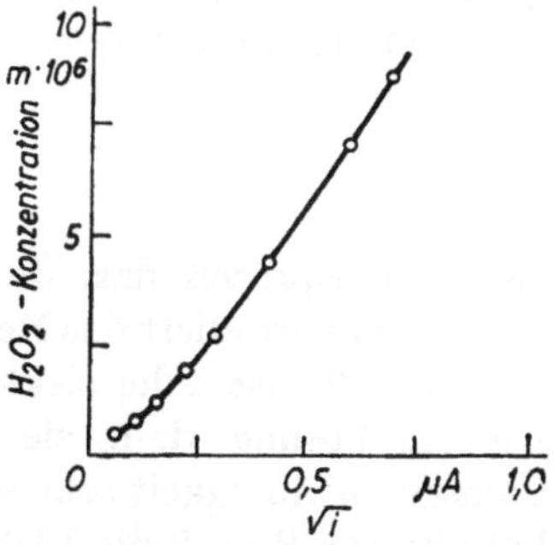

Abb. 2: Konzentration an Wasserstoffperoxid, die in reinem Wasser bei Bestrahlung mit einer Energie von 1,5 MeV (25) gebildet wird

den kurzlebigen Radiolyseprodukten. Nach den Angaben von [25] existieren die Radikale OH und H nicht länger als 0,001 sec und HO_2 0,01—0,02 sec [26]. Wasserstoffperoxid und molekularer Wasserstoff sind langlebige Radiolyseprodukte, doch muß in offenen Systemen die Konzentration an gelöstem Wasserstoff infolge seines Übergangs in die Atmosphäre gering sein. Bei kleinen Intensitäten ist die stationäre Peroxidkonzentration — wie Abb. 2 zeigt — proportional $\sqrt{i}$, wobei i die Elektronenstromstärke ist. Bei hohen Intensitäten vermindert sich die Geschwindigkeit der H_2O_2-Konzentrationszunahme in Abhängigkeit von i [27].

Alle von uns angeführten Gesetzmäßigkeiten gelten für Bestrahlung mit leichten Teilchen. Für schwere Teilchen ist das Bild qualitativ gleich, doch existieren andere quantitative Zusammenhänge. Insbesondere beginnen die langlebigen Radiolyseprodukte eine außerordentlich große Rolle zu spielen.

1.6. Wirkung von Strahlung auf den Prozeß der elektrochemischen Korrosion

Es soll versucht werden, eine angenäherte Einschätzung des möglichen Einflusses jener Veränderungen auf die Korrosionsprozesse zu geben, die durch die Strahlung in den verschiedenen Materialarten hervorgerufen werden. Wie gezeigt wurde, vollziehen sich in den Metallen unter der Wirkung der Strahlung strukturelle Veränderungen, die sich merklich in verschiedenen Metalleigenschaften äußern. Offensichtlich müssen sich die Strukturänderungen auch in der Kinetik der Korrosionsprozesse widerspiegeln.

Während die Möglichkeit der Veränderung der Korrosionseigenschaften eines Metalles infolge Änderung seiner Struktur unter der Strahleneinwirkung einigermaßen verständlich ist, bleibt der Einwirkungsmechanismus der Radiolyseprodukte des Korrosionsmediums noch weniger klar. Um uns damit auseinanderzusetzen, wollen wir in Kürze einige Leitsätze der Korrosionstheorie darlegen.

Die Metallkorrosion in Elektrolyten ist ein elektrochemischer Vorgang. Er besteht aus zwei miteinander in Verbindung stehenden Prozessen — dem anodischen, in dessen Ergebnis die Metallatome in den Ionenzustand übergehen, während im Metall eine entsprechende Menge freier Elektronen erscheint, und dem katodischen, infolge dessen der Verbrauch dieser Elektronen vor sich geht. Die Geschwindigkeit des Korrosionsprozesses wird durch die Geschwindigkeit des anodischen Prozesses der Metallionisierung charakterisiert:

$$\mathrm{Me} \rightarrow \mathrm{Me}^{n+} + ne. \tag{1.33}$$

Im wesentlichen stellt das auch den Korrosionsprozeß dar. Je größer die Geschwindigkeit der Reaktion (1.33), desto intensiver korrodiert das Metall. Jedoch behindert die Anhäufung freier Elektronen im Metall wegen der elektrostatischen Aufladung den Übergang der Metallionen in die Lösung, d. h. sie hemmt den Korrosionsprozeß. Somit würde die Korrosionsgeschwindigkeit sehr schnell praktisch gleich Null werden, wenn nicht ein katodischer Prozeß die Elektronen umsetzen würde.

Unter gewöhnlichen Bedingungen tritt bei der Korrosion der Ablauf zweier katodischer Prozesse ein:

1. in sauren Medien bevorzugt die Abscheidung von molekularem Wasserstoff:

$$2\mathrm{H}^+ + 2e \rightarrow 2\mathrm{H} \rightarrow \mathrm{H}_2 \tag{1.34}$$

(die sogenannte Wasserstoffdepolarisation)

2. in neutralen und alkalischen Medien — hauptsächlich die Ionisation des gelösten Sauerstoffs:

$$O_2 + 2H_2O + 4e \rightarrow 4OH^- \quad (1.35)$$

(die sogenannte Sauerstoffdepolarisation).

Somit sind der katodische und der anodische Prozeß gekoppelte Vorgänge, und eine Änderung der Korrosionsgeschwindigkeit kann nicht nur durch direkte Einwirkung auf den anodischen Prozeß erreicht werden, sondern auch durch Änderung der Geschwindigkeit des katodischen Prozesses, deren Steigerung oder Erniedrigung automatisch die Reaktion der anodischen Metallauflösung beschleunigt oder hemmt.

Die katodischen und anodischen Reaktionen können an ein und demselben Punkt einer vollständig einheitlichen Oberfläche ablaufen (homogener Prozeß). Bei kleinen Oberflächeninhomogenitäten können diese Prozesse auch räumlich getrennt sein, wobei jeder auf den Bereich lokalisiert ist, der aus energetischen Gründen für ihn vorteilhaft ist (heterogener Korrosionsmechanismus). Dabei wird der Ablauf beider Teilprozesse und folglich auch der des Korrosionsprozesses stark erleichtert. Da unter praktischen Bedingungen sehr selten vollkommen homogene Oberflächen vorliegen, verläuft die Korrosion in der Mehrzahl der Fälle nach dem heterogenen Mechanismus.

Die Gesetzmäßigkeiten der heterogenen Korrosionsprozesse wurden in verschiedenen Arbeiten von Korrosionsforschern [25—36] zu einem System verallgemeinert, das als „Theorie von Vielelektrodensystemen" bekannt ist. Nach den Grundsätzen dieser Theorie kann eine beliebige korrodierende Anordnung als Gesamtheit einer Vielzahl galvanischer Elemente mit submikroskopischen Abmessungen betrachtet werden. Die durch Korrosion umgesetzte Stoffmenge (K_E) in einem von dem gegebenen Mikroelement eingenommenen Bereich kann durch den Strom dieses Elements charakterisiert werden:

$$K_E = A\, i_E, \quad (1.36)$$

wobei

$$A = \eta \cdot \xi_E, \quad (1.36\text{a})$$

mit ξ_E — dem elektrochemischen Äquivalent des umgesetzten Strukturbestandteils[1]) und η — der Stromausbeute für den genannten Strukturbestandteil. Der Korrosionsstrom ist gleich

$$i_E = \frac{\varphi_k^0 - \varphi_a^0}{R + p_k + p_a}, \quad (1.37)$$

[1]) Oft stellt ξ_E das elektrochemische Äquivalent des korrodierenden Metalles dar (Zn, Mg usw.), doch kann es auch das elektrochemische Äquivalent einer chemischen Verbindung sein, wie z. B. von Mg_2Si bei der Korrosion von Aluminiumlegierungen.

wo φ_K^0 und φ_a^0 die Anfangspotentiale von Katode und Anode des gegebenen Mikroelements, R der OHMsche Widerstand des Korrosionsmediums, p_k und p_a die Katoden- und Anodenpolarisation des Mikroelements sind.

Die gesamte durch Korrosion umgesetzte Stoffmenge der betrachteten Anordnung ist

$$K_{ges} = \sum K_E. \tag{1.38}$$

Wie aus Gleichung (1.36) hervorgeht, wird die Größe K_E durch Änderungen von i_E bestimmt, da für jedes gegebene Korrosionssystem A eine Konstante ist. Zahlreiche Untersuchungen haben gezeigt, daß die katodische und anodische Polarisation [p_k und p_a in Gleichung (1.37)] den größten Einfluß auf die Größe i_E ausüben. Da die Polarisation den Widerstand der elektrochemischen Elektrodenreaktionen charakterisiert, so werden folglich alle Faktoren, die den Ablauf dieser Reaktion erleichtern, d. h., die Depolarisation der Mikroelementelektroden begünstigen, auch den Korrosionsprozeß verstärken.

Die Radiolyse kann die Metallkorrosion durch Erleichterung der katodischen Depolarisation aus folgenden Gründen verstärken.

1. Es wird die Konzentration an Stoffen erhöht, die starke katodische Depolarisatoren sind. Es erscheinen Stoffe, die Möglichkeiten zum Ablauf neuer katodischer Reaktionen bieten. Im wäßrigen Medium können Hauptreaktionen dieses Typs sein

$$OH + e \rightarrow OH^-, \tag{1.39}$$

$$HO_2 + H_2O + 3e \rightarrow 3OH^-, \tag{1.40}$$

$$H_2O_2 + 2e \rightarrow 2OH^-. \tag{1.41}$$

2. Die Radiolyseprodukte entstehen in dem gesamten Lösungsvolumen, darunter auch in der sogenannten Diffusionsschicht, d. h. in der dünnen unbeweglichen Flüssigkeitsschicht unmittelbar an der Elektrodenoberfläche, wo ein Stofftransport nur durch Diffusion abläuft. Diese Sachlage führt zu einem erleichterten Ablauf der Diffusionsprozesse (siehe Kapitel 4.).

Die Radiolyseprodukte können aber nicht nur die Korrosionsprozesse beschleunigen, sondern sie auch hemmen. Zum Beispiel führt in wäßrigen Medien das Vorhandensein von H_2O_2 bei bestimmten Potentialen zur anodischen Reaktion der Wasserstoffperoxidoxydation:

$$2H_2O_2 \rightarrow 2H^+ + O_2 + 2e. \tag{1.42}$$

Diese Reaktion kann die Metallionisationen hemmen ($Me \rightarrow Me^+ + e$), indem sie einen Teil des Gesamtstromes beansprucht, was zu einer Herabsetzung der Stromausbeute und folglich zu einer Herabsetzung der korrodierten Menge (K_E) führt.

Eine Korrosionshemmung kann auch aus anderen Gründen stattfinden. Alle oben aufgezählten Radiolyseprodukte (OH, HO_2, H_2O_2) sind starke Oxydationsmittel und spielen analog dem Sauerstoff bei Korrosionsprozessen eine Doppelrolle. Sie können sowohl den Korrosionsprozeß durch Katalysierung des katodischen Prozesses beschleunigen wie auch den Eintritt der anodischen Passivität begünstigen und somit den Korrosionsprozeß hemmen. Außerdem können diese Stoffe die Formierung dichter Oxidschichten auf den Metalloberflächen begünstigen und damit den Korrosionsprozeß hemmen.

Strahlung kann auch die Metallkorrosion durch die von ihr verursachten thermischen Effekte intensivieren.

Bei Absorption der Strahlungsenergie wird ein großer Wärmebetrag freigesetzt (1 MeV entspricht 2,62 · 10^{13} cal). Das muß bei Anlage und Auswertung von Versuchen unter Bestrahlung berücksichtigt werden, damit die von verschiedenen Seiten der Strahlenwirkung beigesteuerten Effekte getrennt werden können. Es muß weiterhin bemerkt werden, daß man bei gleicher Bestrahlungsintensität von der Wirkung geladener Teilchen, die die Oberfläche eines korrodierenden Metalls erreichen, einen besonders starken Korrosionseffekt zu erwarten hat, weil die Reichweite dieser Teilchen geringer ist und folglich auch ihre Energieabgabe, wie auch alle damit zusammenhängenden Effekte auf die Grenzschicht Metall — Elektrolyt, d. h. gerade auf die Zone, in der die Korrosionsprozesse ablaufen, lokalisiert sind.

Alle angeführten Überlegungen über die Wirkung der Radiolyseprodukte auf die Kinetik von Korrosionsprozessen gelten für wässrige Medien. Sie bleiben offensichtlich auch für den Fall feuchter Gase gültig, wo die Korrosion in einem Wasserfilm nach dem elektrochemischen Mechanismus verläuft. Was die Gaskorrosion anbetrifft, so stellt sie einen Spezialfall dar, der im vorliegenden Buch nicht behandelt wird. Wir verweisen nur darauf, daß hohe Temperaturen, die bei Gaskorrosion gewöhnlich vorliegen, einen derart starken Einfluß auf die Beständigkeit der Metalle ausüben, daß das Vorhandensein von Strahlung schwerlich eine nennenswerte Bedeutung haben kann.

2. Methodik der Ausführung von Korrosionsversuchen unter Bestrahlung

Das Vorhandensein ionisierender radioaktiver Strahlung kompliziert die experimentelle Methodik und besitzt Besonderheiten, die mit dem Charakter und der Art der angewandten Strahlung zusammenhängen. Im Zusammenhang damit wurde die Beschreibung der experimentellen Methoden zweckmäßigerweise in einem gesonderten Kapitel zusammengefaßt. Das erlaubt eine vollständigere Darlegung der Besonderheiten von Korrosionsanordnungen unter Strahlenverhältnissen und der Art der verwendeten Geräte.

2.1. Strahlungsquellen

Radioaktive Bestrahlung von Versuchsproben kann durch verschiedene Methoden realisiert werden.

Mit Hilfe induzierter Aktivität.

Hierbei wird die untersuchte Metallprobe einer vorangehenden Neutronenbestrahlung unterworfen. Die erhaltenen radioaktiven Isotope sind die Strahlungsquelle. Auf diese Weise liefert das untersuchte Metall selbst die notwendige Strahlung. Die Lösungen, in denen die Korrosionsversuche durchgeführt werden, werden in diesem Fall inaktiv angewandt.

Diese Methode wurde insbesondere in den Arbeiten von Spicyn, Balezin und Janduškin [37, 38] zur Untersuchung der Korrosion von Armco-Eisen und Stahl St 2 in Wasser und Luftatmosphäre angewandt. Die Metallproben wurden einer Bestrahlung mit langsamen Neutronen unterworfen. Dabei bildete sich das ein komplexes β- und γ-Spektrum ergebende Isotop ^{59}Fe. Unter Anwendung unterschiedlicher integraler Bestrahlungsdosen erhielten die Autoren Proben unterschiedlicher Aktivität.

Durch Prüfung in aktiver Lösung.

In diesem Fall wird das untersuchte Metall inaktiv gehalten. Diese Methodik wurde in den Arbeiten zahlreicher Autoren angewandt. Insbesondere untersuchten Ziv und Ėvros [39] den Einfluß von γ-Strahlung auf die Korrosion von Zirkon in Bromwasserstoffsäurelösungen durch Zusatz unterschiedlicher Mengen ^{210}Po zu den genannten Lösungen. McIntosh [40] versetzte zur Untersuchung des Strahlungseinflusses bei der Korrosion von nichtrostendem Stahl in Salpetersäurelösungen diese mit ^{137}Cs.

Anwendung von Modellstrahlung verschiedenartiger Quellen.

In diesem Fall werden Metall und Lösung inaktiv gehalten. Die erforderliche Aktivität wird durch Bestrahlung des Untersuchungssystems durch eine äußere Quelle simuliert, die einen den Forscher interessierenden Strahlungstyp liefert (oder simuliert). Gewöhnlich wird weiche γ-Strahlung durch Röntgenstrahlung von Röntgenröhren unterschiedlichen Typs simuliert. Als Lieferant harter γ-Strahlung werden ^{60}Co-Quellen verwendet, die heute mit sehr hoher Leistung — einige Zehntausend Grammäquivalent Radium — gefertigt werden.

β-Strahlung wird in der Regel durch einen Strahl schneller Elektronen simuliert, der aus speziellen Beschleunigern [41, 42] erhalten wird. In unseren Arbeiten hat sich ein Gleichspannungskaskadengenerator[1]) gut bewährt, der einen konstanten, ausreichend starken (bis 2 mA) Elektronenstrahl mit einer Energie der Größenordnung 1 MeV lieferte [43].

Mit Hilfe von Beschleunigern können auch andere Arten geladener Teilchen erhalten werden [41]. In unseren Arbeiten haben wir uns auf die Anwendung von Elektronen beschränkt, weil andere schwerere geladene Teilchen wegen ihrer geringen spezifischen Reichweite bedeutende Schwierigkeiten der Anlage der Experimente verursachen.

Die dritte Methode, d. h. die Simulierung von Strahlung mit Hilfe verschiedenartiger Einrichtungen (Beschleuniger, Röntgenröhren), bietet gegenüber den vorher genannten beiden Methoden eine Reihe wesentlicher Vorteile. Erstens erlaubt sie, sehr hohe Bestrahlungsintensitäten zu erhalten; zweitens bietet sie die Möglichkeit, Strahlung einer bestimmten Art und einer bestimmten Energie in reiner Form einzusetzen und drittens führt sie zu keiner radioaktiven Verseuchung der Proben, weshalb die Untersuchung nicht in einer Box durchgeführt zu werden braucht.

Deshalb wurde in unseren, wie auch in den Arbeiten der Mehrzahl anderer Forscher, in der Hauptsache die Methode der Modellstrahlung angewandt.

Da der Einfluß der radioaktiven Strahlung mit dem durch das Korrosionssystem während seiner Bestrahlung absorbierten Energiebetrag und in einigen Fällen mit dem Charakter der Bestrahlungsteilchen zusammenhängt, besteht keine Abhängigkeit von der Bewegungsrichtung der Strahlung und ihrer Herkunft. Somit müssen alle drei Methoden im Prinzip gleichwertige Ergebnisse liefern, wenn die Gleichheit des absorbierten Betrags an Strahlungsenergie und die Identität der

[1]) Der Beschleuniger besteht aus einen vertikal unterteilten Beschleunigungsrohr und einer vertikal angeordneten Kondensatorkaskade zur Spannungsvervielfachung. Der Beschleuniger liefert monoenergetische Elektronenbündel.

Strahlung gewahrt ist. Alle in den experimentellen Ergebnissen beobachteten Unterschiede hängen mit der Verletzung einer dieser Bedingungen zusammen.

Die schwierigste Aufgabe ist die Feststellung der Äquivalenz des absorbierten Energiebetrags bei Bestrahlung mit einer äußeren Quelle und bei Anwendung einer radioaktiven Lösung. Im Zusammenhang damit werden weiter unten Formeln abgeleitet, die eine Umrechnung der Intensität einer Modellstrahlung in die Radioaktivität einer Lösung und umgekehrt gestatten.

Eine Besonderheit bildet die Methode der Neutronenbestrahlung. In der Regel werden die Versuche mit Neutronenbestrahlung im Reaktor ausgeführt. Wir benutzten dafür den Versuchsreaktor IRT des *I.-V.-Kurčatov-Instituts für Atomenergie* [44]. Das zu bestrahlende System wurde in einem Kanal mit bekanntem Neutronenfluß untergebracht. Nach langen Expositionen erreichten praktisch alle untersuchten Metalle eine Aktivität, die nach dem Versuch eine Umarbeitung der metallischen Proben in einer Box erforderte.

2.2. Röntgen- und Kobalteinrichtungen, die für Strahlungsuntersuchungen eingesetzt werden[1])

Wie weiter oben dargelegt wurde, fanden in letzter Zeit Röntgenanlagen und Kobalt- (sogenannte Isotopen-)Quellen, in denen die ionisierende Strahlung von ^{60}Co geliefert wird, bei Forschungsarbeiten starke Verbreitung, wobei sie sich in einer ganzen Reihe von Fällen als sehr wirkungsvoll erwiesen.

Zur Intensivierung der Forschungsprozesse und Ausdehnung der Anwendungsgebiete müssen die genannten Quellen eine ausreichend starke Intensität liefern, was im Falle der Röntgeneinrichtungen durch Belastungserhöhung der Anoden in den Röntgenröhren und Verwendung von für Röntgenstrahlung „durchlässigen" Austrittsfenstern aus Materialien, wie z. B. Beryllium, und bei Isotopeneinrichtungen durch Anwendung von Strahlern hoher Aktivität erreicht wird.

Weiter unten werden einige für Strahlungsuntersuchungen angewandte Röntgen- und Isotopenanordnungen beschrieben, die im Institut für Elektrochemie der Akademie der Wissenschaften der UdSSR und in anderen Einrichtungen [45, 46] entwickelt und gebaut worden sind.

In den Abb. 3—5 ist die Konstruktion von Röntgenröhren der Typen TRC-3 A (Röntgenröhre mit Zylinderanode), TRB-3 (eng fokussierende Röntgenröhre) und 11 BChVZ-80 gezeigt.

Die beiden ersten Röntgenröhrentypen sind zerlegbare Konstruktionen und arbeiten unter kontinuierlichem Abpumpen. Das Arbeitsvakuum in den Röhren beträgt 10^{-5}—10^{-6} Torr. Die Röhre 11 BChVZ-80 hat einen Glaskolben und ist abgeschmolzen.

Die Röntgenröhren Typ TRC-3 A und 11 BChVZ-80 werden von einem Röntgenapparat gespeist, der im Institut für Elektrochemie der Akademie der

[1]) Dieser Abschnitt wurde von V. I. PETROVSKIJ verfaßt.

Wissenschaften der UdSSR konstruiert worden ist und nach dem Schema des Doppelweggleichrichters aufgebaut wurde. Diese Röhren vertragen maximale Anodenbelastungen bis 200 mA und 90 kV. Für den Austritt der Röntgenstrah-

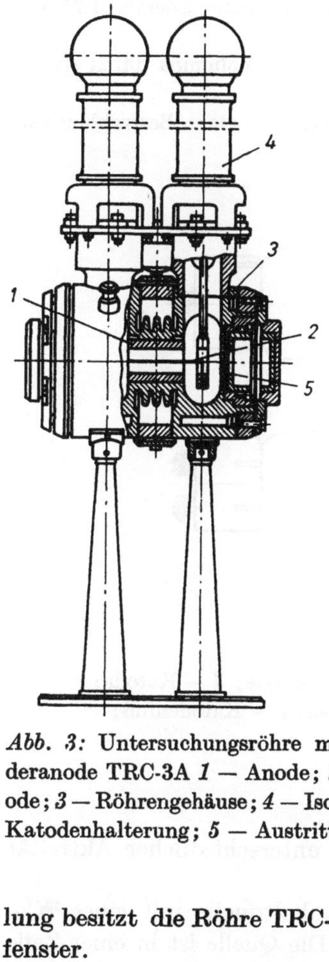

Abb. 3: Untersuchungsröhre mit Zylinderanode TRC-3A *1* — Anode; *2* — Katode; *3* — Röhrengehäuse; *4* — Isolator mit Katodenhalterung; *5* — Austrittsfenster

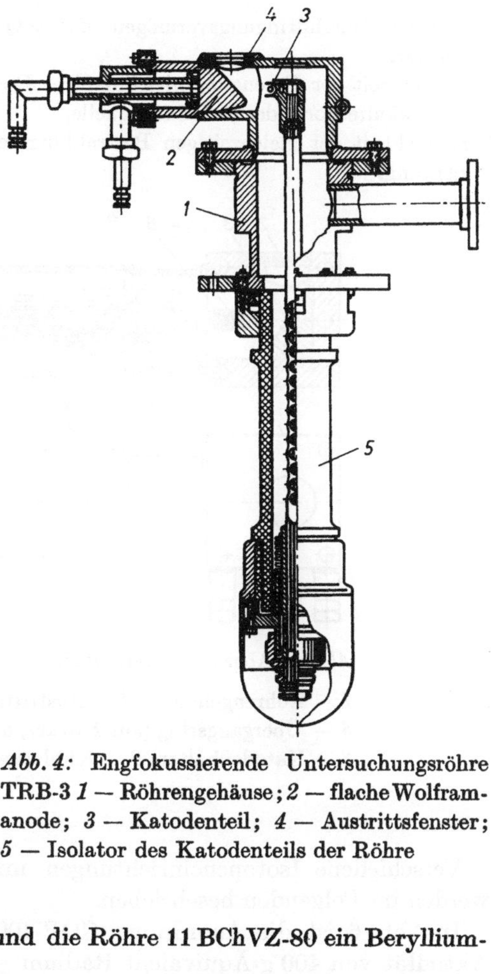

Abb. 4: Engfokussierende Untersuchungsröhre TRB-3 *1* — Röhrengehäuse; *2* — flache Wolframanode; *3* — Katodenteil; *4* — Austrittsfenster; *5* — Isolator des Katodenteils der Röhre

lung besitzt die Röhre TRC-3 A zwei und die Röhre 11 BChVZ-80 ein Berylliumfenster.

Die Einfensterröhre TRB gestattet eine Belastung der Anode, die zugleich das Austrittsfenster der Röhre ist, von 15—20 mA bei einer Maximalspannung von 90 kV. Die genannten Röhren, die sehr zuverlässig und dauerhaft im Betrieb sind, liefern in der Ebene des Austrittsfensters ausreichend hohe Strahlungsintensitäten: 10^{15}—10^{16} eV/cm^2 sec bei der Röhre TRB, 10^{17}—10^{18} eV/cm^2 sec bei der Röhre TRC-3 A und bis 10^{19} eV/cm^2 sec bei der Röhre 11 BChVZ-80.

Die Dosisleistung in wässrigen Lösungen mit einer Dichte von ungefähr 1 beträgt bei einer Schichtdicke von 2—3 cm für die genannten Röhren 10^{15}, 10^{16} und 10^{17} eV/cm^3 sec. In Anbetracht der geringen Energie der Strahlung sind die beschriebenen Röntgeneinrichtungen sehr wirksam bei Untersuchungen in der Gasphase und in wäßrigen Lösungen geringer Dichte beiintensiver Durchmischung.

Isotopenquellen, insbesondere Quellen mit radioaktiven Kobaltpräparaten als Strahler, haben eine ganze Reihe Vorteile gegenüber den Röntgenröhren:

1. Höheres Durchdringungsvermögen der γ-Quanten, deren mittlere Energie 1,25 MeV beträgt,
2. Möglichkeit der Erzeugung gleichmäßiger Dosisfelder in großen Volumina durch speziell ausgewählte Form der Strahlungsquelle,
3. Möglichkeit der gleichzeitigen Bestrahlung mehrerer Proben mit einer Bestrahlungseinrichtung.

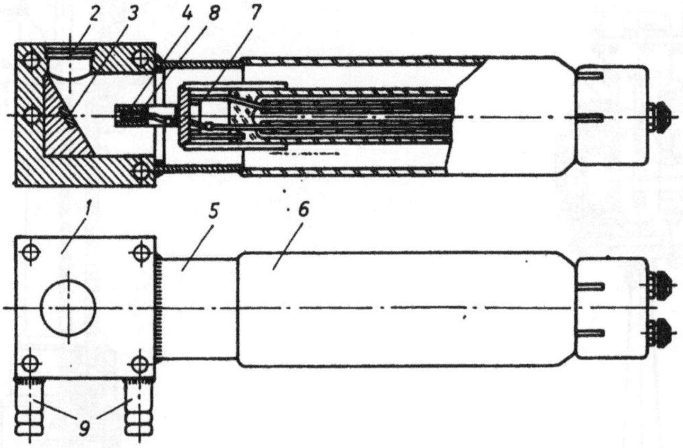

Abb. 5: Abgeschmolzene Röhre 11 BChVZ-80.

1 — Röhrengehäuse; *2* — Austrittsfenster; *3* — Anode; *4* — Katode; *5* — Übergangsring (aus Kovar); *6* — Glaskolben; *7* — Katodenfuß; *8* — Katodenhalter; *9* — Kühlwasserstutzen

Verschiedene Isotopeneinrichtungen mit Quellen unterschiedlicher Aktivität werden im Folgenden beschrieben.

In Abb. 6 ist die Anordnung GOP-400 — eine Kobaltquelle mit einer ^{60}Co-Aktivität von 400 g-Äquivalent Radium — gezeigt. Die Quelle ist in einer Zelle mit einer Fläche von $1{,}5 \times 4{,}0$ m^2 und einer nutzbaren Tiefe von 1,5 m untergebracht. Bei Stellung „Aufbewahrung" befindet sich die zylindrische Quelle in einem speziellen, aus Blei gefertigten Container.

Die Anordnung GURCh-4500 hat eine Kobaltquelle mit einer ^{60}Co-Aktivität von 4500 g-Äquivalent Radium. Der Bestrahlungskäfig besitzt die Form eines Zylinders, in dessen Wänden in Bohrungen 12 Quellen untergebracht sind. Die zylindrische Form des Bestrahlungskäfigs erlaubt es, in seinem inneren Teil ein ziemlich gleichmäßiges Dosisfeld (mit Abweichungen nicht größer als $\pm 10\%$) in einem Volumen von 200—250 cm^3 zu erhalten. Schutz des Strahlerkorbes: In

Stellung „Aufbewahrung" — ein Bleicontainer; in Stellung „Strahlung" — eine Füllung von Graugußschrot zwischen der Arbeitskammer und den Außenwänden der Anordnung.

Bei Aufstellung der Apparatur in der Arbeitskammer wird der in dem Aufbewahrungscontainer untergebrachte Strahler mit einer beweglichen Bleiplatte

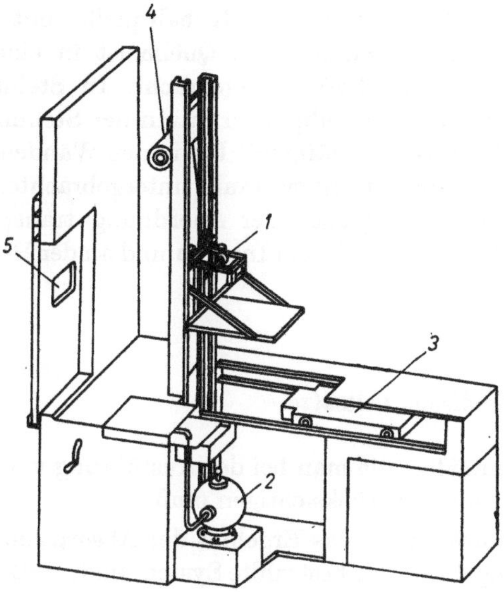

Abb. 6: Schema der Anordnung GOP-400
1 — Arbeitscontainer; *2* — Aufbewahrungscontainer; *3* — entfernbare Bleiplatte; *4* — Flaschenzug; *5* — entfernbare Schutztüre mit Bleiglas

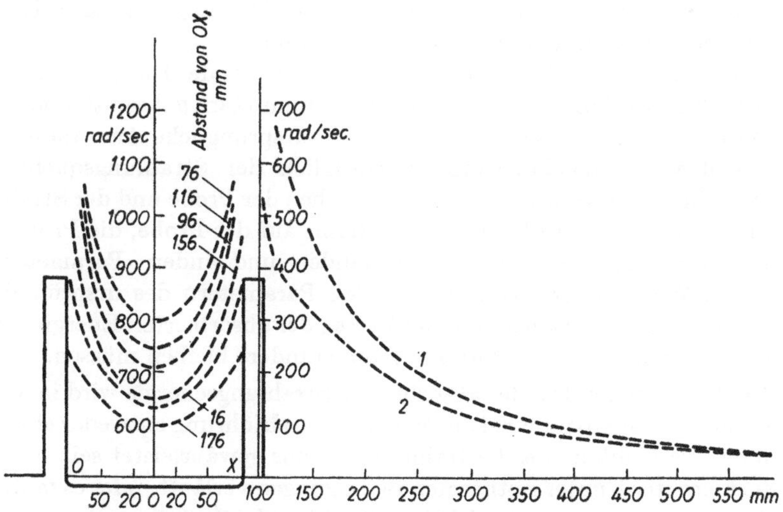

Abb. 7: Dosisfeld des Strahlers der Anordnung GURCh-40000
1 — Dosisleistung außerhalb der Quelle in der Ebene, die den Strahler in halber Höhe schneidet; *2* — das gleiche, in der Tischebene.

abgedeckt, deren Stärke eine Senkung des Strahlungsuntergrundes in der Arbeitskammer auf einen zulässigen Wert (in der Größenordnung 0,4—0,5 µrad/sec) gewährleistet.

Die Anordnung, die im zusammengebauten Zustand 14—15 t wiegt (zusammen mit 10 t Schrot), kann in einem beliebigen Laborraum untergebracht werden, da sie praktisch keinen Strahlungsuntergrund hat.

Die Anordnung GURCh-40000 besitzt eine Kobaltquelle mit einer ^{60}Co-Aktivität von 40000 g-Äquivalent Radium. Die Quelle ist in einer speziellen Schutzzelle mit einer Fläche von 16 m² untergebracht. In Stellung „Aufbewahrung“ wird die Quelle durch Wasser abgeschirmt. In der Stellung „Bestrahlung“ wird der zylindrische Bestrahlungskäfig mit 104 in den Wänden eines Zylinders angeordneten Quellen von dem im Steuerraum untergebrachten Steuerpult durch Fernbedienung auf den Arbeitstisch der Anordnung transportiert. Die Isodosenkurven des Feldes der Quelle in ihrem Inneren und an der Peripherie sind in Abb. 7 dargestellt.

2.3. Allgemeine methodische Leitsätze

Es gibt einige prinzipielle Leitsätze, die man bei der Ausführung von Korrosionsuntersuchungen unter Bestrahlung berücksichtigen muß.

1. Da die beobachteten Effekte immer das Ergebnis der Absorption der Energie der ionisierenden Strahlung durch das bestrahlte System sind, muß man bei allen Versuchen hinreichend genau ihren Betrag kennen. In Anbetracht der Wichtigkeit dieser Frage werden die Methoden zur Messung des absorbierten Energiebetrages weiter unten ausführlich betrachtet.
2. Das aus der Quelle (dem Apparat) austretende Bündel der ionisierenden Strahlung wird in dem umgebenden Medium stark gebremst und gestreut. Bei Wiederholung von Versuchen muß die ursprüngliche Anordnung des Gerätes mit den Untersuchungsproben bezüglich der Strahlungsquelle sehr exakt reproduzierbar sein. Der Abstand zwischen der Probe und der Strahlungsquelle, die Schichtdicke des Korrosionsmediums auf der Probe, die Probenlage bezüglich der Achse des Bestrahlungsbündels und andere Parameter müssen in jedem Wiederholungsversuch mit den Parametern des ursprünglichen streng übereinstimmen, da nicht nur der Betrag der absorbierten Energie, sondern auch die Bedingungen ihrer Verteilung unverändert bleiben müssen.
3. Ein bedeutender Teil der absorbierten Strahlungsenergie wird in Wärme umgewandelt. Deshalb muß bei der Versuchsdurchführung entweder eine ausreichend intensive Kühlung des bestrahlten Systems gewährleistet sein, damit der Versuch praktisch unter isothermen Bedingungen verläuft, oder es muß eine exakte Temperaturmessung an wichtigen Punkten des Systems vorgenommen werden, damit durch Kontrollversuche zwischen Wärme- und anderen Strahlungseffekten unterschieden werden kann.

4. Wenn unter den Versuchsbedingungen die Bestrahlung der Probe und des Korrosionsmediums durch die Gefäßwand erfolgen muß, so muß an dieser Stelle die Wand zur Vermeidung einer nennenswerten Intensitätsschwächung des Bestrahlungsbündels minimale Dicke besitzen. Gewöhnlich wird dafür im Reaktionsgefäß eine Öffnung angebracht, die mit einer dünnen Membran (Hundertstel bis Zehntel mm) aus Glas oder einem anderen Material verschlossen wird.
5. Weiterhin müssen bei den Geräten Schliffe in der unmittelbaren Zone der Strahlenwirkung vermieden werden. Wenn auf Schliffe nicht verzichtet werden kann, so müssen sie ohne organisches Schmiermittel eingebaut werden, da dieses unter Einwirkung von ionisierender Strahlung zersetzt werden kann.
6. Zur Ausschaltung aller Hochspannungseinflüsse müssen bei Durchführung elektrochemischer Messungen unter Bestrahlungsbedingungen alle Leitungen und Geräte sorgfältig abgeschirmt werden.
7. Bei der Arbeit mit ionisierender Strahlung müssen die Strahlenschutzvorschriften streng eingehalten werden. Man muß beachten, daß nicht nur die direkte Einwirkung des ionisierenden Bündels schädlich ist, sondern auch die Wirkung der durch die Strahlenumwandlung der Atmosphärenbestandteile entstandenen Produkte. Besonders gefährlich ist Ozon. Deshalb muß die Bestrahlung in einer von dem Forscher isolierten Zelle mit entsprechender Strahlenabschirmung und wirksamer Ventilation ausgeführt werden.

2.4. Bestimmung der Energiemenge, die in dem bestrahlten System absorbiert wird (Dosimetrie)

Für quantitative Untersuchungen der physikochemischen Wirkung der ionisierenden Strahlung muß der Strahlungsenergiebetrag bekannt sein, der von dem bestrahlten System absorbiert wird. Die Messung der absorbierten Energie kann nach verschiedenen Methoden erfolgen: Zum Beispiel mit Hilfe von Ionisationskammern oder kalorimetrisch, doch ist für Korrosionsuntersuchungen die sogenannte chemische Dosimetrie eine sehr bequeme Methode.

Die Methode beruht darauf, daß bei Bestrahlung verschiedener Lösungen eine hinreichend strenge Proportionalität zwischen dem Betrag an absorbierter Energie und dem Ausmaß der chemischen Umwandlungen in der bestrahlten Lösung besteht. Die aufgestellte Abhängigkeit ändert bei gegebener Strahlungsart ihren Wert weder mit der Strahlungsintensität (innerhalb bestimmter Grenzen), noch mit der Konzentration des gelösten Stoffes usw. So wurde z. B. festgestellt, daß in einer $FeSO_4$-Lösung in 0,8 n H_2SO_4 das Fe^{2+}-Ion zu Fe^{3+} oxydiert wird. Die Reaktion verläuft bei Anwesenheit von Sauerstoff folgendermaßen:

$$Fe^{2+} + OH \rightarrow Fe^{3+} + OH^- . \tag{2.1}$$

Gleichzeitig kann das Perhydroxylradikal gebildet werden:

$$H + O_2 \rightarrow HO_2, \tag{2.2}$$

welches ebenfalls das Fe^{2+}-Ion oxydiert.

$$Fe^{2+} + HO_2 \rightarrow Fe^{3+} + HO_2^- . \quad (2.3)$$

Das HO_2^--Ion bildet im saurem Medium H_2O_2:

$$HO_2^- + H^+ \rightarrow H_2O_2, \quad (2.4)$$

welches bezüglich des Fe^{2+} ein Oxydationsmittel ist:

$$H_2O_2 + 2Fe^{2+} \rightarrow 2OH^- + 2Fe^{3+}. \quad (2.5)$$

Die Ausbeute der Oxydationsreaktion $Fe^{2+} \rightarrow Fe^{3+}$ beträgt in Anwesenheit von Sauerstoff 15,6 Ionen pro 100 eV absorbierter Energie. Sie hängt nicht von der Anfangskonzentration an $FeSO_4$ (im Bereich $8 \cdot 10^{-5} - 1 \cdot 10^{-1}$ m) und der Strahlungsintensität ab. Das gibt die Möglichkeit, eine saure Ferrosulfatlösung zur Dosimetrie von Röntgen- und Elektronenstrahlung anzuwenden.

Die Ferrosulfatdosimetrie ist am zweckmäßigsten für Strahlungen anzuwenden, deren Dosisleistung $5 \cdot 10^{16}$ eV/cm³ sec nicht übersteigt. Bei höheren Dosisleistungen verläuft der Sauerstoffverbrauch sehr intensiv, so daß er — sofern keine Sondermaßnahmen ergriffen werden — nicht ausreicht, und die Ausbeute der Reaktion $Fe^{2+} \rightarrow Fe^{3+}$ ändert sich. In solchen Fällen ist es besser, als dosimetrische Lösung eine $Ce(SO_4)_2$ Lösung in 0,8 n H_2SO_4 anzuwenden, da die bei ihr unter der Strahleneinwirkung verlaufende Reduktionsreaktion $Ce^{4+} \rightarrow Ce^{3+}$ eine geringere Ausbeute ($\sim$ 2,3 Ionen pro 100 eV) hat und nicht von der Konzentration an gelöstem Sauerstoff abhängt, was eine Dosimetrie bis zu Dosisleistungen von $2 \cdot 10^{18}$ eV/cm³ sec gestattet.

In unseren Arbeiten wandten wir die Ferrosulfatdosimetrie für γ- und Röntgenstrahlung an. Zur Dosimetie von Elektronenflüssen wurde von uns eine spezielle elektrische Methode ausgearbeitet, die eine gleichzeitige Messung der Menge der in dem System abgebremsten Elektronen gestattete, die man zur Berechnung der Polarisationswirkung dieser Elektronen (siehe Seite 45) kennen muß.

Unten wird eine kurze Beschreibung der genannten Methodik vorgenommen, die zur Anwendung bei Korrosionsuntersuchungen ausgearbeitet wurde.

2.4.1. Ferrosulfatdosimetrie

Menge und Verteilung der absorbierten Energie hängen stark von der Geometrie des bestrahlten Systems ab, weshalb die Dosimetrie in der gleichen Arbeitszelle vorgenommen wird, in der das gesamte Experiment erfolgt. In die Zelle wird die angesäuerte Ferrosulfatlösung (gewöhnlich wird 0,015 n $FeSO_4$ in 0,8 n H_2SO_4 mit einem Zusatz von 50—60 mg/l KCl verwendet) in der gleichen Menge wie die Korrosionslösung eingefüllt. Durch Analyse der Ferrosulfatlösung findet man die Menge oxydierten Eisens und bei Kenntnis der Ausbeute der Oxydationsreaktion berechnet man den absorbierten Energiebetrag.

Die in eV/cm³ sec gemessene Dosisleistung der in der Lösung absorbierten Energie wird nach der Formel

$$\Delta I_2 = \frac{C \cdot N \cdot e_1}{t} \tag{2.6}$$

berechnet, wobei C die Konzentration an dreiwertigem Eisen in der bestrahlten Lösung (Mol/cm³), N die Avogadrosche Zahl, e_1 der zur Oxydation eines Ions $Fe^{2+} \rightarrow Fe^{3+}$ erforderliche Energiebetrag ($e_1 = 6{,}4$ eV) und t die Zeit (sec) ist.

Zur Bestimmung des in einer Metallprobe absorbierten Energiebetrags wird die dosimetrische Messung wiederholt, wobei in die Zelle eine mit einer dünnen Schicht Polystyrollack überzogene Probe (zur Vermeidung einer Wechselwirkung zwischen Metalloberfläche und Lösung) eingehängt wird. Dann wird die Lösung erneut analysiert und die absorbierte Energiemenge bestimmt, die dem Betrag der tatsächlich in dem Korrosionsmedium absorbierten Energie entspricht. Die Differenz zwischen erster (ohne Probe) und zweiter Bestimmung (mit Probe) ergibt die von der Probe absorbierte Energiemenge.

Wenn die Dicke der bestrahlten Lösungsschicht geringer als die Schichtdicke der Gesamtabsorption ist, so müssen die für die dosimetrische Lösung erhaltenen Ergebnisse zur Anwendung auf die Korrosionslösung umgerechnet werden.

Wie bekannt ist, kann die durch ein Filter hindurchtretende Strahlungsintensität (I_F)[1]) nach der Gleichung

$$I = I_0 \cdot e^{-\frac{\mu}{\varrho} x \varrho} \tag{2.7}$$

berechnet werden, wobei I_0 die in das Filter eintretende Strahlungsintensität; μ/ϱ der sogenannte Massenabsorptionskoeffizient der Energie (μ — linearer Absorptionskoeffizient) (cm²/g); ϱ die Dichte des Filtermaterials (g/cm³) und x die Schichtdicke (cm) bedeuten.

Der im Filter absorbierte Energiebetrag (ΔI_F) ist gleich

$$\Delta I_F = I_0 - I = I_0 \left(1 - e^{-\frac{\mu}{\varrho} x \varrho}\right). \tag{2.8}$$

Das Verhältnis ΔI_F der bestrahlten Korrosionslösung (als ΔI_1 bezeichnet) zum ΔI_F der dosimetrischen Ferrosulfatlösung (als ΔI_2 bezeichnet) kann geschrieben werden

$$\frac{\Delta I_1}{\Delta I_2} = \frac{1 - e^{-\frac{\mu_1}{\varrho_1} x_1 \varrho_1}}{1 - e^{-\frac{\mu_2}{\varrho_2} x_2 \varrho_2}}, \tag{2.9}$$

[1]) Für ein engbegrenztes, monochromatisches Bündel.

wobei sich die Indizes 1 und 2 auf die Korrosions- und die dosimetrische Lösung beziehen. Hieraus folgt

$$\Delta I_1 = \Delta I_2 \frac{1 - e^{-\frac{\mu_1}{\varrho_1}\varrho_1 x_1}}{1 - e^{-\frac{\mu_2}{\varrho_2}\varrho_2 x_2}}. \tag{2.10}$$

In dieser Gleichung sind nur die Massenabsorptionskoeffizienten μ_1/ϱ_1 und μ_2/ϱ_2 unbekannt, doch können die genannten Massenabsorptionskoeffizienten leicht aus der Additivitätsregel gefunden werden, wenn die effektive Wellenlänge der Strahlung bekannt ist:

$$\frac{\mu}{\varrho} = q_1 \frac{\mu_1}{\varrho_1} + q_2 \frac{\mu_2}{\varrho_2} + q_3 \frac{\mu_3}{\varrho_3} + \cdots + q_n \frac{\mu_n}{\varrho_n} \tag{2.11}$$

hierbei bedeuten μ_1/ϱ_1, $\mu_2/\varrho_2, \ldots, \mu_n/\varrho_n$ die Massenabsorptionskoeffizienten der Elemente, aus denen der bestrahlte Stoff besteht. (Sie sind in [48] für die entsprechenden effektiven Wellenlängen tabelliert), und q_1, $q_2 \ldots q_n$ bedeuten die Gewichtsanteile der Elemente pro 100 g Material.

Es muß gesagt werden, daß die Berechnung eine grobe Näherung ergibt. Genauere Ergebnisse können durch kalorimetrische Messungen erhalten werden. In Abb. 18 ist das Kalorimeter gezeigt[1]), welches wir für die direkte Bestimmung der von den Proben bei Bestrahlung in Röntgenapparaturen absorbierten Energie verwenden. Der Absorber des Kalorimeters ist aus Blei gefertigt, dessen Stärke eine vollständige Absorption von Röntgenstrahlung bis 100 keV garantiert. Das Eintrittsfenster des Kalorimeters ist in Form abgeschlossener Luftspalten gestaltet,

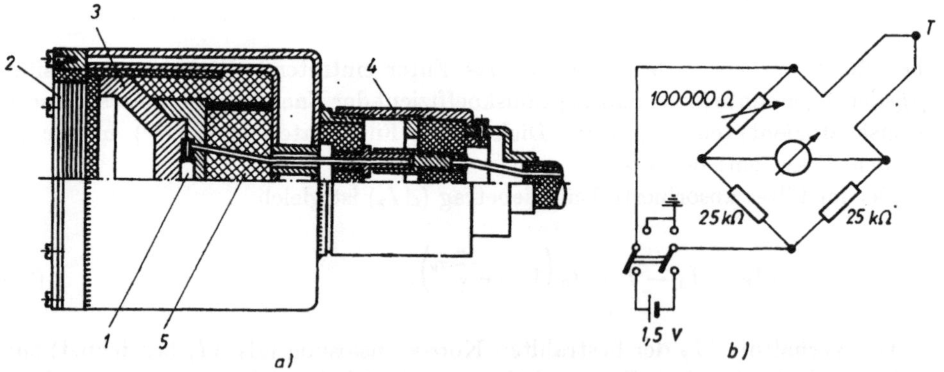

Abb. 8: Kalorimeter mit Thermistoren zur Messung von Röntgenstrahlintensitäten

a — Gesamtansicht des Kalorimeters

1 — Thermistor; *2* — Eintrittsfenster; *3* — Bleiabsorber; *4* — Stecker mit zwei Kontakten

b — Meßschema

T — Thermoelement

[1]) entwickelt von V. I. Petrovskij

die voneinander durch Styroflexfolie einer Stärke von 10—15 μm getrennt sind. Der Absorber befindet sich in einer Schaumstoffhülle, die in einem Metallmantel untergebracht ist, dessen Thermostatierung durch einen gewöhnlichen Thermostaten (TS-15) erfolgt. In dem Absorber sind drei in Reihe geschaltete Thermistoren des Typs T8M untergebracht, die als Temperaturdetektoren des Absorbers vor und nach der Bestrahlung dienen.

Temperaturänderungen des Absorbers werden über Widerstandsänderungen der Thermistoren mit Hilfe einer gewöhnlichen, unabgeglichenen Gleichstrombrücke bestimmt. Die Eichung des Kalorimeters erfolgt in einer gewöhnlichen kalorimetrischen Bombe.

Die Formel zur Bestimmung der Röntgenstrahlintensität aus der in dem Kalorimeterabsorber entwickelten Wärme hat folgende Gestalt:

$$I = A \cdot \Delta \ln R_i \left\{ [B(0{,}0304 + 76 \cdot 10^{-7} t_s) + C] + \frac{1 - D\Delta \ln R_i}{t_E} + E\left(0{,}5 + \frac{t_s}{t_E}\right) \right\}, \tag{2.12}$$

hierin sind A, B, C, D, E — konstante Koeffizienten, die experimentell erhalten und durch die Wärmekapazität des Systems und die Konstanten der Thermistoren bestimmt werden; $(0{,}0304 + 76 \cdot 10^{-7} t_s) + C$ — die summarische Wärmekapazität des Systems mit Berücksichtigung ihrer Änderung bei Temperaturerhöhung des Absorbers; t_s, t_E — Zeitdauer der Bestimmung der Widerstandsänderung der Thermistoren und Expositionszeit in Sekunden.

In der Gleichung (2.12) kann $\Delta \ln R_i$ in der Form

$$\Delta \ln R_i = \frac{1}{\ln R_E + a} - \frac{1}{R_A + a} \tag{2.13}$$

dargestellt werden, wobei R_A und R_E Anfangs- und Endwiderstand der Thermistoren sind und a eine durch die Graduierung der Thermistoren bestimmte Konstante ist.

Die Meßgenauigkeit mit dem beschriebenen Kalorimeter beträgt $\pm 2\%$. Bei Versuchsdurchführung wird das Kalorimeter dicht an die in Arbeitsposition befindliche Untersuchungszelle angesetzt. Dann wird der Röntgenstrahl eingeschaltet und die kalorimetrische Messung — zunächst bei leerer (I_0) und anschließend bei mit der Arbeitslösung gefüllter Zelle (I_1) — ausgeführt. Die in der Lösung absorbierte Energie ist

$$\Delta I_L = I_0 - I_1 .$$

Bei komplizierter Konfiguration der Zelle, wo das Kalorimeter nicht unmittelbar an ihr angebracht werden kann, wird folgende kombinierte Methode angewandt:

Mit Hilfe des Kalorimeters wird der erforderliche Umrechnungskoeffizient von der Untersuchungslösung zum Ferrosulfat bestimmt, dann wird das Ferrosulfat in die Zelle eingefüllt und eine chemische Dosisbestimmung (Ferrosulfatmethode) ausgeführt. Die auf diese Weise bestimmte Dosis wird mit dem Umrechnungskoeffizienten multipliziert.

Die Anwendung der Ferrosulfatdosimetrie auf Korrosionssysteme ist oft ziemlich kompliziert. Als Beispiel führen wir eine dosimetrische Messung an, die wir bei der Untersuchung des Strahleneinflusses auf die atmosphärische Korrosion der Metalle vorgenommen haben.

2.4.2. Anwendung der Ferrosulfatdosimetrie zur Bestimmung der absorbierten Energie bei Untersuchung der atmosphärischen Korrosion unter Röntgenbestrahlung

Wir führen Angaben aus unserer Arbeit über Eisen an, bei der als Bestrahlungsquelle eine Röntgenröhre TRB diente. Die Korrosionszelle wird später ausführlich beschrieben (siehe Abb. 35). Hier teilen wir nur die Daten mit, die zum Verständnis der dosimetrischen Berechnung nötig sind.

Wie aus Abb. 9 ersichtlich, wurden die Proben 2 und 3 des untersuchten Eisens in Scheibenform auf ein Glasgestell 4 aufgelegt, das sich in dem mit einem Eisendeckel 6 (Stärke 3,5 mm) verschlossenen Glaskolben 1 befand. Der Deckel ent-

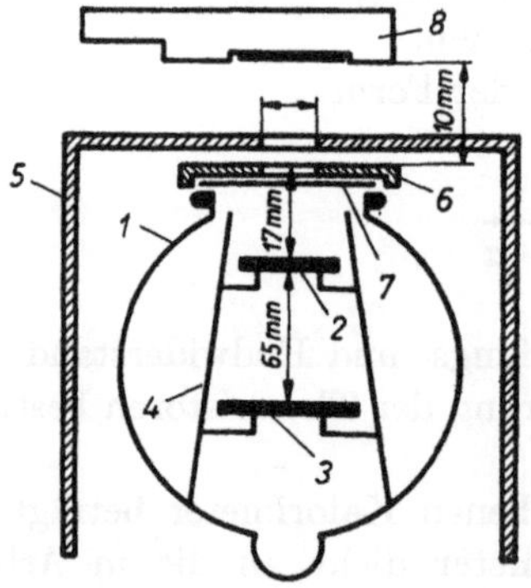

Abb. 9: Schema eines Geräts mit Proben unter einer Röntgenröhre
1 — Reaktionsgefäß; *2*, *3* — Proben; *4* — Glasgestell; *5* — Bleigehäuse; *6* — Eisendeckel; *7* — Aluminiumfolie; *8* — Röntgenröhre

hielt eine runde Öffnung (Fenster für den Röntgenstrahl), die mit der Aluminium folie 7 von 60 µm Stärke bedeckt worden war. Der Kolben mit den Proben wurde in einem Bleigehäuse 5 (Wandstärke 2,5 mm) untergebracht, das ein Fenster für den Durchgang der Röntgenstrahlen von der Röhre 8 her enthielt.

Zur exakten Auswertung der experimentellen Ergebnisse war nicht nur die Bestimmung der gesamten absorbierten Energie, sondern auch ihrer Verteilung auf die einzelnen Elemente des bestrahlten Systems erforderlich: auf die oberen und unteren Proben und das Korrosionsmedium, die Atmosphäre.

Die von den Proben absorbierte Energiemenge wurde aus der Oxydation von angesäuertem Eisensulfat bei Modellierung der Bestrahlungsbedingungen in dem Gerät in der in Abb. 10 gezeigten Weise bestimmt. Nach der Schemazeichnung wird zunächst der Dispersionswinkel des Röntgenstrahlbündels ermittelt. Dazu wird eine in lichtundurchlässigem Papier verpackte Photoplatte in genau fixiertem Abstand unter dem Deckel 2 angebracht. Für 15—30 Sekunden wird die Bestrahlungsquelle eingeschaltet.

An der Auftreffstelle des Strahls auf die Platte erscheint nach ihrer Entwicklung ein dunkler Fleck. Aus demDurchmesser a der Öffnung im Deckel ihrer Abbildung q auf der Platte und dem Abstand f zwischen Platte und Deckel kann der Winkel α leicht nach folgender Formel ermittelt werden:

$$\operatorname{tg} \alpha = \frac{q - a}{2f}. \tag{2.14}$$

Aus dem Dispersionswinkel α, dem Durchmesser a der Deckelöffnung und der Schichtdicke für vollständige Absorption des Bestrahlungsbündels kann die dosimetrische Zelle berechnet werden, die eine vollständige Absorption der in sie einfallenden Strahlung gewährleisten muß.

Die zylindrische Zelle (Abb. 11) wurde aus Polystyrol gefertigt, und die obere Stirnseite, durch die die Strahlung eintritt, mit einer Polystyrolfolie verschlossen. Auf dem Boden war eine spezielle Rippe zur Durchmischung des in die Zelle eingefüllten, schwefelsauren Eisen-II-oxids angebracht. Die mit der Lösung gefüllte Zelle wurde mit einem kleinen Motor verbunden, der mit einer speziellen Umkehr-

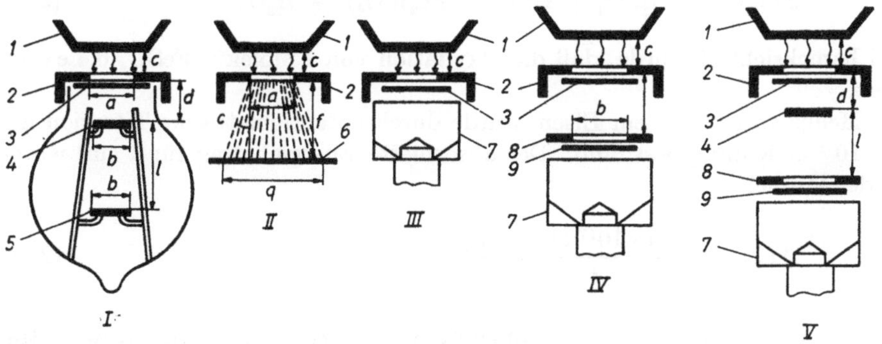

Abb. 10: Schema zur Messung der absorbierten Energie

I — Anordnung des Geräts mit den Proben unter der Röhre;
Bestimmungen:
II — Dispersionswinkel des Bündels;
III — in das Gerät eintretender Energiebetrag;
IV, *V* — auf die Proben auftreffender und auf sie übertragener Energiebetrag.
1 — Röntgenröhre; *2* — Eisendeckel des Geräts mit Öffnung; *3* — Aluminiumfolie; *4*, *5* — Proben; *6* — Photoplatte; *7* — dosimetrische Zelle; *8* — Bleiblende mit Öffnung; *9* — Platte aus dem gleichen Material wie Proben 4 und 5.

vorrichtung zur periodischen Änderung der Drehrichtung der Zelle (zur besseren Durchmischung der Lösung) ausgestattet war. Im betrachtetem Fall betrug $a = 38$ mm und f war zu 35 mm gewählt worden. Für q wurden 76 mm ermittelt

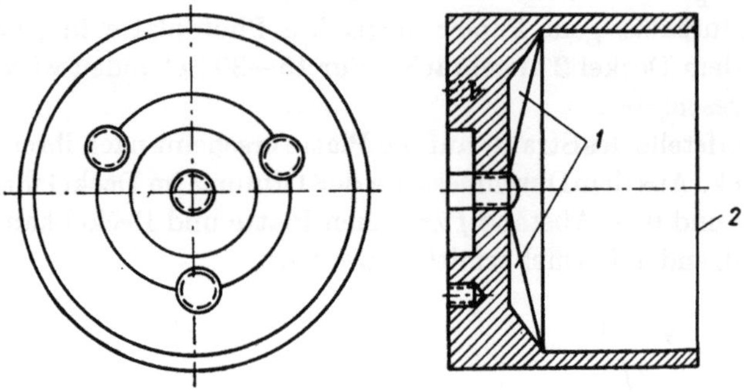

Abb. 11: Dosimetrische Zelle
1 — Rippe (zur Elektrolytdurchmischung); *2* — Polystyrolfolie

und damit der Dispersionswinkel $\alpha \approx 61°$ bestimmt. Daraus wurde die dosimetrische Zelle berechnet, deren Abmessungen in Abb. 11 gezeigt werden.

Das Zellvolumen betrug $V_Z = 182$ cm³.

In die Zelle wurde mit 0,8 n H_2SO_4-Lösung angesäuerte 0,15 n $FeSO_4$-Lösung (0,835 g/*l*) eingefüllt. Der absorbierte Energiebetrag wurde aus der Menge oxydiertem Eisen berechnet:

$$2\,FeSO_4 + H_2SO_4 + 1/2\,O_2 \rightarrow Fe_2(SO_4)_3 + H_2O, \tag{2.15}$$

wobei berücksichtigt wurde, daß die Oxydation von 1 Molekül $FeSO_4$ 6,4 eV erfordert.

Die Menge an oxydiertem Eisen wurde durch potentiometrische Titration mit $1{,}51 \cdot 10^{-3}$ m $KMnO_4$ bestimmt. Der absorbierte Energiebetrag für 1 cm³ wurde nach der Formel

$$\Delta I_{cm^3} = \frac{54{,}4 \cdot 10^{17}\,(V_1 - V_2)}{t \cdot V}, \tag{2.16}$$

berechnet, wobei $V_1 - V_2$ die Volumendifferenz an $KMnO_4$ ist, die aus der Titration der Ausgangslösung (V_1) und der Lösung nach der Bestrahlung (V_2) in Hundertstel cm³ hervorgeht; t die Expositionszeit in Sekunden; ΔI_{cm^3} die absorbierte Energie in eV/cm³ · sec und $54{,}4 \cdot 10^{17}$ das Produkt folgender drei Größen ist: N (Avogadrosche Konstante), C ($KMnO_4$-Konzentration) $= 1{,}51 \cdot 10^{-6}$ Mol/cm³ und $e_1 = 6{,}4$ eV (pro Übergang $Fe^{2+} \rightarrow Fe^{3+}$).

Mit Hilfe der beschriebenen dosimetrischen Zelle findet man den Energiebetrag, der von jeder der bestrahlten Proben absorbiert wird. Dafür bestimmt man zunächst I'_0 — die Energiemenge, die in das Gerät einfällt. Das wird nach Schema III ausgeführt (siehe Abb. 10). Dann wird nach Schema IV die in der oberen Probe absorbierte Energiemenge gemessen. Hierbei gibt die Blende 8, in der eine der Größe von Probe 4 entsprechende Öffnung ausgeschnitten ist, die Möglichkeit, den auf Probe 4 entfallenden Betrag an Strahlungsenergie zu finden. Jedoch wird diese Energie nicht vollständig in der Probe absorbiert. Zur Bestimmung des absorbierten Energiebetrages wird zunächst die Energiemenge I_1 bestimmt, die in der Zelle 7 bei Fehlen der in dem Schema angegebenen Platte 9 absorbiert wird. Dann wird die die Probe 4 imitierende Platte 9 in der im Schema angegebenen Weise angebracht, und man bestimmt, welcher Energiebetrag (I_2) in die Zelle einfällt. Das entspricht dem die Probe durchsetzenden Betrag an Bestrahlungsenergie. Den in der oberen Probe absorbierten Energiebetrag finden wir aus der Gleichung

$$I_{O.P.} = I_1 - I_2.$$

Im betrachteten Fall beträgt $I_1 = 49{,}8 \cdot 10^{16}$ eV/sec, $I_2 = 5{,}05 \cdot 10^{16}$ eV/sec und $I_{O.P.} = 44{,}75 \cdot 10^{16}$ eV/sec. Analog wird nach Schema V der in der unteren Probe absorbierte Energiebetrag ($I_{U.P.}$) bestimmt. Gegenüber Schema IV ist hier die Probe 4 vorhanden und Blende 8 gibt die Möglichkeit, die auf die Probe 5 einfallende Menge an Strahlungsenergie zu finden. Wie im vorhergehenden Fall wird die in Probe 5 absorbierte Energie als Differenz der dosimetrischen Messungen bei Ab- (I'_1) und Anwesenheit (I'_2) der Platte 9 erhalten. (Wir fanden: $I'_1 = 1{,}44 \times 10^{16}$ eV/sec; $I'_2 = 0{,}56 \cdot 10^{16}$ eV/sec und $I_{U.P.} = 0{,}88 \cdot 10^{16}$ eV/sec).

Auf diese Weise wird aus den dosimetrischen Messungen der Energiebetrag ermittelt, der in das Gefäß eintritt, und es wird bestimmt, wieviel Energie die obere (4) und untere Probe (5) aufnehmen. Die Bestimmung des Energiebetrages, der von der Atmosphäre des Gefäßraumes absorbiert wurde, erfolgte auf folgende Weise.

Da sich in dem Gefäß plattenförmige Eisenproben befinden, die die effektive Wellenlänge der sie durchdringenden Röntgenstrahlung und folglich den Massenabsorptionskoeffizienten des absorbierenden Luftgemisches verändern, wurde der Gefäßraum in verschiedene Zonen unterteilt.

Unter Vernachlässigung der Streuung an den Gefäßwänden kann man, wie in Abb. 12 gezeigt, diese Zonen als Kegelstümpfe darstellen. Der Winkel der gebildeten Kegel beträgt 61°. Man bestimmt die Teilvolumina aller Kegel und erhält das Gefäßvolumen als ihre Summe:

$$W_{ges} = W_0 + W'_0 + W''_0,$$

wobei

$$W_0 = V_{ABVG} - V_{\check{Z}\check{Z}vg} - V_{abVG} + V_{abvg},$$

$$W'_0 = V_{\check{Z}\check{Z}DE} - V_{ikde} - V_{vgDE} + V_{vgde},$$

$$W''_0 = V_{ikde}$$

ist.

Die Berechnung der absorbierten Energie erfolgt nach der Formel (2.7).

Die Werte der Massenabsorptionskoeffizienten μ/ϱ hängen von der Größe λ_{eff} ab, die, wie bereits ausgeführt, für verschiedene Teile des Reaktionsgefäßes unterschiedlich ist.

Unter Benutzung der Ergebnisse der dosimetrischen Messungen kann man die Größe λ_{eff} für jeden Abschnitt des betrachteten Gefäßes ermitteln.

So ist z. B. für eine bei einer Spannung von 80 kV arbeitende Röntgenröhre λ_{eff} für den Abschnitt W_0 angenähert gleich dem λ_{eff} der die obere Probe durchsetzenden Strahlen.

Aus der Gleichung (2.7) finden wir den Massenabsorptionskoeffizienten für die obere Probe. Aus den dosimetrischen Angaben von Schema IV ergibt sich, daß für diese Probe $I_F = I_2$ und $I_0 = I_1$. Die Dicke der Probe ist bekannt, ebenso ϱ von Eisen. Nach Einsetzen dieser Werte in Gleichung (2.7) lösen wir sie nach μ/ϱ auf. Wir erhalten z. B. $\mu/\varrho = A'$. Dann finden wir aus der in [48] angegebenen Tabelle (oder einer anderen analogen) die Größe λ_{eff} für Eisen für den Wert $\mu/\varrho = A'$. Diesen λ_{eff}-Wert verwenden wir für den gesamten Abschnitt W_0.

Mit der gleichen Methode finden wir zunächst μ/ϱ für die untere Probe und λ_{eff} für den Abschnitt W_0'.

Dosimetrische Daten zur Berechnung von λ_{eff} in Abschnitt W_0'' haben wir nicht. Da aber unter den gegebenen Bedingungen λ_{eff} nicht kleiner als 0,250 Å sein kann, muß das gesuchte λ_{eff} innerhalb der Grenzen von λ_{eff} für W_0 bis 250 Å liegen. Da sich für Luft in den angegebenen Grenzen λ_{eff} nicht stark ändert und unter Berücksichtigung der geringen Größe des Volumens W_0'' im Vergleich zu $(W_0 + W_0')$, nahmen wir zur Vereinfachung der Rechnung an, daß die Bedingungen der Energieabsorption in W_0'' die gleichen wie in W_0' sind.

Zur Berechnung der absorbierten Energie muß der Zustand des Luftgemisches und sein spezifisches Gewicht (ϱ_{atm}) bestimmt werden. Die Situation wird weiter dadurch kompliziert, daß die Luft eine relative Feuchtigkeit von 98% besitzt. Der Wassergehalt von 1 cm³ Luft beträgt in dem Gerät bei 20 °C $17{,}55 \cdot 10^{-6}$ g, woraus $H_2 = 1{,}95 \cdot 10^{-6}$ g/cm³ und $O_2 = 15{,}60 \cdot 10^{-6}$ g/cm³ folgt. 1 cm³ trockene Luft wiegt 0,00121 g, davon ist $N_2 = 970 \cdot 10^{-6}$ g, $O_2 = 240 \cdot 10^{-6}$ g. Insgesamt enthält 1 cm³ Luft:

$N_2 = 9{,}7 \cdot 10^{-4}$ g, $O_2 = 2{,}55 \cdot 10^{-4}$ g (Wasserstoff wird vernachlässigt) oder
$N_2 = 0{,}791$ und $O_2 = 0{,}209$ der gesamten Luftmenge.
ϱ des Luftgemisches ergibt sich zu 0,001225 g/cm³.

Die Massenabsorptionskoeffizienten für die verschiedenen Abschnitte des Luftgemisches erhalten wir unter Verwendung der früher gefundenen λ_{eff}-Werte. So finden wir z. B. für W_0 den Wert $\lambda_{eff} = 0{,}499$ Å. Hierbei ist μ/ϱ für $O_2 = 0{,}520$, für $N_2 = 0{,}400$; μ^0/ϱ^0 für das Gemisch ist $0{,}400 \cdot 0{,}791 + 0{,}209 \cdot 0{,}520 = 0{,}425$. Analog finden wir μ'/ϱ' des Gasgemischs für den Abschnitt W_0'.

Jetzt liegen die erforderlichen Daten vor und man kann die Energiemengen getrennt berechnen, die in der Atmosphäre des Reaktionsgefäßes in den Abschnitten W_0 und W_0' absorbiert werden. Dabei verwendet man wieder Gleichung (2.7) zur Berechnung von I_F, da I_0 für jeden Abschnitt aus den dosimetrischen

Daten bekannt ist. So ergibt z. B. für den Kegelstumpf $ABVG$ $I'_F = I'_0 \cdot e^{-\frac{\mu^0}{\varrho^0} x \varrho^0}$, wobei $x = 8{,}3$ (Abb. 12).

Es kann leicht gezeigt werden, daß der in dem Abschnitt W_0 absorbierte Energiebetrag gleich

$$\Delta I_{W_0} = \frac{(I'_0 - I'_F)W_0}{V_{ABVG}}$$

ist. Analog gilt

$$\Delta I_{W_0'} = \frac{(I_2 - I''_F)W'_0}{V_{\check{Z}ZDE}},$$

wobei

$$I''_F = I_2 \cdot e^{-\frac{\mu'}{\varrho'} x_1' \varrho'},$$

($x_1 = 9{,}8$ gemäß Abb. 12) ist.

Die Gesamtenergie, die auf die Atmosphäre des Reaktionsgefäßes übertragen wird, ist

$$\Delta I_{\text{ges}} = \Delta I_{W_0} + \Delta I_{W_0'}.$$

Die durchgeführte Berechnung wird bei Einsatz von Röntgenstrahlung angewandt. Für γ-Strahlung von ^{60}Co sind die Massenabsorptionskoeffizienten bei den leichten Elementen sehr klein, und in diesem Fall kann die Dosisleistung als proportional der Dichte der bestrahlten Lösungen angesehen werden.

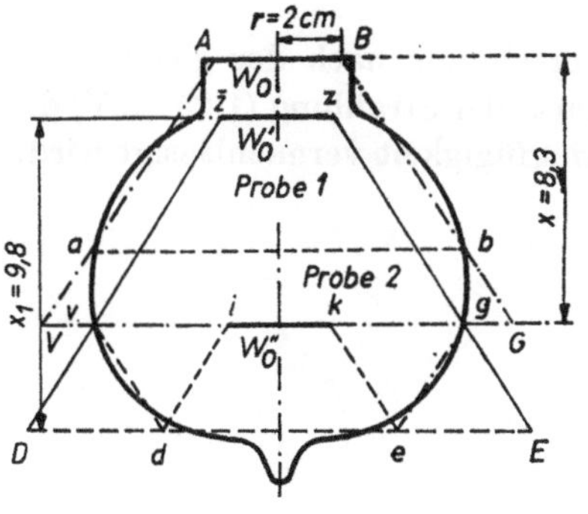

Abb. 12: Zonen der Energieabsorption in der Atmosphäre des Reaktionsgefäßes
Erklärung siehe im Text

Der Betrag absorbierter Energie bei Bestrahlung mit einer Kobaltquelle kann rechnerisch ermittelt werden, wenn vorher eine dosimetrische Ausmessung der Quelle vorgenommen wird.

Als Beispiel führen wir das Schema einer Berechnung an, die von uns für Atmosphärenversuche am GOP-400 ausgeführt wurde. Das Korrosionsgefäß war vom gleichen Typ wie im Falle der oben beschriebenen Röntgenbestrahlung.

2.4.3. Berechnung der absorbierten Energie bei γ-Bestrahlung mit einem ^{60}Co-Präparat

Das Schema der Anordnung des Geräts unter der ^{60}Co-Quelle ist in Abb. 13 angegeben. Der in der oberen Probe absorbierte Energiebetrag kann nach folgender Formel berechnet werden:

$$\Delta I_{O.P.} = A \frac{\varrho_2}{\varrho_1} x \cdot S \cdot I_x \cdot \gamma_v. \tag{2.17}$$

Hierin ist $\Delta I_{O.P.}$ — der in der oberen Probe absorbierte Energiebetrag, eV, A — ein Koeffizient, der den Aktivitätsabfall des ^{60}Co-Präparates mit der Zeit im dosimetrischen Maßstab berücksichtigt; ϱ_2/ϱ_1 — das Dichteverhältnis von Eisen (ϱ_2) und Luft (ϱ_1); x — die Dicke der Probe, cm, S — die Probenoberfläche (eine Seite), cm^2; I_x — Dosisleistung in der Probenebene, rad/sec; γ_v — Umrechnungsfaktor von rad auf Elektronenvolt, gleich $6{,}24 \cdot 10^{13}$.

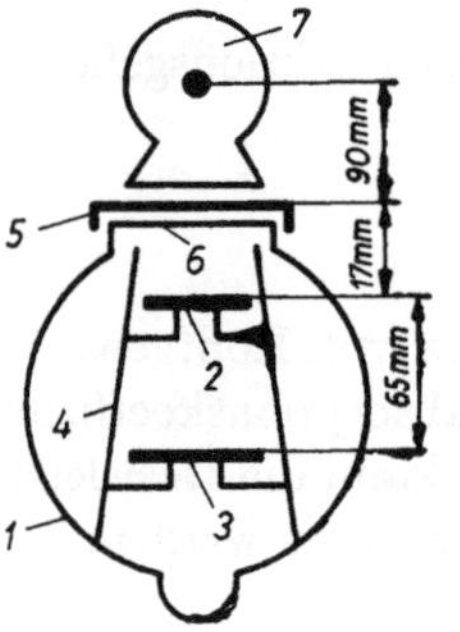

Abb. 13: Schema der Anordnung des Geräts mit Proben unter der ^{60}Co-Quelle
1 — Reaktionsgefäß; *2, 3* — Proben; *4* — Glasgestell; *5* — Eisendeckel; *6* — Aluminiumfolie; *7* — ^{60}Co-Quelle

Für die untere Probe wird die Berechnung nach der gleichen Formel vorgenommen, wobei in Anbetracht der Härte der Strahlung (1,25 MeV) die Absorption in der oberen Probe wegen ihrer Geringfügigkeit vernachlässigt wird.

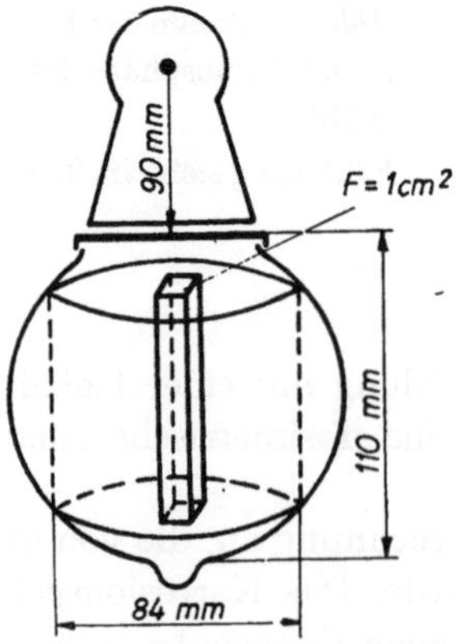

Abb. 14: Schema zur Berechnung der in der Gefäßatmosphäre absorbierten Dosis von ^{60}Co-Strahlung

Wir berechnen unter Benutzung der dosimetrischen Kurve[1]) für GOP-400 (siehe Abb. 15) den ungefähren Energiebetrag, der in der Atmosphäre des Gefäßes absorbiert wird.

Unter der Annahme, daß sich das gesamte Gefäß in der Bestrahlungssphäre befindet, ersetzen wir es durch einen Zylinder mit gleichgroßem Volumen, der, wie

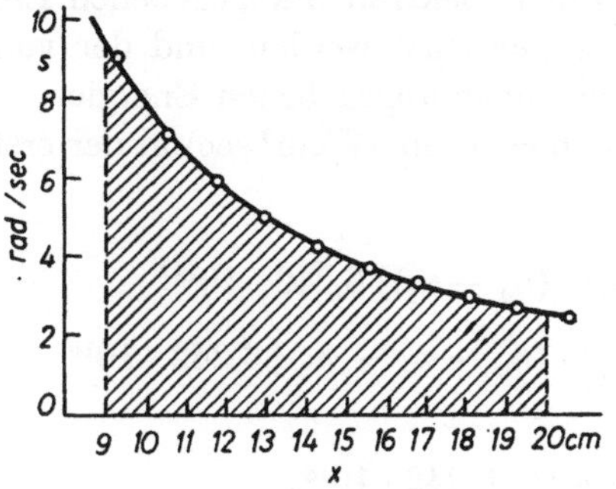

Abb. 15: Ausschnitt aus der dosimetrischen Kurve, der Abhängigkeit der Dosisleistung in Luft vom Abstand zum ^{60}Co-Präparat (x)

in Abb. 14 gezeigt, ungefähr die gleiche Höhe erhält. Aus der Kurve von Abb. 15 finden wir den in einem Element des Luftzylinders mit $F = 1$ cm^2 absorbierten Energiebetrag.

In Abb. 15 ist als Ordinate die Dosisleistung in rad/sec und als Abszisse der Abstand zum ^{60}Co-Präparat in cm aufgetragen. Die Dosisleistung in dem gesuchten Element des Luftzylinders wird durch die gestrichelte Fläche bestimmt. Die gesamte, in der Gefäßatmosphäre absorbierte Energie (I_{atm}) wird nach der Gleichung

$$I_{atm} = A \cdot I_{xa} \cdot \gamma_v \cdot S_z \tag{2.17a}$$

berechnet, wobei S_z die Grundfläche des Zylinders in cm^2 ist.

2.4.4. Elektrische Methode zur Bestimmung des absorbierten Energiebetrags und der Anzahl abgebremster Elektronen in dem bestrahlten System

Die dosimetrische Messung der Energie eines Elektronenstrahls kann nach der Ferrosulfatmethode ausgeführt werden, doch kann man sich oftmals bequem einer elektrischen Methode bedienen, die gleichzeitig den absorbierten Energiebetrag und die Menge abgebremster Elektronen in verschiedenen Teilen des Systems zu bestimmen gestattet [50]. Diese Methode ist besonders günstig für die Bestimmung des Grades der Strahlungspolarisation.

Die elektrische Methode beruht auf folgender Grundlage. Wir setzen die Anfangsintensität des Elektronenstrahles gleich

$$I_A = E_0 \cdot n_0 \text{ (eV/cm}^2\text{ sec)}, \tag{2.18}$$

[1]) Die dosimetrische Kurve wurde von V. I. PETROVSKIJ aufgenommen.

wobei E_0 — die Anfangsenergie eines Elektrons, eV, n_0 — die pro Sekunde auf die bestrahlte Oberflächeneinheit auftreffende Elektronenzahl, Elektronen/cm² sec, ist. Das Bündel ist senkrecht auf die Oberfläche des bestrahlten Systems gerichtet. Wir wollen die in den einzelnen Schichten des bestrahlten Systems absorbierte Energiemenge erfahren. Der in einer beliebigen Schicht absorbierte Energiebetrag besteht aus zwei Anteilen: Der von den Elektronen abgegebenen Energie, die in der gegebenen Schicht vollständig abgebremst werden, und der von den durch diese Schicht hindurchgehenden Elektronen abgegebenen Energie.

Dann wird die absorbierte Energiemenge (in eV/cm³ sec) in der ersten, zweiten Schicht usw. gleich:

$$I_1 = [E_0 n_1 + (E_0 - E_1) \cdot (n_0 - n_1)]\ 6{,}242 \cdot 10^{18}$$

$$I_2 = [E_1 n_2 + (E_1 - E_2) \cdot (n_0 - n_1 - n_2)]\ 6{,}242 \cdot 10^{18}$$

$$\cdots\cdots\cdots\cdots\cdots\cdots\cdots\cdots$$

$$I_n = [E_{n-1} \cdot n_n + E_n^{\mathrm{eff}} \cdot n_n^{pr}] \cdot 6{,}242 \cdot 10^{18}, \tag{2.19}$$

wobei $E_1, E_2 \ldots, E_{n-1}$ — die mittlere effektive Energie der aus der entsprechenden Schicht austretenden Elektronen in eV; $n_1, n_2 \ldots, n_n$ — die Menge abgebremster Elektronen in der entsprechenden Schicht in A/cm³ sec oder A/g sec; $6{,}242 \cdot 10^{18}$ —

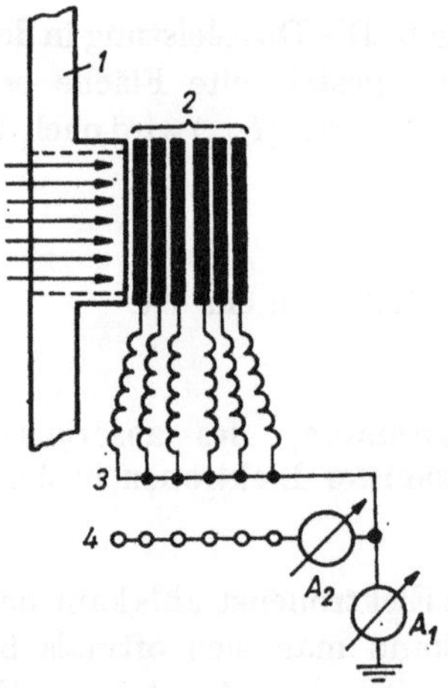

Abb. 16: Schema der Anordnung zur Messung der Menge abgebremster Elektronen und des absorbierten Energiebetrags

1 — Kollimator; *2* — Proben (ein Satz Aluminiumscheiben); *3, 4* — Steckleistenplatte; A_1, A_2 — Ampéremeter

die Anzahl Elektronen pro 1 A; $E_n^{\mathrm{eff}} = E_{n-1} - E_n$ — die mittlere effektive Energie, die von einem Elektron beim Durchgang durch die n-te Schicht abgegeben wird, und $n_n^{pr} = n_0 - n_1 - n_2 - \cdots - n_n$ — die Anzahl Elektronen, die die n-te Schicht durchsetzen, ist. Die Bestimmung der in Gleichung (2.19) stehenden Werte wird folgendermaßen durchgeführt (siehe Abb. 16).

Es wird ein Satz Aluminiumscheiben einheitlicher Stärke genommen, dessen Gesamtdicke der Maximalreichweite der Elektronen mit vorgegebener Energie oder einem etwas größeren Wert entspricht. Jede der Scheiben ist über eine Leitung mit einem einpoligen Stecker angeschlossen. Die Scheiben sind voneinander durch Glimmerfolien mit einer Stärke von etwa 10 μm isoliert.

Zunächst werden alle Stecker in die Buchsen der Steckleiste 3 eingesteckt und damit über das Instrument A_1 geerdet, das die Gesamtmenge der in der Absorptionszelle abgebremsten Elektronen (in A) anzeigt. Das Elektronenbündel wird durch den Kollimator 1 auf die erste Probe gerichtet, wobei der Kollimator durch die Struktur seiner Bohrung nicht nur einen vorgegebenen Querschnitt aus dem Bündel auszublenden gestattet, sondern auch den Teil der Elektronen, der von der senkrechten Richtung bezüglich der bestrahlten Scheibe abweicht, beseitigt.

Durch sukzessives Umstöpseln von der Steckleiste 3 nach der Steckleiste 4 kann mit Hilfe von Instrument A_2 die Anzahl der in den Schichten $n_1, n_2, \ldots, n_n$ abgebremsten Elektronen gemessen werden. Dabei gestattet das Instrument A_1, die Anfangselektronenstromstärke zu kontrollieren und während der Dauer des Versuchs auf konstantem Niveau zu halten.

Zur Bestimmung von E_1 wird in eine Buchse der Steckleiste 4 der an der Ableitung der ersten Platte befindliche Stecker eingesteckt, während die übrigen Platten mit der Steckleiste 3 verbunden bleiben. Dann wird die Spannung an der Elektronenröhre auf einen solchen Wert eingestellt, daß bei einem Gesamtelektronenstrom $n = n_0 - n_1$ in der ersten Platte soviel Elektronen abgebremst werden, wie bei der ersten Messung (die wir Ausgangsmessung nennen) in der zweiten Platte bei der Stromstärke n_0 und der Spannung E_0 abgebremst wurden. In diesem Fall entspricht der Spannungswert an der Elektronenröhre der Größe E_1. Den Wert E_2 findet man nach der gleichen Methode: die Spannung an der Elektronenröhre wird so eingestellt, daß in der ersten Platte bei einem Gesamtstrom $n' = n_0 - (n_1 + n_2)$ soviel Elektronen abgebremst werden, wie bei der Ausgangsmessung in der dritten abgebremst wurden.

Durch Fortsetzung derartiger Messungen kann die gesamte Wertereihe E_1 $E_2, \ldots, E_n$ erhalten werden. Mit den erhaltenen Ergebnissen können die Kurven der absorbierten Energie und der abgebremsten Elektronen konstruiert werden. In Abb. 17 sind entsprechende Kurven dargestellt, die von uns aus experimentellen Werten für ein monoenergetisches Elektronenbündel mit einer Anfangsenergie $E_0 = 0{,}8$ MeV aufgestellt wurden. Auf der Abszisse ist die Dicke der Absorptionsschicht in g/cm² aufgetragen. Der Wert 0,3 g/cm² entspricht der Maximalreichweite $x_{\max}$ von Elektronen mit der Energie 0,8 MeV. Der Wert $x_{\max}$ (in g/cm²) kann für verschiedene Energiewerte auch aus folgenden Beziehungen [51] gefunden werden:

$$x_{\max} = 0{,}15 \cdot E_0 - 0{,}0028 \quad \text{für} \quad 0{,}03\ \text{MeV} < E_0 < 0{,}15\ \text{MeV} \tag{2.20}$$

$$x_{\max} = 0{,}407 \cdot E_0^{1{,}38} \quad \text{für} \quad 0{,}15\ \text{MeV} < E_0 < 0{,}8\ \text{MeV} \tag{2.21}$$

$$x_{\max} = 0{,}542 \cdot E_0 - 0{,}133 \quad \text{für} \quad E_0 > 0{,}8\ \text{MeV}. \tag{2.22}$$

Aus Bequemlichkeitsgründen bei der Anwendung der Kurve wurde als Ordinate der Anteil (in %) der hindurchgehenden Energie aufgetragen, was sinngemäß auch für die Elektronenzahl gilt. Diese Konstruktion gibt die Möglichkeit der gleichzeitigen Bestimmung der Menge abgebremster Elektronen und der absorbierten Energie. So werden z. B., wie Abb. 17 zeigt, in einem Absorber der Masse 0,222 g/cm² 66% der insgesamt auftreffenden Elektronen abgebremst und 34%

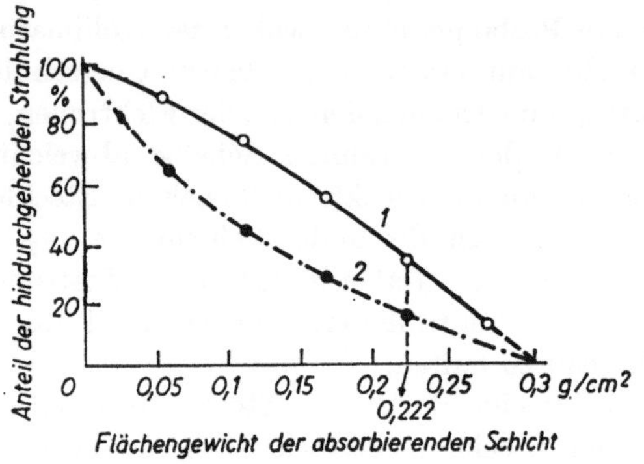

Abb. 17: Kurve zur Berechnung der Menge abgebremster Elektronen (*1*) und des absorbierten Energiebetrags (*2*)

gehen hindurch. Entsprechend ergibt sich für die Energie 84 und 16%. Bei Kenntnis der Ausgangsenergie- und -stromstärkewerte können für eine beliebige Dicke (ausgedrückt über das Flächengewicht) einer absorbierenden Schicht die Absolutgrößen der absorbierten und hindurchgehenden Energie, wie auch der Elektronenzahlen, erhalten werden.

Interessanterweise ist, wie durch Vergleich der Kurven in Abb. 17 folgt, der absorbierte Energiebetrag nicht der Menge abgebremster Elektronen proportional. Er ändert sich nach einem anderen Gesetz.

2.4.5. Vergleich der Intensität einer Modellbestrahlung mit der Aktivität einer Lösung (Korrosionsmedium)

Man kann eine Formel[1]) ableiten, die die Intensität einer Elektronenbestrahlung zu berechnen gestattet, die zur Simulierung der Bestrahlungsbedingungen eines in einer radioaktiven Lösung vorgegebener Aktivität befindlichen Metalls nötig ist.

Wir gehen von irgendeiner aktiven Lösung eines β-Strahlers aus. Die spezifische Aktivität der Lösung (in Ci/cm³) und die maximale Zerfallsenergie sind bekannt. Uns interessiert die Intensität, mit der die Metallwand des die Lösung enthaltenden Gefäßes bestrahlt wird.

Wir greifen ein Wandelement mit der Fläche dS heraus. Offensichtlich wirkt auf dieses nicht die Aktivität der gesamten Lösung ein, sondern nur die einer dünnen, anliegenden Schicht. Die Dicke dieser Schicht ist gleich der maximalen Reichweite x_{max}, ausgedrückt in g/cm², für ein β-Teilchen das eine bekannte Maximalenergie E_{max} besitzt (siehe Abb. 18*a*).

[1]) Die Ableitung der Formel wurde zusammen mit V. D. Val'kov vorgenommen.

Wir unterteilen die strahlende Schicht in eine Reihe Schichten der Dicke dx_i. Jedes ausgestrahlte β-Teilchen kann beim Zerfallsakt in eine beliebige Richtung fliegen, die für ein gegebenes radioaktives Teilchen innerhalb einer Kugel mit dem Radius x_{max} liegt (siehe Abb. 18*b*).

Es ist offensichtlich, daß für jede Schicht dx_i die Wahrscheinlichkeit für das Auftreffen eines herausfliegenden Teilchens auf die Metallwand durch das Verhältnis der Fläche des Kugelsegments, das durch die Wand von der Kugel mit

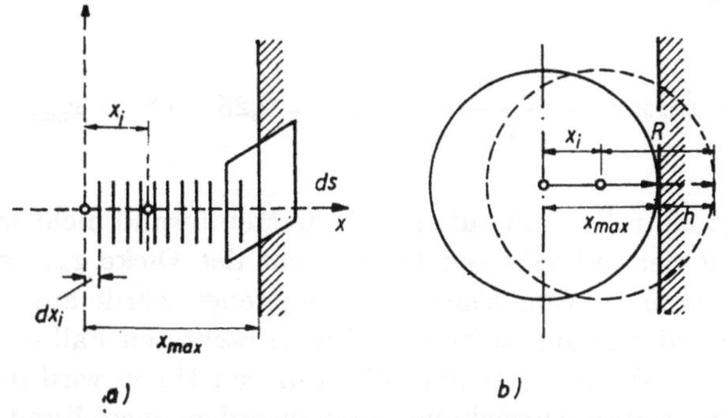

Abb. 18: Schemata (*a* und *b*) zur Umrechnung der Lösungsaktivität in eine' Bestrahlungsintensität einer äußeren Quelle (in Schema *b* ist $R = x_{max}$)

dem Radius x_{max} abgeschnitten wird, zur Fläche dieser Kugel (Kugelmittelpunkt — Entstehungsort des β-Teilchens) ausgedrückt werden kann. Für die in der Schicht entstehenden Teilchen, die von dem Ursprung der strahlenden Schicht den Abstand x_i hat (siehe Abb. 18*a*), ist die Wahrscheinlichkeit ihres Auftreffens auf die Metallwand (P_i)

$$P_i = \frac{2\pi x_{max} h}{4\pi x_{max}^2} = \frac{h}{2x_{max}}; \qquad (2.23)$$

wobei $2\pi x_{max} h$ — die Fläche des durch die Wand abgeschnittenen Kugelsegments und $4\pi x_{max}^2$ die Kugelfläche ist.

Wie aus Abb. 18*b* ersichtlich, ist $h = x_i$, und Gleichung (1.23) kann umgeformt werden:

$$P_i = \frac{x_i}{2x_{max}}. \qquad (2.24)$$

Die Menge an Teilchen dn_i, die in der Schicht dx_i entstehen, wird aus der Gleichung

$$dn_i = dSdx_1 \cdot C' \cdot 3{,}7 \cdot 10^{10} \qquad (2.25)$$

gefunden, wobei $3{,}7 \cdot 10^{10}$ — die Anzahl Zerfälle pro Sekunde bei der Aktivität 1 Curie und C' — die spezifische Aktivität in Ci/cm³ ist. Für die Oberflächeneinheit erhalten wir:

$$dn_i = dx_i C' \cdot 3{,}7 \cdot 10^{10}. \qquad (2.26)$$

Die Teilchenmenge, die aus der gegebenen Schicht auf 1 cm² der Metallwand fällt (dn_x), wird aus der Gleichung

$$dn_x = \frac{dx_i C' \cdot 3{,}7 \cdot 10^{10} \cdot x_i}{2 x_{\max}} \tag{2.27}$$

bestimmt. Die Teilchenmenge, die aus der gesamten strahlenden Schicht auf die Wand fällt, ist gleich

$$n_i = \int_0^{x_{\max}} \frac{3{,}7 \cdot 10^{10}}{2 x_{\max}} C' x_i dx_i = \frac{3{,}7 \cdot 10^{10}}{4} C' \cdot x_{\max} = 9{,}25 \cdot 10^9 \cdot C' x_{\max} \tag{2.28}$$

Aus Gleichung (2.28) folgt, daß auf eine ebene Metallwand nicht mehr als 25% der in einer Schicht der radioaktiven Lösung mit der Dicke $x_{\max}$ entstehenden Teilchen auftreffen können. Eine solche Teilchenmenge würde auf die Wand bei Fehlen der Teilchenabbremsung auftreffen. Im betrachteten Fall erreichen nicht alle Teilchen aus der Zahl n_i die Wand: Ein Teil von Ihnen wird in der Lösung abgebremst. Die Intensitätsschwächung eines energiereichen Bündels kann für jede Schicht dx_i aus der modifizierten Formel (2.7) gefunden werden:

$$I = I_0 \cdot e^{-\mu^0 x}.$$

Ersetzen wir in unserem Fall x durch $(x_{\max} - x_i)$ und I — durch die Teilchenzahl n, so erhalten wir, daß die aus einer beliebigen Schicht dx_i die Metallwand erreichende Teilchenmenge dn bei Berücksichtigung ihrer Absorption durch das Medium gleich

$$dn = dn_x \cdot e^{-\mu^0 (x_{\max} - x_i)} \tag{2.29}$$

ist. Setzen wir dn_x aus Formel (2.27) ein, so erhalten wir

$$dn = \frac{3{,}7 \cdot 10^{10} \cdot C' \cdot x_i}{2 x_{\max}} e^{-\mu^0 (x_{\max} - x_i)} dx_i. \tag{2.30}$$

Um die aus der gesamten strahlenden Schicht auf 1 cm² Wand auftreffende Teilchenmenge zu erhalten, integrieren wir (2.30). Wir erhalten:

$$n = \frac{3{,}7 \cdot 10^{10} C'}{2 \cdot x_{\max}} \int_0^{x_{\max}} x_i \cdot e^{-\mu^0 (x_{\max} - x_i)} dx_i = \frac{1{,}85 \cdot 10^{10}}{x_{\max}} \cdot \frac{C'}{\mu^{0^2}} (\mu^0 x_{\max} + e^{-\mu^0 x_{\max}} - 1). \tag{2.31}$$

Für wäßrige Lösungen ist das Glied $e^{-\mu^0 x_{\max}}$ sehr klein. Die Rechnung zeigt, daß für Wasser bei einer Energie der Strahlungsteilchen von 3,0 MeV die Größe

$$e^{-\mu^0 x_{\max}} = 0{,}015$$

wird. Für Salzlösungen, deren Dichte größer als die Dichte von Wasser ist, und für Energien der Größenordnung 0,8—1,5 MeV wird die Größe $e^{-\mu^0 x_{max}}$ völlig unbedeutend. Somit kann für praktische Rechnungen das Glied $e^{-\mu^0 x_{max}}$ vernachlässigt werden.

Dann wird Gleichung (2.31) umgeschrieben:

$$n = \frac{1{,}85 \cdot 10^{10}}{x_{max}} \cdot \frac{C'}{\mu^{0^2}} (\mu^0 x_{max} - 1). \tag{2.32}$$

Unter der Annahme, daß die mittlere Energie der β-Teilchen gleich 1/3 ihrer Maximalenergie ist [52], erhalten wir die Gesamtintensität des Energieflusses, der auf 1 cm² Wand trifft (in eV/sec):

$$I_{ges} = n \cdot \frac{1}{3} E_{max} \tag{2.33}$$

oder

$$I_{ges} = \frac{1{,}85 \cdot 10^{10} \cdot C'}{3 x_{max} \mu^{0^2}} (\mu^0 x_{max} - 1) E_{max}. \tag{2.34}$$

I_{ges} charakterisiert auch die Intensität der Modellbestrahlung. Wenn I_{ges} bekannt ist, können wir die Aktivität der realen Lösung finden (in Curie), der diese Bestrahlung entspricht:

$$C' = \frac{I_{ges} \cdot 3 x_{max} \mu^{0^2}}{1{,}85 \cdot 10^{10} (\mu^0 x_{max} - 1) E_{max}}. \tag{2.35}$$

Für angenäherte Berechnung kann die Teilchenabbremsung in der Lösung vernachlässigt werden: Setzen wir an Stelle von n in Formel (2.33) n_i aus Formel (2.28) ein, so erhalten wir:

$$C' = \frac{I_{ges}}{3{,}1 \cdot 10^9 x_{max} \cdot E_{max}}, \tag{2.36}$$

wobei E_{max} die Maximalenergie der Zerfallsteilchen und x_{max} die Reichweite dieser Teilchen in der Lösung ist.

2.5. Strahlungspolarisation und Methoden ihrer Verhütung

Als Strahlungspolarisation bezeichnet man die Erscheinung der Aufladung einer metallischen Untersuchungsprobe unter Bestrahlung (infolge der Anhäufung abgebremster Teilchen der radioaktiven Strahlung in der Probe) und ihre nachfolgende Entladung im Elektrolyten.

Diese Erscheinung gewinnt nur bei Bestrahlung von Systemen mit geladenen Teilchen nennenswerte Bedeutung. Das Wesen der Geschehnisse läßt sich leicht an folgendem Beispiel zeigen (siehe Abb. 19). Wir stellen uns vor, daß in das metallische Gefäß eine Lösung eines α-Strahlers eingefüllt wurde. Die aus der Lösung herausfliegenden α-Teilchen werden in den metallischen Gefäßwänden abgebremst. Dabei laden sich die Wände positiv bezüglich der Lösung auf. Die entstehende Potentialdifferenz führt dazu, daß zwischen der Lösung und dem Metall ein Strom fließt, wobei die Neutralisation der überschüssigen positiven Ladung durch die anodische elektrochemische Reaktion erfolgt. (In Abhängigkeit vom Medium und dem erreichten Potential können solche Reaktionen, wie z. B. $Me + \alpha \rightarrow Me^{2+} + He$ oder $\alpha + 2OH^- \rightarrow He + H_2O_2$ usw. stattfinden). In der

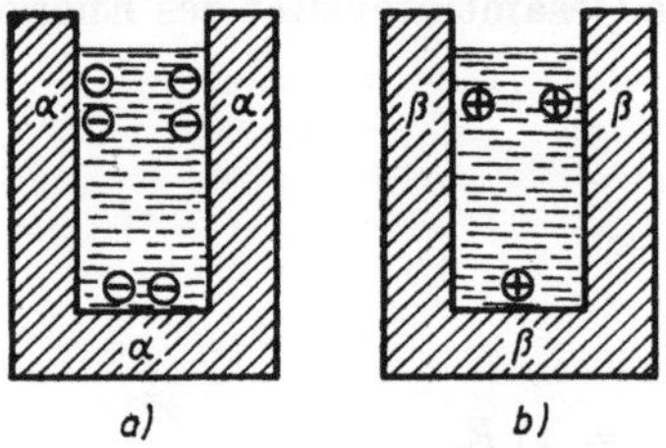

Abb. 19: Schema des Entstehens der Strahlungspolarisation in radioaktiver Lösung für α- (*a*) und β-Strahler (*b*)

Lösung eines β-Strahlers laden sich umgekehrt die Wände negativ bezüglich der Lösung auf und die Entladung verläuft über katodische Prozesse (z. B. $OH + e \rightarrow OH^-$). Auf diese Weise werden die Gefäßwände anodisch polarisiert, wenn die radioaktive Lösung einen α-Strahler enthält, dagegen bei einem β-Strahler katodisch. Folglich stellt im allgemeinen Fall der α-Strahler bezüglich der Korrosion ein gefährlicheres Medium dar, als der β-Strahler. Tatsächlich muß aber die Aktivität der Lösung sehr hoch sein, wenn ein Strom nennenswerter Stärke erhalten werden soll.

Als Beispiel berechnen wir die Stromstärke der Strahlungspolarisation, die durch 1 cm² der Wand eines Metallgefäßes fließt, das eine radioaktive Lösung mit der Konzentration 1000 Ci/*l* und der Teilchenenergie 2 MeV enthält.

Für a-Strahler und wäßrige Lösung.

Die Reichweite der α-Teilchen mit der Energie 2 MeV beträgt in Wasser ungefähr 10^{-3} cm [53]. Die Strahlungspolarisationsstromdichte wird durch die Formel

$$i = n \cdot j \cdot e \tag{2.37}$$

bestimmt, wobei n — die die Wand pro Zeiteinheit erreichende Teilchenzahl; j — die Zahl der Ladungen eines Teilchens und e — die Elementarladung $1{,}6 \cdot 10^{-19}$ As ist. Setzen wir n aus Formel (2.28) ein, so finden wir, daß $i = 9{,}25 \cdot 10^9 \cdot C'x_{max} \cdot je = 9{,}25 \cdot 10^9 \cdot 10^{-3} \cdot 2 \cdot 1{,}6 \cdot 10^{-19} = 3 \cdot 10^{-12}$ A/cm².

Für β-Strahler und wäßrige Lösung.

Die Reichweite von β-Teilchen mit einer Energie von 2 MeV beträgt in Wasser ungefähr 1 cm. Nach Formel (2.37) ergibt sich eine Strahlungspolarisationsstromdichte von $i = 9{,}25 \cdot 10^9 \cdot 1{,}6 \cdot 10^{-19} = 14{,}8 \cdot 10^{-10}$ A/cm².

Die ausgeführten Berechnungen zeigen, daß für die zur Zeit in der Technik verwendeten radioaktiven Lösungen die Wirkung der Strahlungspolarisation wegen der geringen sich ergebenden Stromdichte vernachlässigt werden kann.

Es wird jedoch ein ganz anderes Bild erhalten, wenn die Proben einer Bestrahlung an einem Beschleuniger unterworfen werden. Dabei wird gewöhnlich angestrebt, die Intensität so zu erhöhen, daß in kürzester Frist wahrnehmbare Effekte

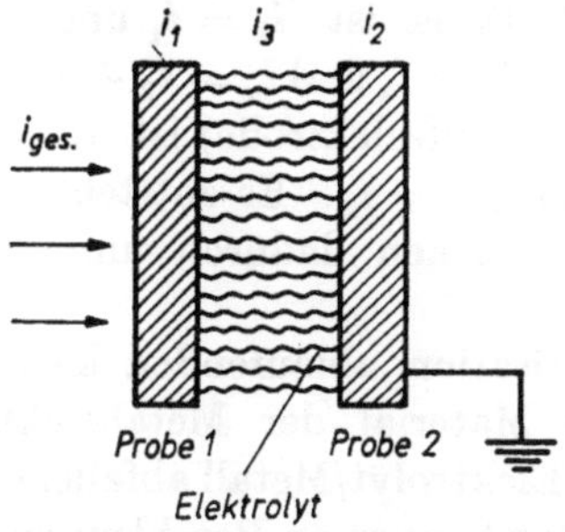

Abb. 20: Schema der Strahlungspolarisation bei Bestrahlung mit schnellen Elektronen
Die Pfeile zeigen die Richtung des Elektronenstrahls

erhalten werden. Bei der Bestrahlung mit geladenen Teilchen, z. B. einem Elektronenbündel, kann die Strahlungsstromdichte oft Milliampere pro Oberflächeneinheit der Proben betragen, was merkliche Effekte ergeben kann.

Zuerst wurde von Tomašov, Fokin und Matveeva [54] auf den Effekt hingewiesen, der später in unseren Arbeiten quantitativ untersucht und bearbeitet wurde [49, 55]. Da Bestrahlung mit Beschleunigern oft modellmäßig zur Untersuchung des Strahlungseinflusses unter Industriebedingungen angewendet wird, ist es nötig, bei der Ausführung der Versuche die Möglichkeit und das Ausmaß der Strahlungspolarisation zu berücksichtigen, damit das Korrosionsverhalten der untersuchten Legierung richtig beurteilt wird.

Wir nehmen an, daß ein System aus zwei Metallproben und einer dünnen, dazwischen befindlichen Elektrolytschicht mit einem Bündel schneller Elektronen von einer äußeren Quelle bestrahlt wird, wie es in Abb. 20 gezeigt ist. Beim Durchgang durch das bestrahlte System werden die Elektronen ihre Energie verlieren und abgebremst werden. Elektronen, die thermische Energie erreicht haben, verbleiben in den verschiedenen Teilen des Systems und erzeugen elektrische Aufladungen. Die Menge abgebremster Elektronen hängt von ihrer Energie, der Dichte des bestrahlten Stoffes und der Schichtdicke dieses Stoffes ab. Folglich wird auch die Aufladungsgeschwindigkeit der verschiedenen Systemteile unterschiedlich sein. Wegen der dabei zwischen verschiedenen Teilen der bestrahlten Zelle entstehenden Potentialdifferenzen fließt ein elektrischer Strom. Wenn wir ein beliebiges Element des bestrahlten Systems erden, z. B. Probe 2, so fließt in unserem Fall (Bestrahlung mit einer äußeren Quelle) der Strom der angehäuften Elektronen in der Richtung: Probe 1 → Elektrolyt → Probe 2 → Erde. Wir bezeichnen die bei der Bestrahlung entstehenden Ladungen in Probe 1 mit i_1, in Probe 2 mit i_2 und in Elektrolyt mit i_3. Bei Erdung von Probe 2 fließt die Ladung i_2 zur Erde ab, ohne irgend etwas merklich am Zustand unseres Systems zu verändern.

Anders verhält es sich mit der Ladung i_1, die, um nach Probe 2 zu gelangen, den Elektrolyt durchqueren muß, was nur über den Ablauf einer elektrochemischen Reaktion an der Grenze Metall—Lösung möglich ist. Das tritt ein, wenn die summarische Ladung $(i_1 + i_3)$ aus dem Elektrolyt auf die geerdete Probe 2 übergeht. Ein Unterschied besteht nur darin, daß an der Oberfläche der Probe 1 eine katodische Reaktion (negative Ladungen treten aus dem Metall in die Lösung) und an Probe 2 eine anodische Reaktion (die Bewegungsrichtung der Elektronen ist umgekehrt: Lösung → Metall) verläuft. Dabei ist $i_k = i_1$ und $i_a = i_1 + i_3$. Bei Erdung von Probe 1 (anstatt Probe 2) ist $i_k = i_2$ und $i_a = i_2 + i_3$, und schließlich bei Erdung des Elektrolyten (über eine Hilfselektrode) ist $i_a = i_1 + i_2 + i_3$ (an der Hilfselektrode), sowie $i_{k(1)} = i_1$ und $i_{k(2)} = i_2$. Es entsteht eine originelle elektrolytische Zelle, die sich von gewöhnlichen dadurch unterscheidet, daß $i_k \neq i_a$[1]).

Der Charakter der bei Strahlungspolarisation ablaufenden katodischen und anodischen Reaktionen wird durch das Material der Metallelektroden, dem Elektrolytzustand und dem an der Grenze Elektrolyt/Metall abfallenden Potential bestimmt. Effekte der Strahlungspolarisation können an Beschleunigern geladener Teilchen sehr bedeutend sein. In unserer Arbeit mit VAL'KOV wurde das Vorhandensein dieses Effekts nachgewiesen. Die Ergebnisse wurden quantitativ am Beispiel der Bestrahlung von in 3%iger NaCl-Lösung befindlichen Aluminiumproben mit einem Elektronenstrahl erhalten. Die Untersuchung wurde in einem strömenden Elektrolyten mit der in Abb. 23 gezeigten Anordnung ausgeführt. Die Aluminiumproben wurden nach dem in Abb. 20 gezeigten Schema einer katodischen und anodischen Strahlungspolarisation unterworfen, das heißt, ein Teil der Proben wurde geerdet und arbeitete somit als Anode, während die mit ihnen zusammen in der eigentümlichen strahlungselektrolytischen Zelle befindlichen, nichtgeerdeten Proben die Katode bildeten. Die Proben wurden mit einem Elektronenbündel bestrahlt (360 μA, 0,8 MeV).

Kontrollproben (ohne Bestrahlung) wurden in der gleichen Natriumchloridlösung bei 75 °C (die berechnete Temperatur unter Bestrahlung betrug 73 °C) und entsprechender Polarisation durch eine Fremdquelle geprüft.

Für Proben, die einer anodischen Einwirkung der Strahlungspolarisation unterworfen worden waren, ist das Vorhandensein grober Ausblühungen (bis 0,8 mm^2, Tiefe bis 115 μm) charakteristisch, die bei katodisch polarisierten Proben fehlen. Daß das Auftreten der Ausblühungen namentlich mit der anodischen Polarisation

[1]) Für Korrosionsuntersuchungen kann man $i_k = i_a$ setzen, da i_3 wegen des eigentümlichen Charakters der sie bildenden Ionen keine merkliche Wirkung zeigt.

verbunden ist, wird durch folgende Fakten bewiesen. Erstens wurden das Auftreten der Ausblühungen immer nur an geerdeten Proben bemerkt (d. h. nach dem Schema der Abb. 20 an als Anode arbeitenden) unabhängig von ihrer Lage im bestrahlten System. Zweitens sind Aussehen und Abmessungen der Ausblühungen sehr ähnlich den Ausblühungen, die an Kontrollproben (bei Abwesenheit von Strahlung) erhalten wurden, die einer Polarisation von einer fremden Stromquelle aus unter genau gleichen Bedingungen wie die bestrahlten Proben unterworfen worden waren.

Daß die in dem mit Elektronen bestrahlten System geerdeten Proben anodisch und die nichtgeerdeten katodisch polarisiert werden, bezeugen auch die von uns gemessenen Potentialwerte dieser Proben (Tab. 6). Aus Tab. 6 ist ersichtlich, daß das Potential der nichtgeerdeten, d. h. katodisch polarisierten Proben nach der

Tabelle 6

Elektrodenpotentiale von in 3%iger NaCl-Lösung bestrahlten Aluminiumproben (gegen die gesättigte Kalomelelektrode)

Strahlungspolarisation	Stromdichte μA/cm²	Vor Bestrahlungsbeginn	Bestrahlungszeit, min.					
			45	60	120	180	240	300
katodisch	13	−0,720	−0,826	−0,839	−1,024	−1,143	−1,184	−1,211
	33	−0,770	−0,964	−1,060	−1,248	−1,314	−1,344	−1,371
anodisch	22	−0,766	−0,792	−0,792	−0,783	−0,780	−0,780	−0,785
	33	−0,730	−0,759	−0,758	−0,763	−0,765	−0,768	−0,765

negativen Seite verschoben wird, wobei diese Verschiebung um so größer ist, je höher die katodische Stromdichte (d. h. je mehr schnelle Elektronen in der Probe abgebremst werden) ist. Gleichzeitig bleibt das Potential der geerdeten (d. h. nach unseren Angaben der anodisch polarisierten) Probe, nachdem es im ersten Moment nach der negativen Seite verschoben worden war (offensichtlich infolge der Temperaturerhöhung der Lösung), unverändert und positiver als das der nichtgeerdeten.

Die angeführten Daten zeigen anschaulich, daß die Strahlungspolarisation zu sehr bedeutenden Effekten führen kann. Tatsächlich äußert sich das besonders bei Metallen, die auf ihrer Oberfläche eine dichte Oxidschicht haben, in deren Folge der anodische Strom auf einige schwache Stellen der Schicht konzentriert wird, was zu groben Schäden führt. Jedoch müssen die Strahlungserscheinungen auch bei anderen Metallen berücksichtigt werden.

Es muß bemerkt werden, daß die Strahlungspolarisation auch ohne spezielle Erdung der bestrahlten Proben infolge einer freiwilligen Entladung des Systems nach der Erde hin nach Ansammlung einer ausreichend großen Ladung stattfindet. In diesem Fall ist es sehr schwer, die katodischen und anodischen Bereiche zu bestimmen, da der Weg der freiwilligen Erdung des Systems von vielen zufälligen Ursachen abhängt.

Deshalb muß bei der Durchführung von Untersuchungen unter Bestrahlung mit geladenen Teilchen das System so geerdet werden, daß Größe und Vorzeichen der Strahlungspolarisation für jede der untersuchten Proben genau bekannt ist.

Zur maximalen Annäherung an reale Bedingungen wurde von uns eine Methode zur Verhütung der Strahlungspolarisation bei Anwendung der Strahlung aus einem Beschleuniger geladener Teilchen ausgearbeitet. In der Abb. 21 ist das Schaltbild vorgestellt, das „elektroneutrale" Proben, d. h. vor der Strahlungspolarisation geschützte Proben, zu erhalten gestattet. Dazu werden beide Proben geerdet,

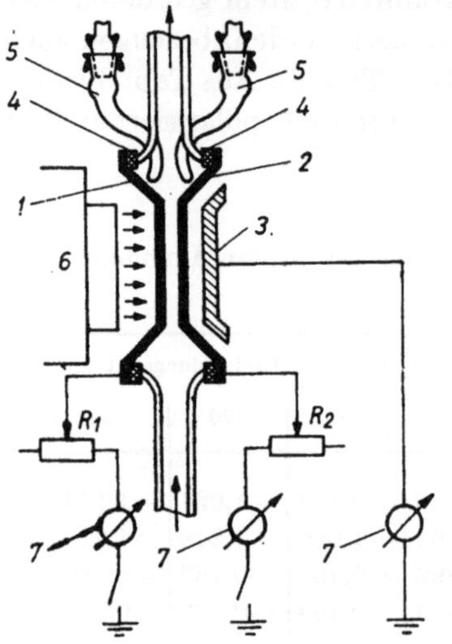

Abb. 21: Schema einer Anordnung zur Erzielung elektroneutraler Proben *1, 2* — Proben; *3* — Kollektor (Kupferscheibe); *4* — Gummidichtungsring; *5* — Zuführung für die Vergleichselektrode; *6* — Elektronenrohr; *7* — Mikroampèremeter

jedoch über die Widerstände R_1 und R_2 und die Mikroampèremeter 7. Das Elektronenbündel aus dem Elektronenrohr fällt auf Probe 1. Wie weiter oben ausgeführt, verteilen sich die in dem bestrahlten System abgebremsten Elektronen zwischen dem Elektrolyten und den Proben 1 und 2[1]). Durch Variation des Widerstandsverhältnisses $R_1 : R_2$ kann die Menge an Elektronen, die von Probe 1 (i_1) und von Probe 2 (i_2) nach der Erde abfließt, geändert werden. Wenn man aus den nach der von uns vorgeschlagenen Methode durchgeführten dosimetrischen Messungen den summarischen Ladungswert der in jeder Probe abgebremsten Elektronen kennt, so kann $R_1 : R_2$ so eingestellt werden, daß aus einer Probe nach der Erde eine solche Menge Elektronen abfließt, wie auf ihr gesammelt wird. Dann wird diese Probe keiner elektrischen Polarisation unterworfen, d. h. sie wird elektroneutral.

Wenn in den Elektrolyten eine weitere Elektrode eingeführt wird, die über einen gesonderten Widerstand und ein Mikroampèremeter geerdet wird, dann ist es möglich, das Verhältnis aller Widerstände so zu wählen, daß von jeder Elektrode

[1]) Der Einfachheit halber nehmen wir an, daß die Energie der Elektronen so ist, daß sie vollständig im Elektrolyten und den Proben absorbiert werden und nicht den Kollektor 3 erreichen.

eine solche Menge an Elektronen zur Erde abfließt, wie bei der Bestrahlung in ihr abgebremst wird. Die im Elektrolyten absorbierten Elektronen werden zur Erde über den gesonderten Widerstand abfließen. Die Praxis zeigte jedoch, daß diese kompliziertere Methode sehr selten angewendet werden muß. Gewöhnlich ist es vollkommen ausreichend, wenn von zwei Proben nur eine elektroneutral gemacht wird. Diese elektroneutralen Proben imitieren am besten die Arbeitsbedingungen der Metalle unter den realen Verhältnissen der Atomindustrie bei den gegenwärtig existierenden Leistungen.

2.6. Geräte für Korrosionsuntersuchungen in Elektrolyten unter Bestrahlung

2.6.1. Materialien für die Geräte

Bei Röntgen-, Elektronen-, γ- und β-Strahlung ist die Materialfrage bei der Herstellung der Geräte nicht problematisch. Hier kann fast jedes beliebige Material verwendet werden. Bei Kunststoffen wurden gute Ergebnisse mit Polystyrol erhalten. Teflon und Piacryl können für lange Expositionen nicht empfohlen werden, weil Teflon stark zum Verspröden neigt und Piacryl rissig wird [56]. Am vorteilhaftesten ist Glas zu verwenden. Wir verwendeten fast ausschließlich Glasgeräte. Man muß aber daran denken, daß Glas bei Bestrahlung mit einer beliebigen Art Elementarteilchen dunkel, undurchsichtig und brüchig wird. Da Glas zu den amorphen Stoffen gehört, kann die Änderung seiner Eigenschaften, insbesondere die Verfärbung, nicht mit dem Vorhandensein von Kristallgitterdefekten erklärt werden. Gewöhnlich wird die Verfärbung des Glases mit zwei möglichen Prozessen erklärt:

1. Der Wechselwirkung von in das Glasgefüge eintretenden Ionen mit freien Elektronen, in deren Folge neutrale Atome gebildet werden, die eine kolloidale Verfärbung ergeben;
2. Ablauf von Redoxprozessen durch Elektronenaustausch zwischen verschiedenartigen Ionen.

Da diese Prozesse reversibel sind, kehrt das Glas bei Erwärmen auf 500—600 °C in seinen Ausgangszustand zurück.

In Zusammenhang mit dem Dargelegten ist es nötig, alle Glasgeräte, die einer Bestrahlung unterworfen werden, zur Vermeidung ihrer vorzeitigen Zerstörung regelmäßig zu erhitzen.

Bedeutend schwieriger ist es, Material für eine Korrosionszelle bei Durchführung der Versuche im Reaktor auszuwählen, besonders dann, wenn das Kühlwasser in den technologischen Kanälen eine hohe Temperatur (100 °C und mehr) hat. Bei Kurzzeitversuchen mit Temperaturen der Größenordnung 40 °C verwendeten wir erfolgreich Polystyrolzellen. Für hohe Temperaturen (>100 °C) und Langzeitversuche (bis 6 Monate) verwendeten wir als Isolationsmaterial die Oxidkeramik CM-332, die im Kombinat für feste Legierungen als Werkzeugmaterial entwickelt wurde [58].

Man kann die Herstellung verschiedener Einzelteile auch mit ziemlich kompliziertem Profil erreichen. Der Herstellungsprozeß dieser Einzelteile war folgender: Vom Werk bezogen wir unbearbeitete (ungesinterte) Rohlinge, aus denen wir die notwendigen Erzeugnisse unter Berücksichtigung der Schrumpfmaße beim Sintern drehten. Dann wurden die Rohprodukte zum Sintern wieder in das Werk gegeben. Mit dieser Methode gelang es sogar, Gewindeteile herzustellen. Der Versuch erwies, daß Erzeugnisse aus der Legierung CM-332 Neutronenbestrahlungen gut aushalten.

2.6.2. Prinzipschema der Bestrahlung

Es muß bemerkt werden, daß das Vorhandensein von Strahlung die Durchführung des Experiments sehr kompliziert. Unbedeutende Änderungen in den Versuchsbedingungen erzwingen oft Veränderungen in der Konstruktion der Versuchszelle, weshalb weiter unten eine Anzahl derartiger Zellen beschrieben wird. Bei Außerachtlassung der Unterschiede in der Konstruktion der Zellen wurde in der Mehrzahl der Fälle das gleiche Prinzipschema der Bestrahlung von einer Modellquelle aus benutzt, das in Abb. 22 angegeben ist.

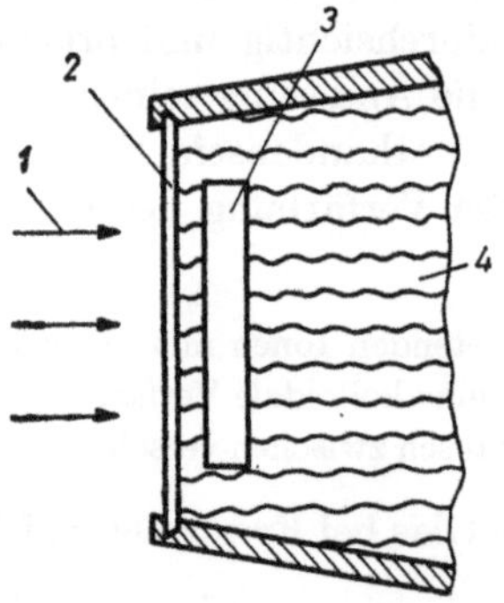

Abb. 22: Prinzipschema der Bestrahlung einer Korrosionszelle von einer Modellquelle aus
1 — Strahlung; *2* — Membran; *3* — bestrahlte Probe; *4* — Elektrolyt

Wie aus dem dargestellten Schema ersichtlich ist, tritt die Strahlung in das bestrahlte Volumen der Korrosionszelle über die dünne Membran 2 ein. Die bestrahlte Probe 3 wird je nach der gestellten Aufgabe entweder so nah an die Membran herangerückt, daß die Schichtdicke des Korrosionsmediums zwischen Membran und Probe kleiner als die Schichtdicke für vollständige Absorption wird und ein Teil der Strahlung auf die Probenoberfläche fällt, oder sie wird so weit im Lösungsinneren angebracht, daß die Strahlung die Probe praktisch nicht erreicht. In einigen Versuchen wurde die Membran 2 aus dem untersuchten Material gefertigt, d. h. sie war selbst die Probe, und arbeitete allein bzw. zusammen mit Probe 3.

2.6.3. Gerät für Untersuchungen im strömenden Elektrolyten

In Abb. 23 ist das allgemeine Schema einer Anordnung für Korrosions- und elektrochemische Untersuchungen über das Verhalten von Metallproben im Elektrolytstrom dargestellt [55].

Der Hauptteil der Anordnung ist ein demontierbares Glasgerät, das aus drei mit Schliffen verbundenen Teilen — dem thermostatierten Gefäß 1, dem bogenförmigen Verbindungsrohr 4 und dem Glasblock mit der Arbeitszelle 11 — besteht.

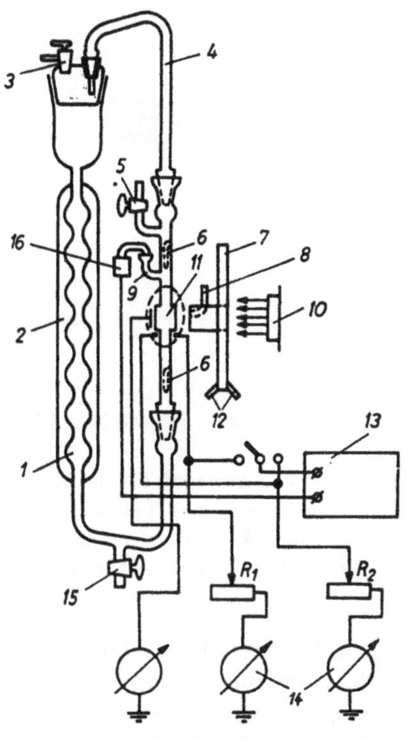

Abb. 23: Schema einer Anordnung für Korrosions -und elektrochemische Untersuchungen über das Verhalten von Metallproben in einem Elektrolytstrom unter Einwirkung ionisierender Strahlung

1 — thermostatiertes Gefäß; *2* — Gefäßmantel; *3* — Hahn; *4* — bogenförmiges Verbindungsrohr; *5* — Gaseinlaßhahn; *6* — Tasche für das Thermoelement; *7* — Schutzkollimator; *8* — Einleitungsrohr für Kühlluft; *9* — Stutzen für das Kalomelhalbelement; *10* — Elektronenquelle; *11* — Arbeitszelle; *12* — Kühlwasseranschlüsse; *13* — Potentiometer; *14* — Mikroampéremeter; *15* — Entleerungshahn; *16* — Vergleichselektrode.

Die Umwälzung des Elektrolyten im Gerät beruht auf dem Prinzip der Druckluftpumpe. Die komprimierte Luft (oder ein beliebiges anderes Gas) wird über Hahn 5 eingelassen. Das sich bildende Gas-Flüssigkeitsgemisch wird auf große Höhe gehoben (im Vergleich zur reinen Flüssigkeit), dringt in das thermostatierte Gefäß 1 ein, nimmt die erforderliche Temperatur an und tritt erneut in die Arbeitszelle ein. Das eingelassene Gas entweicht über Hahn 3. Durch den Mantel 2 des thermostatierten Gefäßes zirkuliert eine Flüssigkeit, die von einem Ultrathermostaten abgegeben wird. Hahn 15 dient zum Ablassen des Elektrolyten.

Es wurden verschiedene Konstruktionen der Arbeitszelle 11 entwickelt, die zur Lösung unterschiedlicher Aufgaben dienten. In der in Abb. 24 dargestellten Zelle setzt man in den Stirnteil des Polystyrolschliffs 14 zwei Proben (auch eine ist möglich) ein, von denen die Anschlußleitungen 7 nach außen geführt werden. Das Röhrchen 3 dient zur Messung des Elektrodenpotentials der Proben (an den Ausgangsteil von Röhrchen 3 wird über einen Schliff der Elektrolytschlüssel ange-

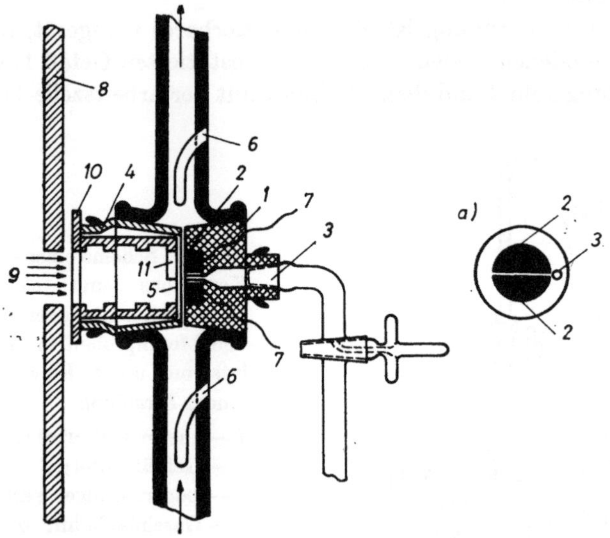

Abb. 24: Schema einer Arbeitszelle für massive Proben (*a* — Stirnfläche des Schliffs)

1 — Polystyrolschliff; *2* — Probe; *3* — Anschluß für die Vergleichselektrode; *4* — Schliff mit Glasmembran *5*; *6* — Tasche für das Thermoelement; *7* — Anschlußleitung; *8* — Abschirmung mit Öffnung *9*; *10* — Begrenzungskollimator; *11* — Abschirmblende

schlossen). Zum Schutz des Geräts vor Streustrahlung dient die Abschirmung 8 mit der Öffnung 9, durch die das Elektronenbündel hindurchtritt. Die Schutzabschirmung besteht bei verhältnismäßig geringen Intensitäten des Elektronenbündels (etwa 10^{16} eV/cm^2 sec) aus Aluminiumblech einer Dicke von 5—6 mm (für Röntgen und γ-Strahlung wird Bleiblech verwendet). Bei höheren Intensitäten, wo eine starke Erwärmung der Abschirmung erwartet werden kann, wird sie als Hohlplatte (Abb. 23) ausgeführt, in deren Innerem Kühlwasser zirkuliert. Zur Verminderung der Bestrahlung des Polystyrols durch Streustrahlung dient ein Aluminiumkollimator 10, der in den Schliff 4 eingesetzt wird. Im Stirnteil des Kollimators befindet sich die Abschirmblende 11, mit deren Hilfe es möglich ist, nur eine der Proben (die obere oder die untere) zu bestrahlen. Wenn es nötig ist, beide Proben zu bestrahlen, wird die Abschirmblende entfernt.

Die in Abb. 25 dargestellte Zelle wurde bei der Untersuchung der Aluminiumkorrosion verwendet. Sie besteht aus einem Glasring mit zwei angesetzten Röhren.

Die Proben 11 besitzen Tellerform und werden mit Hilfe der Druckmutter 4 und des geschlitzten Mantels 3 an den Glasring gedrückt. Zur Abdichtung werden zwischen die Proben und den Glasring die Gummizwischenlagen 10 eingelegt. Die

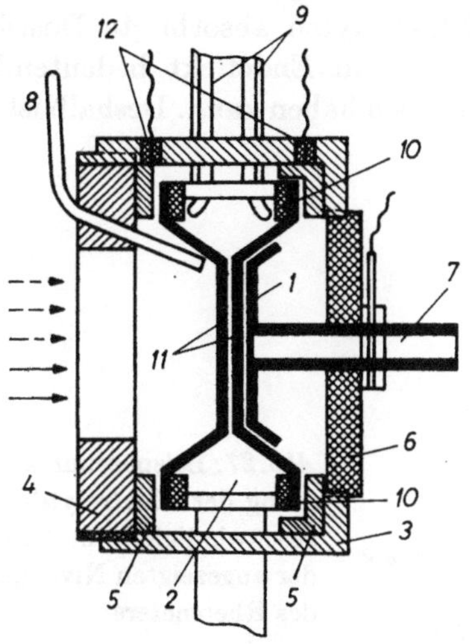

Abb. 25: Arbeitszelle für Folienproben (Schema der Probenverstärkung)
1 — Kollektor; *2* — Zelle; *3* — geschlitzter Mantel; *4* — Andrückmutter; *5* — Kontaktierungszwischenschicht (Kupfer); *6* — Kollektormutter (Piacryl); *7, 8* — Röhren für die Luftkühlung; *9* — Kapillaren zur Potentialmessung; *10* — Gummiring; *11* — Proben; *12* — isolierende Stopfen

Messung der Elektrodenpotentiale erfolgt über die Spezialansätze 9. Der Kollektor 1 dient zum Auffangen der durch das System Metall—Lösung—Metall hindurchgehenden Elektronen. Die Elektronenstrahlstromstärke wird mit einem empfindlichen Galvanometer gemessen.

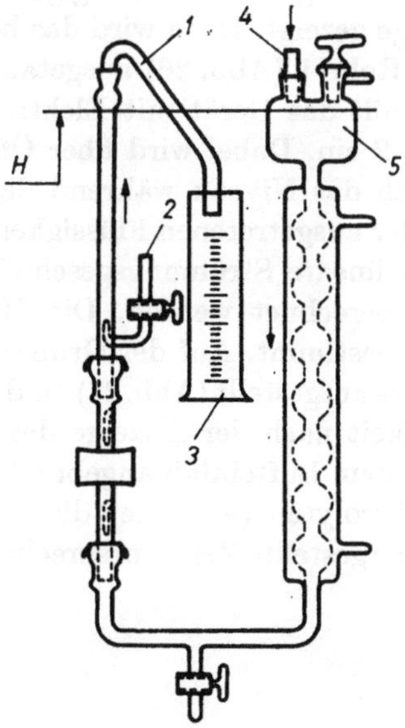

Abb. 26: Bestimmungsschema der Elektrolytdurchsatzgeschwindigkeit
1 — Abflußrohr; *2* — Gaseinlaßhahn; *3* — Meßzylinder; *4* — Öffnung zur Elektrolytnachfüllung; *5* — thermostatiertes Gefäß; *H* — Elektrolytniveau

Wegen des kontinuierlich umgewälzten Flüssigkeitsstroms in dem betrachteten Gerät muß die Strömungsgeschwindigkeit und die Temperatur der Lösung in der Bestrahlungszone gemessen werden.

Die Strömungsgeschwindigkeit des Elektrolyten beeinflußt die mittlere Temperatur (t_0) und die durch den Elektrolyten absorbierte Dosisleistung (in eV/cm^3 sec) in der Bestrahlungszone, was im Endeffekt bedeutenden Einfluß auf die Korrosionsgeschwindigkeit der Proben haben kann. Deshalb ist die Bestimmung dieser Größe eine notwendige Bedingung. In Abb. 26 ist die Methode zur Bestimmung der Elektrolytdurchsatzgeschwindigkeit in Abhängigkeit von der in Hahn 5 (in Abb. 23) eintretenden Gasmenge gezeigt. Dazu wird das bogenförmige Verbindungsrohr des Gerätes gegen das Rohr 1 (Abb. 26) ausgetauscht, dessen Ende in den Meßzylinder 3 reicht. Man füllt das Gerät mit Elektrolyt bis zum Niveau H und leitet Luft über den Hahn 2 ein. Dabei wird über Öffnung 4 ununterbrochen Lösung zugesetzt, damit sich das Niveau während der Dauer der Messung nicht ändert. Nach Bestimmung der ausgetretenen Flüssigkeitsmenge mit Hilfe der Mensur 3 (in cm^3/sec) kann die lineare Strömungsgeschwindigkeit für einen beliebigen Querschnitt des Geräts berechnet werden. Die Menge durchgeleitetes Gas wird mit einem Rheometer bestimmt. Auf der Grundlage der vorgenommenen Messungen wird eine Eichkurve aufgestellt (Abb. 27), und während des Betriebes wird die Elektrolytgeschwindigkeit nach der Anzeige des Rheometers eingestellt, das vor dem Gerät in Reihe zu dem Lufteinlaß angebracht ist.

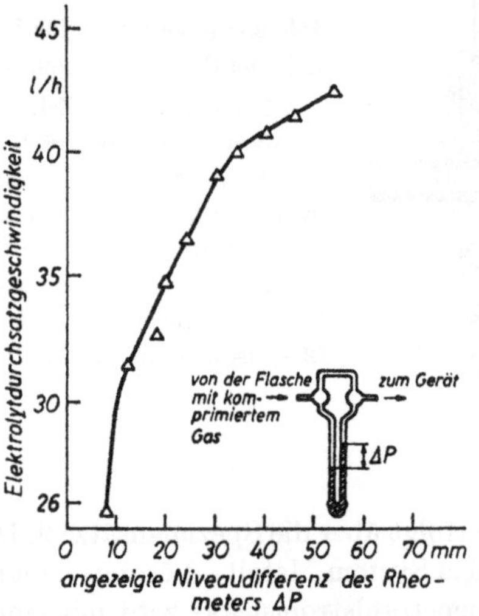

Abb. 27: Beispielskurve für die Bestimmung der Elektrolytdurchsatzgeschwindigkeit in Abhängigkeit von der angezeigten Niveaudifferenz des Rheometers

Die Strömungsgeschwindigkeit des Elektrolyten (m_Z) über die Proben in der Bestrahlungszone wird für die in Abb. 24 dargestellte Zelle entsprechend Abb. 28a nach der Formel:

$$m_Z = \frac{M}{S'_Z + 2S'_R} S'_Z \tag{2.38}$$

berechnet, wobei M — die experimentell bestimmte Elektrolytströmungsgeschwindigkeit in cm³/sec; S'_Z — die Probenfläche in cm²; S'_R — die Fläche eines Teils des Umführungsringes (siehe Abb. 28*a*, schraffierter Teil) in cm² ist.

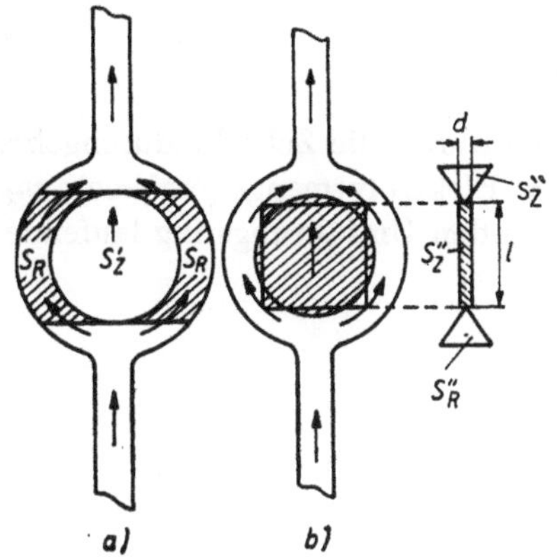

Abb. 28: Erläuterndes Schema zur Berechnung der Strömungsgeschwindigkeit des Elektrolyten
a — in der in Abb. 24 dargestellten Zelle
b — in der in Abb. 25 dargestellten Zelle

Für die in Abb. 25 dargestellte Zelle wird die Elektrolytströmungsgeschwindigkeit nach folgender Formel berechnet (siehe Abb. 28*b*):

$$m'_Z = \frac{M}{S''_Z + S''_R} S''_Z, \quad \text{cm}^3/\text{sec}. \tag{2.39}$$

Hier bedeutet S''_Z — die Querschnittfläche im Zwischenraum[1]), cm²; S''_R — die Querschnittfläche des Umführungsrings, cm².

Bei Elektronenstrahlung geringer Bestrahlungsintensität (10^{14}—10^{16} eV/cm² und geringen Elektrolytströmungsgeschwindigkeiten (6—10 cm³/sec) können die Wärmeänderungen im System vernachlässigt werden, weil die Erwärmung des Elektrolyten im gegebenen Fall 0,05 °C nicht übersteigt. Bei Anwendung höherer Intensitäten ist es nötig, auf Temperaturänderungen in der Bestrahlungszone der Zellen zu achten. Bei der Imitierung von Kontrollversuchen ohne Bestrahlung muß die mittlere Elektrolyttemperatur in der Bestrahlungszone bekannt sein. Wenn der Elektrolyt nur die Proben passieren würde, dann würde die Anzeige des Thermoelements (t_2) am Ausgang der Zelle genau der mittleren Elektrolyttemperatur t in der Bestrahlungszone entsprechen. Jedoch verläuft ein Teil des Elektrolyten außerhalb des Bestrahlungsfeldes, weshalb einige Korrektionen für den Wert t eingeführt werden müssen. Die Korrektionsgrößen werden um so kleiner, je kleiner die Querschnittsfläche des Umführungsrings der Zelle ist. Die Berechnung von t erfolgt auf folgende Weise.

Wir stellen uns die Zelle als Röhre mit zwei parallelen Ableitungen vor (Abb. 29), von denen eine den Umführungsring (Querschnittfläche S_R) und die zweite

[1]) S''_Z wird durch Multiplikation der Seite l des Quadrats, das gleichgroß dem „Bodenteil" der tellerförmigen Proben ist, mit dem Abstand zwischen den Proben bestimmt.

(Querschnittfläche S_Z) die Bestrahlungszone darstellt. Dann ist

$$c'' M \Delta t = c'' m_Z \Delta t_Z + c'' m_R \Delta t_R \tag{2.40}$$

oder nach Herauskürzen der Wärmekapazität des Elektrolyten c''

$$M \Delta t = m_Z \Delta t_Z + m_R \Delta t_R \tag{2.40a}$$

Hier bedeutet $M = m_Z + m_R$ die durch die Zelle hindurchgehende, experimentell bestimmte (siehe weiter oben) Elektrolytmenge (cm³/sec); m_Z und m_R die durch die Bestrahlungszone und durch den Umführungsring laufende Elektrolyt-

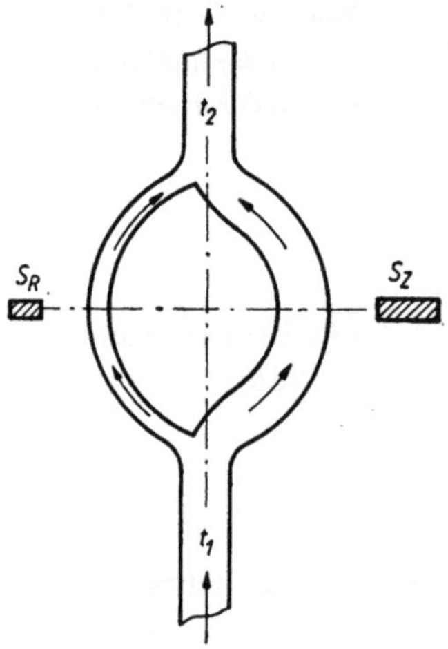

Abb. 29: Erklärendes Schema zur Berechnung der Elektrolyttemperatur

menge (cm³/sec); Δt die Temperaturerhöhung des gesamten Elektrolyten als Ergebnis der Absorption der Elektronenenergie; ($\Delta t = t_2 - t_1$, wobei t_1 die Anzeige des Thermoelements am Eingang der Bestrahlungszelle und t_2 die Anzeige des Thermoelements am Ausgang der Zelle ist); Δt_Z, Δt_R — die entsprechenden Temperaturerhöhungen des Elektrolyten, der durch die Bestrahlungszone (Δt_Z) und durch den Umführungsring (Δt_R) verläuft.

Analog zu 2.38 finden wir, daß

$$m_R = \frac{M S_R}{S_R + S_Z} \quad \text{und } m_Z \frac{M S_Z}{S_R + S_Z} \tag{2.41}$$

ist. Durch Einsetzen von m_Z und m_R und Auflösen von Gleichung (2.40a) erhalten wir

$$\Delta t_Z = \frac{\Delta t (S_R + S_Z) - \Delta t_R^0 S_R}{S_Z} \tag{2.42}$$

Die mittlere Temperatur in der Bestrahlungszone an der Probe ist gleich

$$t_Z = t_1 + \Delta t_Z\,. \tag{2.43}$$

Wenn das Elektronenbündel sehr nahe an der Oberfläche des bestrahlten Objekts fixiert wird (mit Hilfe eines speziellen Kollimators) und infolgedessen die Streustrahlungsintensität (die im Elektrolyten des Umführungsrings der Zelle absorbiert wird) hinreichend klein gegenüber der Gesamtintensität des Bestrahlungsbündels ist ($\Delta t_R^0 \to 0$), so kann das zweite Glied in Formel 2.42 vernachlässigt werden. Dann folgt

$$\Delta t_Z = \frac{\Delta t (S_R + S_Z)}{S_Z}. \tag{2.44}$$

Im Falle von $S_R/S_Z \ll 1$ löst sich das Problem noch einfacher: $\Delta t_Z = \Delta t$, d. h., man kann im Prinzip annehmen, daß die gesamte Flüssigkeit durch die Bestrahlungszone fließt.

Die von uns ausgeführten Versuche zeigten, daß die durchgeführte Rechnung die Möglichkeit bietet, die Elektrolyttemperatur in dem Bestrahlungsspalt mit hinreichender Genauigkeit zu bestimmen.

Verwendet man zum Betrieb der Druckluftpumpe nicht Luft, sondern irgendein anderes Gas, so ist es möglich, in dem beschriebenen Gerät Versuche in beliebiger Untersuchungsatmosphäre auszuführen. Unbefriedigend ist die relative Sperrigkeit des Geräts. In verschiedenen Fällen kann man zweckmäßig andere Geräte anwenden, bei denen die Probe in ein Elektrolytvolumen eintaucht, das, wenn nötig, mit einem Rührer durchmischt wird.

2.6.4. Geräte für Untersuchungen in einem stationären Elektrolytvolumen

Von den Geräten dieses Typs arbeitet das Gerät mit rotierender Elektrode am präzisesten. Das Schema ist in Abb. 30 wiedergegeben. Der Vorteil der Anwendung der rotierenden Elektrode unter Bestrahlungsbedingungen besteht in der gleichmäßigeren Bestrahlung der Elektrodenoberfläche.

Der Hauptteil des Geräts ist das mit dem Deckel 2 verschlossene Glasgefäß 1. Die zu untersuchende Metallelektrode 3 wird sorgfältig an das rotierende Glasrohr 4 angeschliffen und mit Phenolharzkleber abgedichtet. Dieses Rohr ist mit der Glocke 5 für einen hydraulischen Verschluß ausgestattet. Der elektrische Kontakt der Elektrode wird durch die Graphitkontaktbürste 6 gewährleistet, die durch eine Feder an den Messingschleifring 7 gepreßt wird. Die Stromableitung wird durch die Öffnung 9 in dem Schleifring geführt und durch die Schraube 10 festgeklemmt. Die Welle des Elektromotors wird durch die Schichtpreßstoffmuffe 11 von dem Schleifring isoliert. Für kontinuierliche Gaszuführung und -ableitung in die Atmosphäre befindet sich in dem Deckel 2 ein Schliff mit dem Hahn 12. Die Gaseinleitung erfolgt über den Stutzen 13 und Hahn 12, dessen Konstruktion gleichzeitig auch den Gasablaß erlaubt, wie in der Zeichnung gezeigt ist. Die Isolation des Gasraumes des Gefäßes von der Atmosphäre wird mit Hilfe des Absperrgefäßes 15 gewährleistet. Das Hilfsgefäß 16 wird von dem Hauptgefäß durch den Schliff 17 abgetrennt. Die Messung des Elektrodenpotentials der untersuchten

Probe wird mit Hilfe des Elektrolytschlüssels 18, dessen Spitze dicht an die Elektrode heranreicht, realisiert. Die Bestrahlung der Probe im Gerät erfolgt über die Membran 19, die eine Dicke von 150—200 μm besitzt.

Die Thermostatierung des Elektrolyten in dem Arbeitsgefäß wird mit Hilfe der Glasschlange 20 verwirklicht, durch die eine von einem Ultrathermostaten[1]) abgegebene Flüssigkeit zirkuliert. Vor Versuchsbeginn wird die Luft aus dem

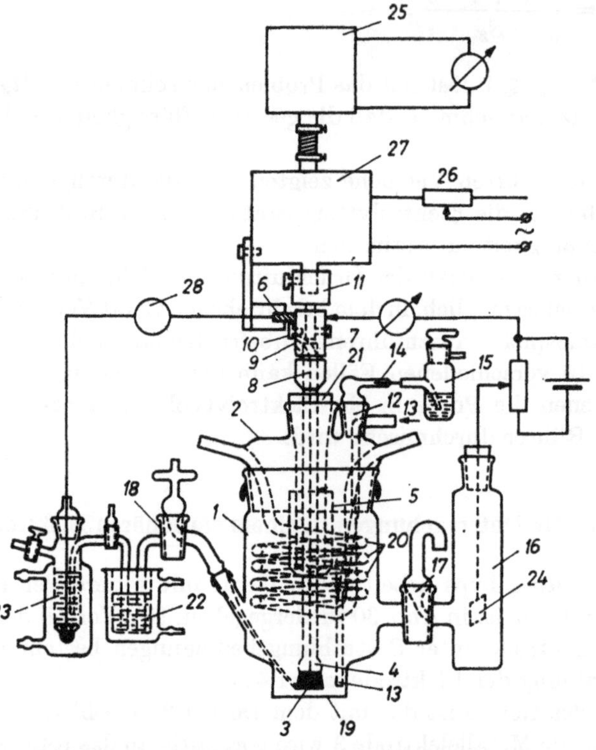

Abb. 30: Schema des Geräts mit rotierender Elektrode

1 — Glasgefäß; *2* — Deckel; *3* — untersuchte Elektrode; *4* — Glasrohr; *5* — Glocke; *6* — Graphitbürste; *7* — Schleifring (Messing); *8* — Stromableitung; *9* — Durchführungsöffnung für die Stromableitung; *10* — Klemmschraube für die Stromableitung; *11* — Muffe aus Schichtpreßstoff; *12* — Hahn; *13* — Gaseinleitungsrohr; *14* — Gasableitungsrohr; *15* — Sperre; *16* — Hilfsgefäß; *17* — Verbindungsschliff; *18* — Elektrolytschlüssel; *19* — Membran; *20* — Glasschlange; *21* — eingeschliffenes Rohr; *22* — Zwischengefäß; *23* — Kalomelhalbelement; *24* — Platinelektrode; *25* — Tachogenerator; *26* — Rheostat; *27* — Motor; *28* — katodisches Voltmeter

[1]) Das Kalomelhalbelement *23* und das Zwischengefäß *22* werden ebenfalls thermostatiert, weshalb sie mit einem Wassermantel ausgestattet sind.

Arbeitsgefäß verdrängt, das dazu über die Öffnung in Schliff 21 mit Elektrolyt gefüllt wird. Dann wird das für den Versuch erforderliche Gas hindurchgeblasen. Der Elektrolytüberschuß fließt dabei über Hahn 17 ab. Das Schaltbild ist in der gleichen Zeichnung gezeigt. Die Bestimmung der Umdrehungszahl der Probe erfolgt nach der Stromstärke (die durch das Milliampéremeter 24 erfaßt wird), die an dem auf der Motorachse sitzenden Tachogenerator 25 erzeugt wird. Die Konstanz der Umdrehungszahl während der Versuchsdurchführung wird mit Hilfe des Rheostaten erreicht, der in der Versorgungsleitung des Elektromotors in Reihe geschaltet ist.

Das Gerät mit rotierender Elektrode kann nur dann angewendet werden, wenn das Bestrahlungsbündel von unten einfällt. Mitunter ist diese Verfahrensweise unmöglich, und es muß dann das in Abb. 31 dargestellte Gerät verwendet werden. Das Gerät besteht aus dem Glasgefäß 1 mit dem Deckel 3. Die Strahlung wird durch die seitliche Öffnung eingestrahlt, wobei die Probe selbst die Rolle der Membran

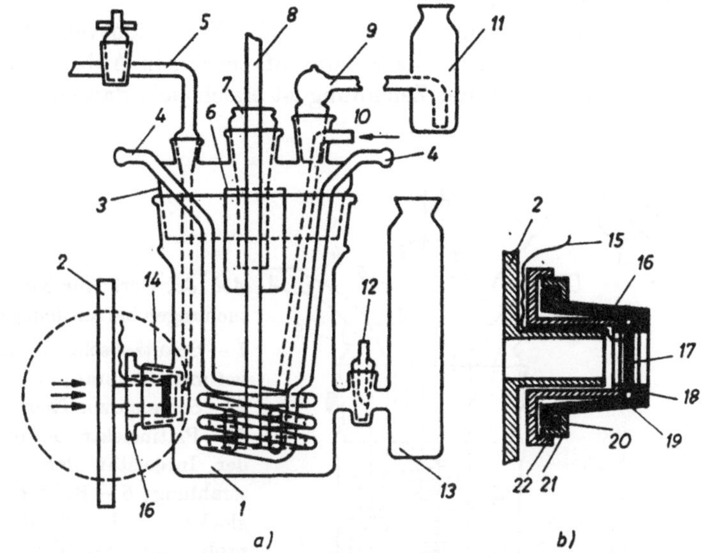

Abb. 31: Gerät für elektrochemische Korrosionsversuche bei seitlicher Bestrahlung

a — Gesamtansicht des Geräts; *b* — Stopfen mit Probe
1 — Gefäßkörper; *2* — Schutzabschirmung; *3* — Deckel; *4* — Schlange zur Thermostatierung; *5* — Ableitung zur Vergleichselektrode; *6* — Glocke zur Abdichtung des Rührers; *7* — Stutzen zur Abdichtung; *8* — Rührer; *9* — Luftablaßhahn; *10* — Gaseinleitungshahn; *11* — Absperrgefäß; *12* — Verbindungsschliff zum Hilfsgefäß für die Polarisation (*13*); *14* — Schliff für den Stopfen; *15* — Kontaktierungsleitung zur Probe; *16* — Schliffkörper des Stopfens; *17* — bestrahlte Probe; *18* — Dichtring; *19* — Schichtpreßstoffscheibe; *20* — Ausgleichsring; *21* — Spannmutter; *22* — Andrückmutter

übernimmt und die seitliche Öffnung verschließt (Abb. 31 *b*). Dazu wird in die genannte Öffnung mit Schliff ein Hohlstopfen 16 eingesetzt. Am Boden des Stopfens ist eine Öffnung angebracht. Die zu untersuchende Metallelektrode 17 wird am Boden des Stopfens zwischen dem Gummiring 18 und der Schichtpreßstoffscheibe 19 untergebracht. Über den Bund des Stopfens wird die Mutter 21 gezogen (zwischen Mutter und Glasstopfen wird die Gummidichtung 20 gelegt). Auf diese Mutter wird die Überwurfmutter 22 geschraubt, die unter Andrücken der Schichtpreßscheibe 19 das gesamte System abdichtet. Der elektrische Kontakt der Proben wird durch die Ableitung 15 gegeben, deren Ende sich zwischen der Probe und der Schichtpreßstoffscheibe befindet. Katoden- und Anodenraum werden durch den Schliff 12 getrennt. Mit Hilfe der Glocke und des Schliffs 7 wird ein hydraulischer Verschluß erreicht. Zur kontinuierlichen Gaseinleitung dient der Stutzen 10 und zur Ableitung Hahn 9. Zur Aufrechterhaltung einer vorgegebenen Temperatur des Elektrolyten ist in den Deckel die Schlange 4 eingeschmolzen, durch die eine thermostatierte Flüssigkeit aus dem Thermostaten zirkuliert. Schliff 5 dient zur Messung des Elektrodenpotentials.

Für reine Korrosionsversuche, bei denen nur der Korrosionsverlust dieses oder jenes Materials zu bestimmen ist, kann ein einfacheres, in Abb. 32 dargestelltes Gerät verwendet werden. Aus der Zeichnung ist ersichtlich, daß sich dieses Gerät

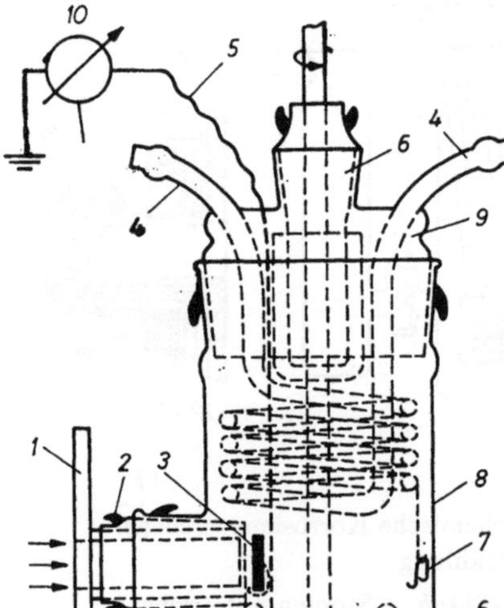

Abb. 32: Gerät für Korrosionsuntersuchungen bei seitlicher Bestrahlung
1 — Schutzabschirmung; *2* — Stopfen mit Membran; *3* — Probe; *4* — Schlange zur Thermostatierung; *5* — Platinelektrode für die Messung der Intensität der Elektronenbestrahlung; *6* — Rührer mit Abdichtglocke; *7* — Halter für die Kontrollprobe (außerhalb der Bestrahlungssphäre) *8* — Glasbecher; *9* — Deckel des Glases; *10* — Mikroampéremeter zur Messung des Elektronenstroms

von den vorhergehenden durch das Fehlen des Gefäßes für die Hilfselektrode unterscheidet. Bedeutend einfacher ist die Befestigung der Probe 3. Dafür ist an den gläsernen Hohlstopfen hinter der Membran ein Haken angeschmolzen, der eine Art Tasche bildet, in die die Untersuchungsprobe eingesteckt wird. Spezielle

Arretierungsnasen an dieser Stirnfläche des Stopfens gewährleisten eine Fixierung der Probe in einem bestimmten Abstand von der Membran. Der Platindraht 5 dient bei Elektronenbestrahlung zur Messung des Stromes abgebremster Elektronen.

In Abb. 33 ist die Ansicht analoger Geräte für Korrosionsuntersuchungen, aber mit Bodenmembran (Bestrahlung von unten), wiedergegeben. In diesen Geräten wird die Probe mit einer speziellen Glashalterung 7 befestigt. Die Probe wird an der Halterung 7 zwischen Haken und einem dünnen (⌀ ~1 mm) Stift befestigt,

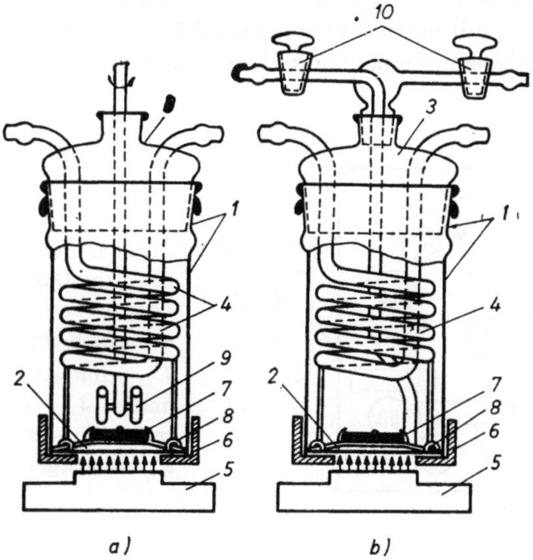

Abb. 33: Gerät mit Membranboden zur Untersuchung von Korrosionsprozessen unter Bestrahlung
a — offene Zelle mit Rührer
b — abgedichtete Zelle
1 — Zellkörper; *2* — Glasmembran (Dicke 150—200 μm); *3* — Deckel; *4* — Schlange zur Thermostatierung; *5* — Strahlungsquelle; *6* — Bleikollimator; *7* — Halterung mit Probe; *8* — Befestigungsgabel; *9* — Rührer; *10* — Hähne für Zu- und Ableitung des Gases

der nach Einsetzen der Probe mit der Flammenspitze einer Lötlampe abgeknickt wird und die Probe an den Ring des Halters drückt, wobei diese in einer bestimmten Lage fixiert wird. Diese Operation wird sehr schnell durchgeführt, damit die Probe nicht heiß wird. Zur Vorbeugung gegen eine Verdrehung der Halterung beim Betrieb des Rührers wird sie durch die beiden Glasstifte 8 arretiert, die an der Schlange 4 angeschmolzen sind. Die Zelle kann nach dem offenen, d. h. mit freiem Zutritt der Luft zum Reaktionsraum (siehe Abb. 33*a*), oder dem geschlossenen Typ gefertigt sein (siehe Abb. 33*b*), aus dem die Luft durch Inertgas verdrängt wird. Dieses Gas wird auch zur Durchmischung des Elektrolyten verwendet. Bei Anwendung von ^{60}Co als Strahlungsquelle kann auf die Membran in der Bestrahlungszelle verzichtet werden, weil die Kobalt-Strahlung auf Grund ihrer Härte (1,25 MeV) Glas einer Dicke von 1 mm und mehr ohne große Schwächung durchdringt. In solchen Fällen können die Versuche in gewöhnlichen Laborgefäßen durchgeführt werden.

In Abb. 34 ist das Schema dargestellt, nach dem von uns Langzeitkorrosionsversuche unter γ-Bestrahlung ausgeführt wurden.

Diese Versuche wurden bei Zimmertemperatur an der Kobaltquelle GURCh-4500 durchgeführt. Metallproben mit den Abmessungen 20×20 mm wurden in gewöhnlichen Laborgläsern mit einem Inhalt von 0,5 l eingesetzt. Die absorbierte Dosisleistung der Strahlungsenergie betrug in dem Gebiet der Lösung, in dem sich

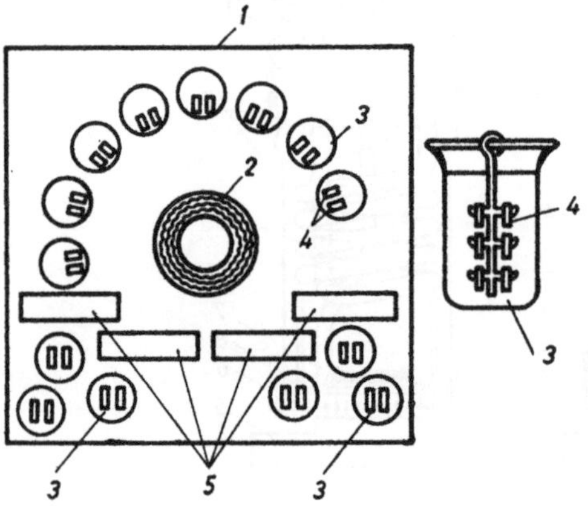

Abb. 34: Schema einer Anordnung zur Durchführung von Langzeitkorrosionsversuchen an einer Kobaltquelle
1 — Schutzschliff; *2* — Kobaltquelle; *3* — Gläser mit Elektrolyt; *4* — Metallproben; *5* — Bleiziegel

die Proben befanden, im Mittel $4{,}00 \times 10^{15}$ eV/cm^3 sec. Zur Bestimmung der Wirkung der Radiolyseprodukte von Luft (hauptsächlich Ozon) wurden parallel zu den unmittelbar der Strahlungseinwirkung unterworfenen Proben in der gleichen Lösung Proben hinter einer Abschirmung aus Bleiziegeln eingesetzt.

2.6.5. Geräte zur Untersuchung des Prozesses der atmosphärischen Metallkorrosion unter Bestrahlung

Das von uns verwendete Gerät [40] ist in Abb. 35 dargestellt. Es stellt ein Glasgefäß mit einem Fassungsvermögen von 600—800 cm^3 dar, das durch das Piacrylgestell 7 mit Hilfe der Schelle 6 befestigt ist, die mit Schrauben am Vertikalteil der Anordnung festgeklemmt wird. Das Gerät besteht aus zwei Kolben: Einem großen, in dem die Proben untergebracht werden, und einem kleinen, in dessen Unterteil zur Aufrechterhaltung eines gefordertem Feuchtigkeitsniveaus die gesättigte Lösung eines bestimmten Salzes eingefüllt wird. Im oberen Teil des großen Kolbens befindet sich der Glasstutzen 5, in den Öl eingefüllt und zur Messung der Temperatur ein Kupfer-Konstantan-Thermoelement eingesetzt wird. Das Vorhandensein der beiden Hähne 3 bietet die Möglichkeit, sowohl Versuche unter statischen Bedingungen — im abgeschlossenen Raum — wie auch im Luft-(Gas-)strom durchzuführen.

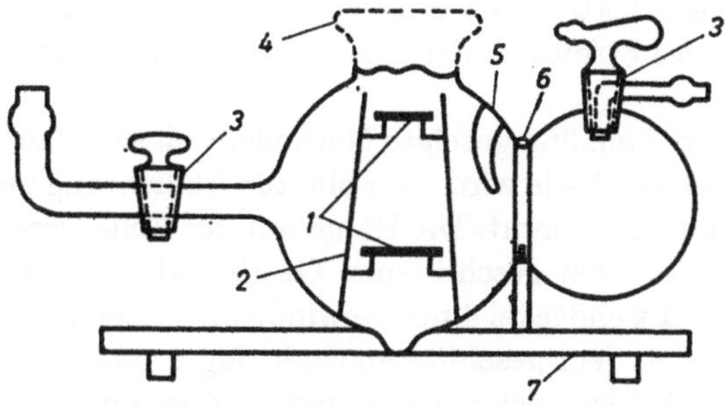

Abb. 35: Schema eines Geräts zur Untersuchung der atmosphärischen Metallkorrosion unter Bestrahlung
1 — Proben; *2* — Glasgestell für die Proben; *3* — Hähne; *4* — Stutzen (Beladungsöffnung, siehe Abb. 36); *5* — Stutzen für Thermoelement; *6* — Aluminiumschelle; *7* — Piacrylgestell

Durch den zentralen Stutzen am Gerät wird das Glasgestell 2 eingesetzt, auf dem die Proben 1 angeordnet sind. Der Stutzen wird mit einer Membran verschlossen, durch die das Strahlenbündel hindurchtritt. Die Konstruktion des Stutzens ist für verschiedene Membrantypen und Befestigungsmethoden in Abb. 36 gezeigt. In Abb. 36*a* und *b* ist die Befestigungsmethode von Aluminiummembranen dargestellt. Letztere wurden gewählt, weil sie im Unterschied

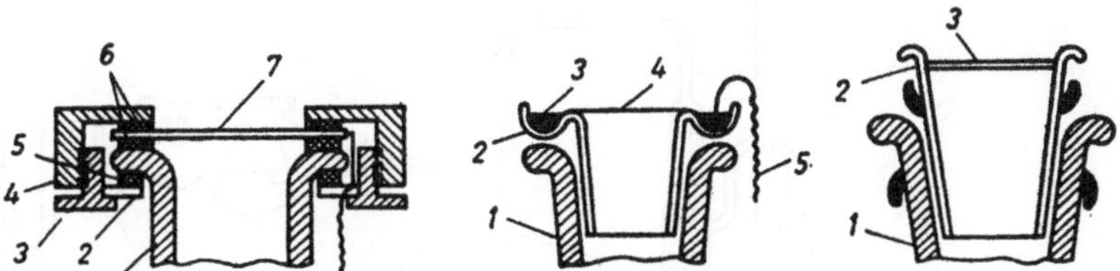

Abb. 36: Verschiedene Stutzentypen (Beladungsöffnungen) des Geräts für atmosphärische Korrosionsuntersuchungen
a) — *1* — Gerätestutzen; *2* — geschlitzter Stahlring; *3* — Andrückmutter; *4* — Eisendeckel; *5* — Gummiausgleichsring; *6* — Gummidichtungsringe; *7* — Aluminiumfolie; *8* — Anschlußleitung
b) — *1* — Gerätestutzen; *2* — Profilschliff; *3* — Woodsche Legierung; *4* — Aluminiumfolie; *5* — Anschlußleitung
c) — *1* — Gerätestutzen; *2* — Glasschliff mit Membran (*3*)

zu Glasmembranen eine gleichmäßige Dicke über die gesamte Fläche haben, wobei sich diese Dicke beim Membranwechsel nicht ändert und leicht einer Messung zugänglich ist. Außerdem gestattet das Vorhandensein einer Metallfolie leicht, die Intensität der Bestrahlung bei Versuchen mit Elektronen zu standardisieren. Dazu wird an die Folie eine Leitung angeschlossen und über ein Mikroampèremeter geerdet. Die Intensität des Elektronenstrahls wird nach dem vom Mikroampèremeter registrierten Wert des Stroms in der Folie abgebremster Elektronen reguliert.

Am bequemsten ist die in Abb. 36*a* gezeigte Methode, weil sie erlaubt, auf einen Schliff zu verzichten. In diesem Falle wird die Folie zur Abdichtung zwischen zwei Dichtungsringe aus Gummi 6 geklemmt. Die Ringe mit der Folie werden mit Hilfe einer Andrückvorrichtung an den geschliffenen Gefäßrand gepreßt. Diese Vorrichtung besteht aus einem Eisendeckel 4 mit Gewinde und einer 40 mm-Bohrung, der unteren Andrückmuter 3, dem geschlitzten Stahlring 2 und dem Gummiausgleichsring 5. Der Eisendeckel ist auch geerdet, jedoch über eine gesonderte Leitung. Bei Befestigung nach der in Abb. 36*b* gezeigten Methode wird die Aluminiummembran mit dem Glasschliff mit Hilfe von Woodschem Metall verbunden, das in die ringförmige Rinne des Profilschliffs gegossen wird.

Die Anwendung von Aluminiumfolien als Membran ist natürlich nur bei Abwesenheit aggressiver, aluminiumzerstörender Gase in der Atmosphäre möglich. Im umgekehrten Fall muß wieder Glas verwendet werden. Die Methode zur Befestigung von Glasmembranen ist in Abb. 36*c* gezeigt.

Bei Durchführung von Versuchen unter statischen Bedingungen wurden die Hähne 3 des Geräts geschlossen gehalten. Bei dynamischen Versuchen wurden beide Hähne geöffnet. Wie in Abb. 37 gezeigt, ging die Luft zur Entfernung von Staub und Fett über ein Spezialfilter mit Antirauchfilterplatten, dann über einen Befeuchter, eine Flasche mit einer Salzlösung zur Einstellung einer vorgegebenen

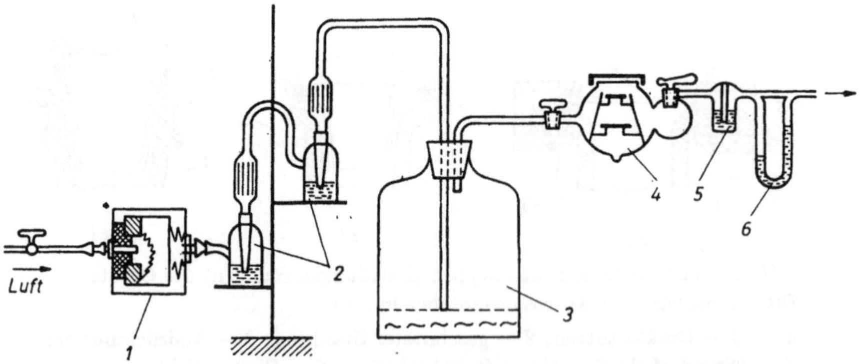

Abb. 37: Schema einer Anordnung zur Durchführung von Versuchen unter Luftspülung

1 — Luftfilter; *2* — Befeuchter; *3* — Volumen mit gesättigter Lösung eines feuchtigkeitsregulierenden Salzes; *4* — Gerät (siehe Abb. 36); *5* — Waschflasche mit 2 n KJ-Lösung zur Ozonentfernung; *6* — Rheometer zur Messung der Geschwindigkeit des Luftstroms.

Luftfeuchtigkeit, und trat in das Gefäß ein. Das Volumen 3 gewährleistete eine gleichmäßige Abgabe von Luft nach Gefäß 4, die bei Fehlen dieses Puffervolumens stoßweise über das Befeuchtungssystem gehen würde. Die aus dem Gefäß austretende Luft wurde durch eine Waschflasche mit 2n KJ-Lösung zur Entfernung von in der Luft gebildetem Ozon geleitet, das, wie bekannt, sehr gesundheitsschädlich ist. Die Geschwindigkeit des Luftstroms wurde mit Hilfe eines Rheometers gemessen und auf konstantem Niveau gehalten.

Die Konstruktion des vorgestellten Geräts erlaubt die Durchführung einer chemischen Analyse der Atmosphäre. Dazu wird über Hahn 3 (siehe Abb. 38) eine Absorptionslösung zur Analyse der Atmosphärenzusammensetzung nach der Bestrahlung eingefüllt. Als Beispiel führen wir die Methode zur Ozonbestimmung in

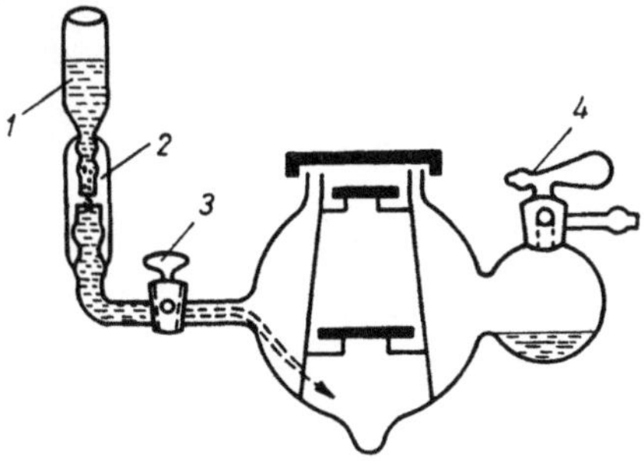

Abb. 38: Schema der Einführung von Absorptionsflüssigkeit zur Analyse der Atmosphäre
1 — Trichter mit Absorptionsflüssigkeit; *2* — Gummischlauch; *3, 4* — Hähne

unter statischen Bedingungen bestrahlter Atmosphäre an. Auf den Stutzen am großen Kolben des Reaktionsgefäßes wird — wie in Abb. 38 gezeigt — nach der Bestrahlung der Trichter 1 aufgesetzt, in den 50 cm³ 2n KJ-Lösung gegeben wurden. Die Lösung wird in den Trichter so eingefüllt, daß der gesamte Raum bis

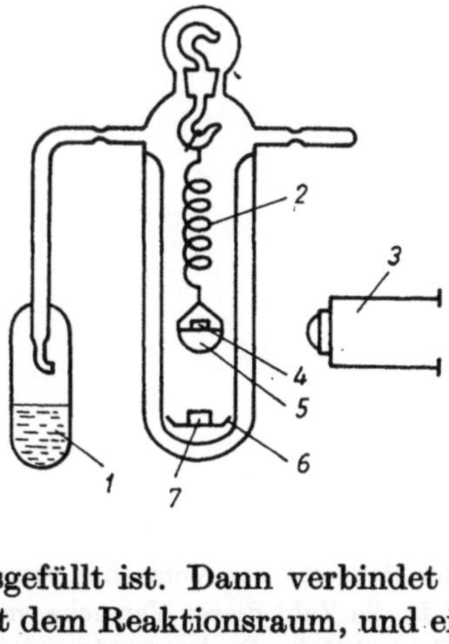

Abb. 39: Schema eines Gefäßes zur Prüfung der Korrosionsbeständigkeit von Metallen in ionisierter Luft [61]
1 — Luftfeuchtigkeitsregulierende Lösung; *2* — Quarzspirale; *3* — Kathetometer; *4* — Probe; *4* — Körbchen aus Glasgewebe; *6* — Glasschale; *7* — α-Strahlungsquelle

Hahn 3 ausgefüllt ist. Dann verbindet man durch Umdrehen von Hahn 3 den Trichter mit dem Reaktionsraum, und ein Teil der Lösung tritt aus dem Trichter in den Kolben ein. Der Hahn 3 muß vorsichtig geöffnet werden, damit der Strahl der eintretenden Lösung nicht die Proben bespritzt.

Die Lösung tritt in den Kolben auf Grund des Drucks der Flüssigkeitssäule in dem Trichter und eines geringen, im Reaktionsgefäß beim Übergang von O_2 in O_3 entstandenen Vakuums ein. Wenn die Lösung aufgehört hat, in den Kolben zu fließen, schließt man Hahn 3, durchschüttelt die Lösung und läßt 10 min stehen. Das wird dreimal wiederholt. Anschließend läßt man die im Trichter verbliebene Lösung ab, öffnet den Beladungsstutzen des Kolbens, entnimmt die Proben, überführt mit einer Pipette die gesamte Lösung in einen Kolben und titriert mit 0,1 n Hyposulfitlösung.

In Abb. 39 ist das Schema eines Gerätes angegeben, das von Šatalov und Nikitina [61] für die Untersuchung der atmosphärischen Korrosion bei Einwirkung von α-Strahlung verwendet wurde. Als Strahler verwandten sie ^{210}Po, das sich auf der Glasschale 6 befand[1]).

[1]) In diesem Kapitel wird keine Beschreibung der Methodik von Versuchen vorgenommen, die von uns im Reaktor durchgeführt wurden, da die Zahl dieser Versuche verhältnismäßig gering war und es günstiger ist, ihre Beschreibung bei der Darlegung der erhaltenen Ergebnisse zu geben. Das gleiche betrifft einige Versuche mit β- und γ-Strahlung.

3. Strahlung und elektrochemische Korrosionsfaktoren

Der Korrosionsprozeß in Elektrolyten ist ein elektrochemischer Vorgang. Zur Untersuchung der korrosiven Einwirkung der Strahlung auf Metalle in wäßrigen Lösungen muß man deshalb die Gesetzmäßigkeiten ihres Einflusses auf das elektrochemische Verhalten der Metalle aufklären.

3.1. Potentiale der Metalle in wäßrigen Medien und die Strahlung

Ausgeführte Untersuchungen zeigten, daß die Strahlung eine deutlich registrierbare Potentialverschiebung der bestrahlten Metalle hervorruft. In Tab. 7 sind von uns erhaltene Ergebnisse über den Einfluß der Elektronenstrahlung auf die Potentiale

Tabelle 7

Einfluß von Elektronenstrahlung (mit einer Energie von 1 MeV) auf die Metallpotentiale in wäßrigen Lösungen bei 25 °C

Elektrode	Elektrolyt	Dosisleistung 10^{-20} eV/cm³ sec	Potential, V		Potentialverschiebung, V
			ohne Bestrahlung	unter Bestrahlung	
Al	5 n HNO_3	3,9	−0,428	−0,488	−0,060
Zr	5 n HNO_3	3,9	−0,238	+0,292	+0,530
Ti	0,1 n NaOH	0,5	−0,193	−0,168	+0,025
Cu	0,1 n NaOH	0,5	+0,002	+0,032	+0,030
Ni	0,1 n NaOH	0,5	−0,168	+0,112	+0,280

einiger Metalle in wäßrigen Medien zusammengestellt (angegeben gegen die Normalwasserstoffelektrode).

Diese Angaben zeigen, daß die Strahlung bei der Mehrheit der Metalle eine Potentialverschiebung nach der positiven Seite begünstigt.

Es wurde weiterhin festgestellt, daß eine Änderung der Oberflächenbeschaffenheit Betrag und sogar Vorzeichen der Potentialverschiebung ändern kann. Von uns wurden folgende Versuche durchgeführt:

Eine Nickelelektrode wurde in 0,1 n NaOH-Lösung anodisch bei einem Potential von +0,8 V bis zur Einstellung einer konstanten Reststromdichte polarisiert. Gleichermaßen wurde mit einer Titanelektrode bei einem Potential von +3,0 V verfahren. Anschließend wurden beide Elektroden einer Elektronenbestrahlung unterworfen.

Aus den erhaltenen, in Tab. 8 angegebenen experimentellen Ergebnissen ist ersichtlich, daß sich im Ergebnis der Verstärkung der Oxidschicht die Potentialverschiebung bei der Nickelelektrode verringerte, dagegen bei der Titanelektrode nach dem Absolutbetrag erhöhte und anstatt positiv negativ wurde (siehe Tab. 7 und 8).

Tabelle 8

Einfluß von Elektronenstrahlung (mit einer Energie von 1 MeV) auf die Potentiale von Metallen mit verstärkter Oxidschicht (0,1 n NaOH; 0,5 · 10^{20} eV/cm^3 sec)

Elektrode	Potential, V		Potentialverschiebung, V
	bis zur Bestrahlung	unter Bestrahlung	
Ti	−0,108	−0,228	−0,120
Ni	+0,082	+0,182	+0,100

Nach Literaturangaben wirken verschiedene Strahlenarten ähnlich der Elektronenstrahlung, indem sie eine Potentialänderung der Metallelektroden hervorrufen. In Tab. 9 ist die Potentialverschiebung von Wolfram in wäßriger Lösung (die Zusammensetzung der Lösung ist nicht angegeben) unter Einwirkung eines

Tabelle 9

Verschiebung des Potentials einer Wolframelektrode unter Protonenbestrahlung [62]

Elektrode	Bestrahlungsintensität		Verschiebung des Elektrodenpotentials*) mV
	Protonen/cm^2 sec ×(10^{-15})	Bestrahlungsenergie, MeV	
Getempert**)	0	0	0
Getempert und bestrahlt	1,9	130	−72
	1,8	260	−39
	6,8	260	−47
	2,2	260	−84
Bestrahlt und getempert	2,2	260	0

*) Das Potential wurde gegen getempertes Wolfram gemessen.

**) Die Ausheilung wurde unter Argon bei 900 °C über 2 Stunden ausgeführt.

Protonenstrahls und in Tab. 10 die Potentialänderung einer Drahtelektrode aus dem Stahl 1Ch18N9T unter dem Einfluß der Strahlung in der aktiven Zone eines Reaktors mit einem thermischen Neutronenfluß von 10^{12} Neutronen/cm² sec angegeben.

Tabelle 10

Änderung des stationären Potentials (in V) des Stahls 1Ch18N9T bei 80—90°C unter der Einwirkung von Reaktorstrahlung [63]

Korrosions-medium	Vor der Polarisation			Nach dreistündiger katodischer Polarisation*)		
	ohne Bestrahlung	unter Bestrahlung	Potential-verschiebung	ohne Bestrahlung	unter Bestrahlung	Potential-verschiebg.
0,01 n Na_2SO_4	0,133	0,403	+0,270	0,318	0,673	+0,355
0,01 n NaCl	0,083	0,503	+0,420	0,243	0,583	+0,340

*) Die Polarisation wurde mit Stromdichten von 10^{-2} bis 2 μA/cm² durchgeführt.

Ganz ähnlich wurde das Verhalten der Platinelektrode unter der Einwirkung von γ-Strahlung untersucht. Zunächst wurde von VESELOVSKIJ und Mitarbeitern gefunden, daß sich bei Bestrahlung einer mit Stickstoff gesättigten Schwefelsäurelösung bei Platin ein Potential einstellt, das nahe dem reversiblen Wasserstoffpotential liegt [64—67]. CLARK [68] zeigte, daß die Wirkung der Strahlung auf die glatte Platinelektrode sehr viel stärker als auf die platinierte ist, obgleich ihr Verhalten ähnlich ist. KOKOULINA, DOLIN und FRUMKIN stellten fest, daß Platin in mit Stickstoff gesättigten Schwefelsäurelösungen das reversible Wasserstoffpotential nur zeitweilig annimmt, und bei ausreichend langer Bestrahlung

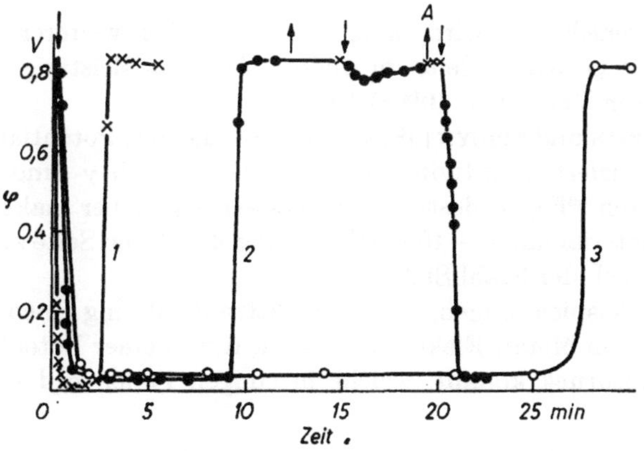

Abb. 40: Abhängigkeit des Potentials (φ) der Platinelektrode in 0,8 n H_2SO_4-Lösung (25°C) von der Einwirkungszeit von Strahlung unterschiedlicher Dosisleistung (in eV/cm³ sec) [69]
1 — $2 \cdot 10^{17}$; 2 — $5 \cdot 10^{16}$; 3 — $2 \cdot 10^{16}$
↓ — Bestrahlung begonnen; ↑ — Bestrahlung beendet
Lösung mit Stickstoff gesättigt. A — Neue Lösung eingefüllt.

eine Verschiebung des Potentials der glatten Platinelektrode nach der positiven Seite eintritt, wie es in Abb. 40 gezeigt ist. Analoge Ergebnisse erhielt FEATES [70]. Von ihm wurde auch ein bedeutender Einfluß des Vorbehandlungsverfahrens der Elektrode festgestellt. Er zeigte, daß in mit Wasserstoff gesättigten H_2SO_4-Lösungen keinerlei Effekt der γ-Strahlung bemerkt werden kann, wenn die Proben unter Wasserstoffatmosphäre vorbehandelt worden waren, d. h., unter Bedingungen, bei denen das Vorhandensein von Sauerstoff auf der Oberfläche von Platin ausgeschlossen wurde. Bei Verwendung der gleichen Platinelektrode, die aber unter der normalen Atmosphäre vorbehandelt wurde, führte die Bestrahlung zu Potentialverschiebungen, die sich bei wiederholten Bestrahlungen — wie in Abb. 41 gezeigt — verringerten.

LEVIN und KALIŠ [71] stellten fest, daß in einer 0,68 n NaOH-Lösung das Potential der Nickelelektrode, wie auch das Potential der Platinelektrode in den oben beschriebenen Versuchen, anfangs nach dem Potential der reversiblen Wasser-

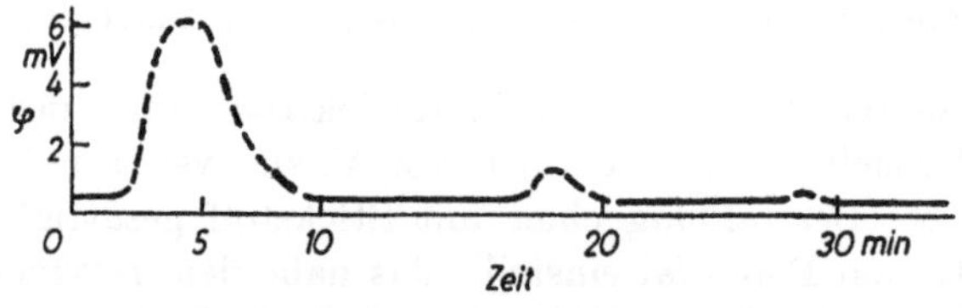

Abb. 41: Änderung des Potentials der unter Luft vorbehandelten Platinelektrode unter Einwirkung von γ-Strahlung (^{60}Co-Quelle) (0,1 n H_2SO_4-Lösung mit Wasserstoff gespült, Dosisleistung $0,5 \cdot 10^{14}$ eV/cm³ sec) [70]
——— ohne Bestrahlung ·········· unter Bestrahlung

stoffelektrode zu verschoben wird, aber sich dann bei weiterer Bestrahlung allmählich nach der positiven Seite zu ändert. Die Dosisleistung der γ-Strahlung betrug bei diesen Versuchen 10^{16} eV/cm³ sec.

JANDUŠKIN, BALEZIN und SPICYN [38] stellten fest, daß das Potential von Armco-Eisen mit einer induzierten Aktivität von 0,5 mCi/g durch γ- und β-Strahlung (infolge des gebildeten ^{59}Fe) in destilliertem Wasser gegenüber inaktiven Proben aus dem gleichen Material um 50—100 mV nach der negativen Seite zu verschoben ist. Analog verhält sich der Stahl St 2.

Die angeführten Beispiele zeigen, daß radioaktive Strahlung einen bestimmten Einfluß auf das System Metall-Elektrolyt ausübt, der in einer Potentialänderung des Metalls zum Ausdruck kommt, welche in einigen Fällen bedeutende Größe erreichen kann.

3.2. Strahlungswirkung auf Elektrodenprozesse

In den Abb. 42—48 sind die Ergebnisse unserer Untersuchungen über den Einfluß von Elektronenstrahlung auf die Elektrodenprozesse dargestellt. Die Untersuchungen wurden an drei Metallen ausgeführt — Nickel, Kupfer und Titan in

0,1 n NaOH-Lösung bei Zimmertemperatur. Die Bestrahlung erfolgte mit Elektronen einer Energie von 0,8 MeV und einer Strahlstromdichte von 3 $\mu A/cm^2$. Die absorbierte Dosisleistung in 1 cm^3 H_2O betrug $5 \cdot 10^{19}$ eV/sec.

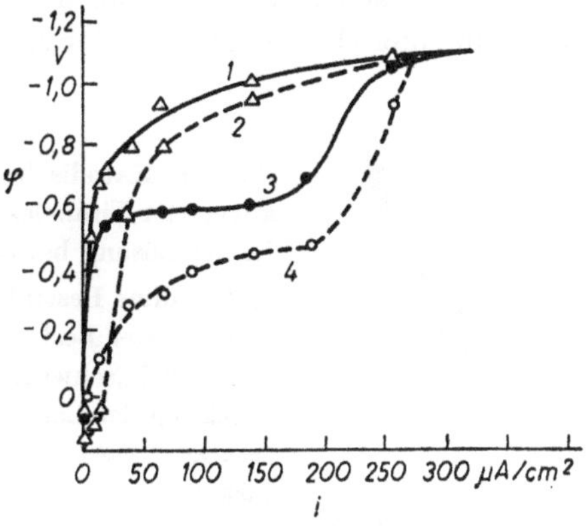

Abb. 42: Katodische Polarisationskurve der Nickelelektrode in 0,1 n NaOH-Lösung bei 25°C
1, 3 — ohne Bestrahlung;
2, 4 — unter Bestrahlung
1, 2 — Hinweg der Polarisationskurve; *3, 4* — Rückweg

In Abb. 42—44 ist der Einfluß auf die katodischen Prozesse gezeigt. Zur Bestimmung der Rolle der Oxidschicht und ihres Einflusses auf die unter Strahlungseinwirkung beobachteten Effekte wurden die katodischen Kurven an Nickel auf zwei Wegen aufgenommen (Abb. 42).

1. Die Elektrode wurde anodisch bis zu einem Potential von +0,8 V gegen die gesättigte Kalomelelektrode vorpolarisiert, und dann wurde wie gewöhnlich mit dieser Elektrode die katodische Polarisationskurve unter Steigerung der katodischen Stromdichte (Hinweg der Polarisationskurve, Kurve 1 und 2) aufgenommen.

2. Die Elektrode wurde einige Zeit beim Potential der Wasserstoffabscheidung gehalten und dann der Rückweg der Polarisationskurve aufgenommen (von negativeren nach positiveren Potentialwerten, Kurve 3 und 4).

An Kupfer wurden die Polarisationskurven aus dem Gebiet negativer Potentiale her aufgenommen (Rückweg). Die Versuchsergebnisse sind in Abb. 43 angegeben. Analog wurden die Polarisationskurven an Titan aufgenommen. Zur Untersuchung des Einflusses der Durchmischung auf die Größe der beobachteten Effekte wurden die katodischen Polarisationskurven an Titan bei zwei Durch-

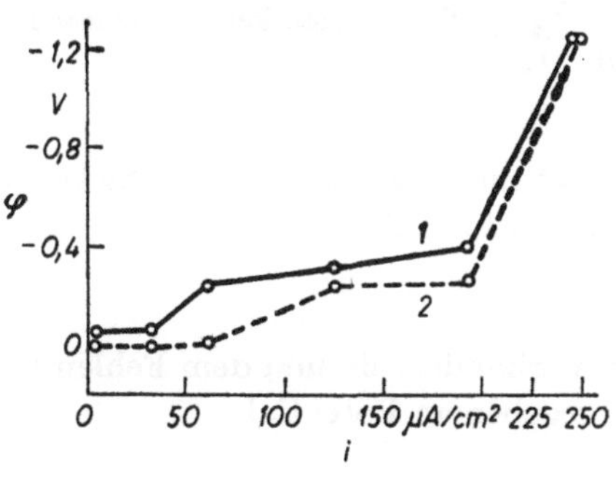

Abb. 43: Katodische Polarisationskurve der Kupferelektrode in 0,1 n NaOH-Lösung bei 25°C ohne Bestrahlung (*1*) und unter Bestrahlung (*2*)

mischungsgeschwindigkeiten der Lösung registriert: „stark" (Drehgeschwindigkeit des Rührers 150—250 Umdrehungen/min) und „schwach" (5—6 Umdrehungen/min) (Abb. 44).

Die erhaltenen Ergebnisse können folgendermaßen zusammengefaßt werden. Bestrahlung fördert den Ablauf der katodischen Vorgänge an allen drei untersuchten Elektroden. Das Vorhandensein einer Oxidschicht auf der Nickelelektrode

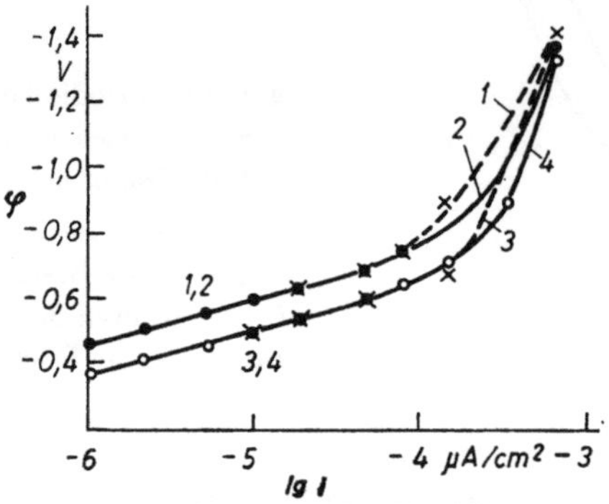

Abb. 44: Katodische Polarisationskurve der Titanelektrode in 0,1 n NaOH-Lösung bei 25 °C
1, 2 — ohne Bestrahlung;
3, 4 — unter Bestrahlung;
1, 3 — bei „schwacher" Durchmischung der Lösung; *2, 4* — bei „starker" Durchmischung der Lösung

(siehe Abb. 42) verringert merklich die Größe des Effekts der Strahlenwirkung, den wir als elektrochemischen Strahlungseffekt bezeichnen, obgleich er nicht vollständig unterdrückt wird. Die Intensität der Durchmischung beeinflußt ebenfalls die Größe des elektrochemischen Strahlungseffekts, wie aus den Versuchen mit der Titankatode hervorgeht (siehe Abb. 44 und 45). Abb. 45 zeigt klar, daß

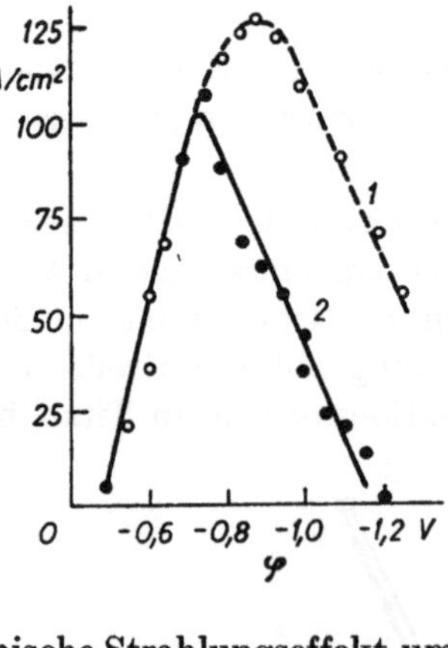

Abb. 45: Größe des elektrochemischen Strahlungseffekts für die Titanelektrode (berechnet nach den Angaben der Abb. 49)
1 — bei „schwacher" Durchmischung;
2 — bei „starker" Durchmischung

der elektrochemische Strahlungseffekt um so größer ist, je schwächer die Durchmischung ist, was man folgendermaßen formulieren kann:

$$\Delta i_E = i_{st} - i. \tag{3.1}$$

Hier bedeuten i_{st} und i die dem Vorhandensein und dem Fehlen von Strahlung entsprechenden Stromdichten bei gegebenem Potential.

Ein solches Ergebnis beweist die große Rolle, die bei den beobachteten Erscheinungen die Radiolyseprodukte des Elektrolyten spielen. Die von uns aufgedeckte Verringerung des Wertes Δi_E mit zunehmender Durchmischung des Elektrolyten kann damit erklärt werden, daß unter den Bedingungen der katalysierten Reduktion des vorhandenen Oxydationsmittels O_2 das Auftreten des neuen Oxydationsmittels H_2O_2 offensichtlich einen geringeren Effekt geben muß.

In den Abb. 46—48 sind anodische Polarisationskurven für die gleichen drei Metalle — Ni, Cu, Ti — angegeben.

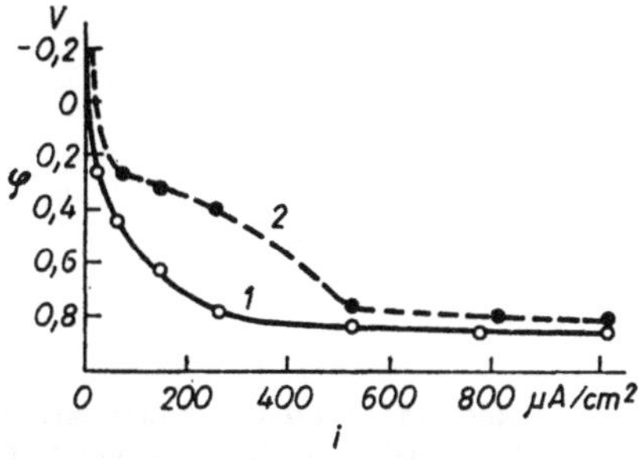

Abb. 46: Anodische Polarisationskurven für die Nickelelektrode in 0,1 n NaOH-Lösung bei 25 °C ohne Bestrahlung (*1*) und unter Bestrahlung (*2*)

Zur Ermittlung des Einflusses der Oxidschicht auf die Größe des elektrochemischen Strahlungseffektes bei der anodischen Polarisation wurden an der Titanelektrode entsprechende Kurven nach zwei Methoden aufgenommen (siehe Abb. 48)

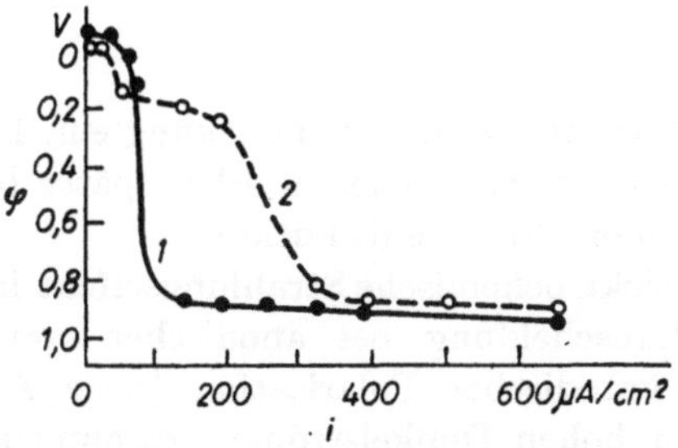

Abb. 47: Anodische Polarisationskurven für die Kupferelektrode in 0,1n NaOH-Lösung bei 25 °C ohne Bestrahlung (*1*) und unter Bestrahlung (*2*)

(analog dazu, wie bei der katodischen Polarisation mit der Ni-Elektrode verfahren worden war):

1. Die Titanelektrode wurde zur Vorbehandlung beim Wasserstoffabscheidungspotential gehalten und dann anodisch polarisiert (Hinweg der Polarisationskurve);
2. Die Titanelektrode wurde bei 7,6 V anodisch polarisiert und dann die Polarisationskurve unter Verringerung der Stromdichte aufgenommen (Rückweg der Polarisationskurve).

Die erhaltenen Ergebnisse zeigen, daß die Strahlung den Verlauf der anodischen Reaktionen katalysiert. Es ist interessant, daß bei den Nickel- und Kupferelektroden im Potentialbereich von +0,1 bis +0,3 V unter der Einwirkung der Strahlung Stufen erscheinen, die bei den ohne Bestrahlung aufgenommenen Kurven fehlen, was für die Möglichkeit des Ablaufs neuer elektrochemischer Reaktionen spricht. Solche Reaktionen können in der Oxydation von Komponenten der Wasserradiolyse, insbesondere von Wasserstoffperoxid, bestehen, dessen anodisches Oxydationspotential in ~ 0,3 n NaOH-Lösung 0,35 V ist [72], was mit unseren Werten übereinstimmt.

Das Vorhandensein einer Oxidschicht auf der Titanelektrode ändert, wie auch im Falle der Nickelelektrode (bei katodischer Polarisation, siehe Abb. 42), die Größe des elektrochemischen Strahlungseffekts, doch während der Effekt im

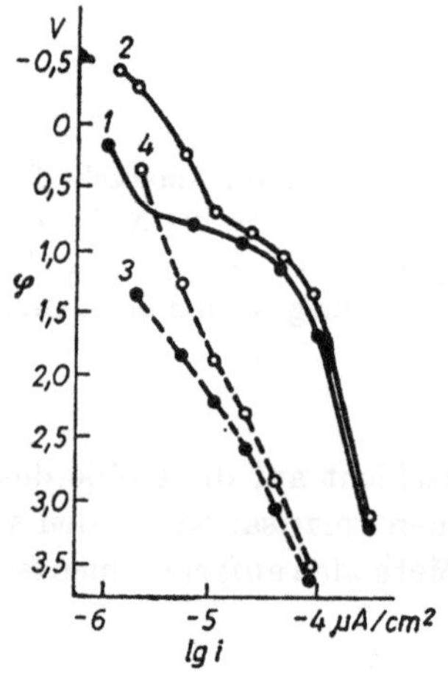

Abb. 48: Anodische Polarisationskurven der Titanelektrode in 0,1 n NaOH-Lösung bei 25 °C ohne Bestrahlung (*1, 3*) und unter Bestrahlung (*2, 4*)
1, 2 — Hinweg der Polarisationskurven;
3, 4 — Rückweg

ersten Fall erniedrigt wird, tritt hier eine geringe Verstärkung ein. Die Ursachen dieses unterschiedlichen Verhaltens der Elektroden werden später bei der Analyse des Mechanismus der ablaufenden Prozesse diskutiert.

In der Regel verschwindet der elektrochemische Strahlungseffekt im Potentialgebiet der intensiven Sauerstoffabscheidung bei anodischer und im Gebiet der Wasserstoffabscheidung bei katodischer Polarisation (siehe Abb. 42—44). Das hängt offensichtlich mit den hohen Dunkelströmen zusammen, auf deren Untergrund schwer relativ geringe elektrochemische Strahlungseffekte zu unterscheiden sind. Somit folgt aus unseren Versuchen, daß radioaktive Strahlung einen merklichen Einfluß auf die Elektrodenprozesse ausübt, wobei sie in einer Reihe von Fällen den Ablauf sowohl der katodischen wie auch der anodischen Reaktionen fördert.

Rozenfel'd und Oše [73] stellten bei der Untersuchung des Einflusses von Elektronenstrahlung ($E = 0{,}8$ MeV; $i = 10\ \mu A/cm^2$) auf das elektrochemische Verhalten von Zirkon, Titan, Nickel und Chrom in destilliertem Wasser, 3%iger NaCl-Lösung und 0,1 n NaOH-Lösung ebenfalls fest, daß die Strahlung die Überspannung erniedrigt und die Geschwindigkeit der katodischen und anodischen Reaktionen vergrößert.

Gerasimov und Aleksandrova [63] zeigten bei der Untersuchung des elektrochemischen Verhaltens des Stahls 1 Ch 18 N 9 T im Reaktor (thermischer Neutronenfluß 10^{12} Neutronen/cm^2 sec), daß die Reaktorstrahlung in 0,01 n Na_2SO_4-Lösung die Kinetik der anodischen Prozesse nicht ändert, dagegen in 0,01 n NaCl-Lösung das Potential nach der positiven Seite verschiebt, wobei sie auch den Transpassivbereich der Polarisationskurve prüften. Insgesamt werden also die anodischen Prozesse gehemmt. Was den katodischen Prozeß betrifft, so wird seine Geschwindigkeit bei Einwirkung von Strahlung im Bereich der Sauerstoffionisation erhöht, wodurch nach Meinung der Autoren auch die Potentialverschiebung des Stahls nach der positiven Seite bei Einwirkung von Strahlung erklärt wird (siehe Tab. 10).

Feates [70] fand, daß γ-Strahlung die Überspannung der Wasserstoffabscheidung an der Platinelektrode in 0,1 n H_2SO_4-Lösung herabsetzt (Abb. 49).

Janduškin [38, 74] kommt zu der Schlußfolgerung, daß Strahlung nicht nur den Verlauf der katodischen Reaktionen beschleunigt, sondern auch die anodische Reaktion der Metallionisierung bei der Korrosion von Armco-Eisen und Stahl St2

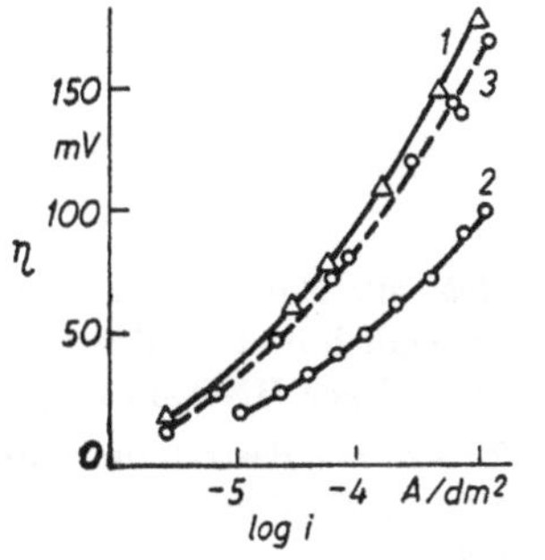

Abb. 49: Einfluß von γ-Strahlung auf die Überspannung η der Wasserstoffabscheidung [70]
1 — ohne Bestrahlung; *2* — unter Bestrahlung; *3* — nach Bestrahlung

in destilliertem Wasser. Insbesondere erklärt er durch die Katalysierung der anodischen Prozesse die oben erwähnte Potentialverschiebung nach der negativen Seite bei Proben aus den genannten Materialien, wobei er davon ausgeht, daß die Metallkorrosion dabei verstärkt wird¹).

Wenn man das oben Dargelegte zusammenfaßt, kann man folgende Schlußfolgerung ziehen. Radioaktive Strahlung fördert den Ablauf der katodischen Prozesse. Die Strahlung kann auch anodische Vorgänge auf Oxidelektroden katalysieren, indem sie den Ablauf neuer Reaktionen ermöglicht, die mit der Oxydation von Radiolyseprodukten zusammenhängen. Was den anodischen Prozeß der Metallionisierung (-auflösung) anbetrifft, so wirkt das Vorhandensein der Strahlung nur unbedeutend auf ihn ein, da er in der Regel mit geringer Überspannung verläuft.

¹) Eine Potentialverschiebung nach der negativen Seite kann entweder mit einer Katalysierung der anodischen Prozesse oder durch eine Hemmung der katodischen erklärt werden. Im ersten Fall muß die Korrosion verstärkt, im zweiten verringert werden.

3.3. Strahlungswirkung auf elektrochemische Modelle von Korrosionselementen

Oft lassen sich die Gesetzmäßigkeiten der Korrosion — besonders im Fall der Kontaktkorrosion — sehr bequem an Modellen galvanischer Elemente studieren, die beim Eintauchen eines aus verschiedenen Metallen gefertigten Systems von Elektroden in eine das Korrosionsmedium darstellende Lösung gebildet werden. Zuerst wandten diese Methode ROZENFEL'D und OŠE [73, 75, 76] zur Untersuchung der Gesetzmäßigkeiten der Einwirkung von Elektronenstrahlung an. Sie stellten fest, daß die Korrosionselemente Zr/3% NaCl/Al; Zr/3%NaCl/Fe und Fe/3% NaCl/Al ihre Stromdichte unter der Einwirkung der Elektronenstrahlung um das Mehrfache erhöhen. Die Bestrahlung wurde mit Elektronen der Energie 0,8 MeV und der Intensität 15 $\mu A/cm^2$ durchgeführt.

Unsere Versuche [49, 55, 77] mit den Elementen Zr/30% HNO_3/Al und Ti/30% HNO_3/Al ergaben analoge Resultate (Abb. 50). Eine gute Kühlung und eine verhältnismäßig geringe Strahlungsdosisleistung gewährleisteten in den

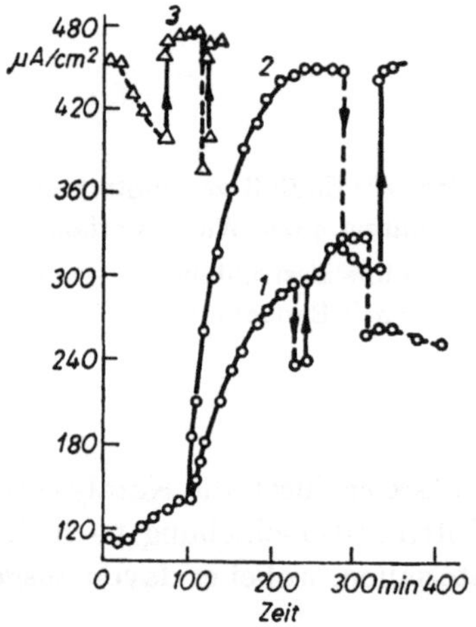

Abb. 50: **Einfluß von Strahlung auf die Stromdichte eines Korrosionselements in 30%iger HNO_3-Lösung**
Zr—Al bei Bestrahlungsintensitäten von 3,62 · 10^{18} eV/cm² sec (*1*) und 7,24 · 10^{18} eV/cm² sec (*2*); Ti—Al bei der Bestrahlungsintensität 7,8 · 10^{18} eV/cm² sec (*3*)
----- ohne Bestrahlung;
——— unter Bestrahlung

Versuchen mit Salpetersäure isotherme Bedingungen bei der Elektronenbestrahlung. Somit kann der beobachtete Anstieg der Stromstärke der Korrosionselemente nur das Ergebnis der Strahlenwirkung sein.

Es wurden auch Untersuchungen über das Verhalten der Korrosionselemente unmittelbar im Reaktor durchgeführt [57]. Die Arbeit wurde am Reaktor IRT des *Kurčatov-Instituts für Atomenergie* ausgeführt. Es wurde das Verhalten der Korrosionselemente Zr/0,05n NaCl/Al; Zr/0,05n NaCl/Fe und Fe/0,05n NaCl/Al (die zuerst genannten Elemente bilden die Katode) bei thermischen Neutronenflüssen von ~2 · 10^{12} Neutronen/cm² sec untersucht.

Die Untersuchungen wurden in der in Abb. 51 dargestellten Zelle vorgenommen. Die spiralförmigen Elektroden wurden aus Draht gefertigt. Sie hatten eine ein-

heitliche Fläche von 3,5 cm^2, wurden mit Aceton entfettet und mit einem speziellen Beizmittel gebeizt. Dann wurden die Elektroden in dem Stopfen 5 mit Hilfe der Schrauben 1 befestigt. In das Gefäß von Zelle 7 wurden 3,5 cm^3 Elektrolyt eingefüllt und der Stopfen eingeschraubt. Die von den Elektroden 2 und 4 abgehenden Anschlußleitungen aus Aluminium wurden über ein empfindliches Mikro-

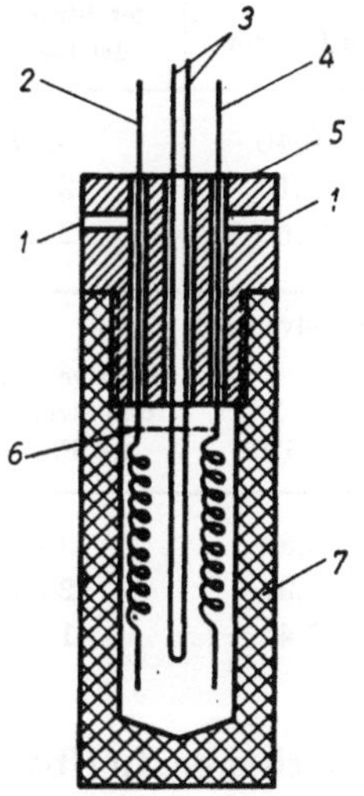

Abb. 51: Schematische Darstellung der Arbeitszelle
1 — Bohrung für Zirkonschrauben; *2, 4* — Elektrode; *3* — Thermoelement (Kupfer-Konstantan mit einem dünnen Polystyrolüberzug); *6* — Elektrolytniveau; *7* — Polystyrolkörper

ampéremeter angeschlossen. Nachdem der Elementstrom einen konstanten Wert i angenommen hatte, wurde die Zelle in einen Reaktorkanal hinabgelassen. Das im Beobachtungsraum aufgestellte Mikroampéremeter registrierte alle Änderungen der Stromstärke. Gleichzeitig wurde mit dem Thermoelement 3 die Elektrolyttemperatur in der Zelle registriert.

Zur Bestimmung des Temperatureinflusses wurden Kontrollversuche ohne Bestrahlung durchgeführt. In diesen Fällen wurde die Arbeitszelle in einen Thermostaten gehängt, in dem die Erwärmungsbedingungen im Reaktor genau reproduziert wurden.

Die Angaben von Tab. 11 zeigen, daß bei Bestrahlung im Reaktor der Strom der untersuchten Korrosionselemente ansteigt, jedoch nicht so stark wie im Falle der Elektronenbestrahlung. Gleichzeitig führt ein Vergleich der Anstiegswerte der Stromstärken mit den Ergebnissen der Kontrollversuche zu der Schlußfolgerung, daß bei den Reaktorbestrahlungen den Haupteinfluß auf die Erhöhung des Elementstroms die thermischen Effekte ausüben. Diese Schlußfolgerung wird durch Abb. 52 bekräftigt, in der Kurven der Stromdichteänderung der untersuchten Elemente für die Reaktorbestrahlungen (Kurve 1—3) und die Kontrollversuche (Kurve 1′—3′) dargestellt sind. In dieser Graphik sind Kurven aufgetragen, die den Verlauf der Erwärmung des Elektrolyten beim Hinablassen der Zelle in den Reaktor (Kurve 4) und die Abkühlung des Elektrolyten bei Ent-

Tabelle 11

Angaben über das Verhalten von Korrosionselementen in dem Versuchsreaktor IRT und bei Kontrollversuchen, bei denen die Temperaturbedingungen des Reaktors nachgeahmt wurden

Korrosions-element	Versuche im Reaktor: Stromdichte μA/cm² bis zum Einbringen in den Reaktor	Stromdichte μA/cm² im Reaktor	Relative Erhöhung der Stromdichte der Elemente
Zr/0,05 n NaCl/Al	1,90	6,40	3,87
Zr/0,05 n NaCl/Fe	1,36	5,19	3,78
Fe/0,05 n NaCl/Al	13,48	29,60	2,22
	Kontrollversuche: Stromdichte μA/cm² 24,4 °C	**37,75 °C**	**Relative Erhöhung der Stromdichte der Elemente**
Zr/0,05 n NaCl/Al	2,23	6,84	3,06
Zr/0,05 n NaCl/Fe	1,39	3,94	2,84
Fe/0,05 n NaCl/Al	13,91	27,41	1,97

nahme der Zelle aus dem Reaktor (Kurve 4′) charakterisieren. In Übereinstimmung mit diesen Werten wurden Erwärmung und Abkühlung in den Kontrollversuchen geführt.

In gesonderten Versuchen wurde nach Erreichen eines dem horizontalen Abschnitt entsprechenden Stromdichtewertes i_R die Zelle etwa 1,5 Stunden im Reaktor

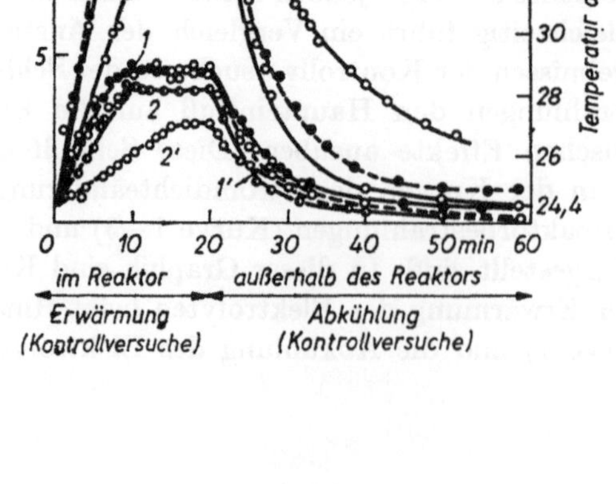

Abb. 52: Abhängigkeit der Stromdichte des Korrosionselements (*1, 1′ — 3, 3′*) und der Temperatur (*4, 4′*) des Elektrolyten 0,05 n NaCl-Lösung von der Aufenthaltszeit der Zelle im Reaktor (*1 — 4*) und im Thermostaten (*1′ — 4′*)
1, 1′ — Zr—Al;
2, 2′ — Zr—Fe;
3, 3′ — Fe—Al

gelassen. Dabei änderte sich der Wert i_R nicht. Somit kann man annehmen, daß i_R die stationäre Stromdichte des gegebenen Korrosionselements im Reaktor ist. Im Zusammenhang damit wurde die Versuchsdauer auf 20 Minuten festgesetzt (das ist die zur Erreichung von i_R nötige Zeit), um die in der Zelle induzierte Aktivität gering zu halten.

Ein Vergleich der Kurven 1, 3 mit 1′, 3′ zeigt den übereinstimmenden Charakter des Anstiegs und Abfalls des Zellstroms bei der Arbeitszelle und in den Kontrollversuchen. Das weist darauf hin, daß der Hauptfaktor, der den Anstieg des Elementstroms im Reaktor hervorruft, die Erhöhung der Elektrolyttemperatur im Ergebnis der Absorption der Strahlungsenergie ist. Daneben zeigt die Analyse der angeführten Werte auch einen spezifischen Strahlungseinfluß. Aus Tab. 11 folgt, daß für Zr/0,05 n NaCl/Fe und Fe/0,05 n NaCl/Al eine bestimmte, wenn auch geringe Erhöhung der im Reaktor gemessenen Stromdichte (i_R) über die in den Kontrollversuchen erhaltene Stromdichte hinaus beobachtet wird. Besonders groß ist diese Erhöhung für das Element Zr/0,05 n NaCl/Fe. Die kinetischen Kurven für dieses Element (siehe Abb. 52) unterstützen die gezogene Schlußfolgerung.

Die durchgeführten Versuche zeigen, daß im Reaktor eine spezifische Strahlungswirkung auf die Funktion der Korrosionselemente bedeutend schwächer als im Falle der Elektronenbestrahlung ausgeprägt ist. Gleichzeitig folgt aus dem oben Dargelegten, daß die Strahlung in einer Reihe von Fällen die Arbeit der Korrosionselemente merklich intensiviert. Hiervon leitet sich die für die Praxis wichtige Schlußfolgerung ab, daß bei bestrahlten Konstruktionsteilen besondere Aufmerksamkeit den Kontaktstellen verschiedenartiger Metalle gewidmet werden muß, weil die Strahlung zu einer starken Erhöhung der Kontaktkorrosionsgeschwindigkeit führen kann.

4. Wirkungsmechanismus der Strahlung auf die Korrosionsprozesse

Die Analyse der durchgeführten Untersuchungen zeigt, daß die an den Metallen beobachteten elektrochemischen und Korrosionseffekte unter Strahlungseinwirkung die Funktion dreier Faktoren sind:

$$E_{Str} = f(E_R, E_D, E_{Ph}), \tag{4.1}$$

wo E_R — der radiolytische Strahlungseffekt ist, der in einer Änderung des chemischen Potentials des Korrosionsmediums infolge seiner Radiolyse besteht; E_D — der destruktive Effekt — die Strukturänderung (Bildung von Mikrodefekten) der schützenden Oxidschicht[1]) im Ergebnis des Beschusses mit Bestrahlungsteilchen und E_{Ph} — der Strahlungsphotoeffekt — die Änderung der Halbleitereigenschaften der Oxidschicht durch Absorption der Strahlungsenergie ist.

Nachfolgend wird das Wesen der genannten Effekte, ihre Bedeutung und ihr Einwirkungsmechanismus auf die elektrochemischen und Korrosionsprozesse dargelegt.

4.1. Der destruktive Strahlungseffekt (E_D)

Es ist bekannt, daß schon unter atmosphärischen Bedingungen auf vielen Metallen eine Oxidschicht gebildet wird, die weitgehend das weitere Korrosionsverhalten der Metalle bestimmt. Somit verläuft in vielen Korrosionsmedien (vor allem in alkalischen und neutralen Lösungen) der Korrosionsprozeß an der Grenze Elektrolyt—Metalloxid.

Die Untersuchungen vieler Autoren zeigen, daß die Strahlung den Charakter der sich bildenden Oxide merklich ändert. So wurde in der Arbeit [55] gezeigt, daß Elektronenbestrahlung auf Aluminium die Bildung einer Oxidschicht mit größerer Dicke und Mikroporosität im Vergleich zu Schichten, die unter gleichen Bedingungen, aber ohne Bestrahlung gebildet wurden, fördert. Die Untersuchungen wurden mit technischem Aluminium (99,5% Al, 0,04% Cu, 0,20% Si, 0,20% Fe, 0,06% andere Beimengungen) ausgeführt. Als Korrosionsmedium diente eine 3%ige NaCl-Lösung. Das Schema der Meßanordnung ist in Abbildung 28 angegeben. Die Temperatur der umlaufenden Lösung betrug nach Berechnung

[1]) Der Effekt wurde an Oxidschichten beobachtet, doch kann er im Prinzip auch bei Passivschichten eines anderen Zustandes auftreten.

(siehe Seite 58) 73 °C. Kontrollversuche bestätigten die Richtigkeit der Rechnung [55]. Es wurde mit schnellen Elektronen mit einer Energie von 0,8 MeV und einer Intensität von $2 \cdot 10^{20}$ eV/cm² sec bestrahlt. Unter diesen Bedingungen kann die Strahlungspolarisation einen starken Einfluß auf die Versuchsergebnisse ausüben. Da unter realen Anwendungsbedingungen aufgrund der dabei vorliegenden Strahlungsdosen die Strahlungspolarisation vernachlässigt werden kann, wurden die in diesem Kapitel angegebenen Werte an Proben ermittelt, bei denen die Strahlungspolarisation unterbunden worden war (siehe Seite 50), d. h. an sogenannten elektroneutralen Proben. Wie die Angaben in Tabelle 12 zeigen, wurde festgestellt, daß die Elektronenstrahlung den Prozeß der Aluminiumoxydation merklich beeinflußt: Erstens unterschieden sich die bestrahlten Proben nach ihrem Aussehen stark von den unbestrahlten und zweitens erhöhte sich das Gewicht der bestrahlten Proben in den ersten fünf Stunden im Gegensatz zu dem der unbestrahlten, das kontinuierlich abnahm.

Von dem Einfluß der Strahlung auf den Charakter der Oxidschicht zeugen auch die Ergebnisse der Tropfenprüfung[1]) an Proben, die einer entsprechenden Behandlung unterworfen worden waren:

Bei einer 5 Stunden bestrahlten Probe trat die Grünfärbung des Tropfens nach 9 Minuten ein; bei einer 40 Stunden bestrahlten Probe — nach 7 Minuten; bei einer unbestrahlten Probe — nach 1 Minute; bei einer Kontrollprobe — nach 2 Minuten.

Die angeführten Werte zeigen, daß die Zeit bis zur Grünfärbung des Tropfens bei den bestrahlten Proben bedeutend größer ist als bei den unbestrahlten (Kontrollproben). Gleichzeitig ist nach den Angaben von Tab. 12 die in die Lösung übergehende Metallmenge bei den bestrahlten Proben größer. Das zeigt, daß sich die gebildete Oxidschicht nach ihrer Struktur von den Schichten unterscheidet, die auf Aluminium unter gewöhnlichen Bedingungen erzeugt wurden. Sie enthält offenbar mehr Mikrodefekte, wodurch auch ihre erhöhte Löslichkeit[2]) erklärt

[1]) Das Wesen der in der Industrie zur Qualitätsprüfung von anodischen Schichten verbreitet angewandten Tropfenmethode besteht darin, daß auf die Oberfläche des anodisierten Aluminiums einige Tropfen einer Salzsäure und Kaliumdichromat enthaltenden Lösung aufgetragen werden. Anfangs verläuft unter den Tropfen eine Auflösung der Oxidschicht nach der Reaktion

$$Al_2O_3 + 6\,HCl \rightarrow 2\,AlCl_3 + 3\,H_2O,$$

aber sobald der Tropfen das Metall erreicht, beginnt die Entwicklung von Wasserstoff:

$$2\,Al + 6\,HCl \rightarrow 2\,AlCl_3 + 3\,H_2,$$

der Cr^{6+} zum Cr^{3+} reduziert, was sich in einem Farbumschlag in dem Tropfen von gelb nach grün äußert. Je länger die Farbe bestehen bleibt, desto dicker oder dichter ist die Oxidschicht. Die Zusammensetzung der Lösung zur Tropfenprüfung ist folgendermaßen: 25 *ml* HCl (spez. Gew. 1,18), 3 g $K_2Cr_2O_7$, 75 *ml* destilliertes Wasser.

[2]) Die erhöhte Beständigkeit dieser Schichten bei der Tropfenprüfung wird durch ihre größere Dichte erklärt.

wird. Die Messungen zeigten, daß sich das Potential der bestrahlten, elektroneutralen Proben in 3%iger NaCl-Lösung während der Bestrahlung nach der negativen Seite zu verschob und nach fünf Stunden $-1{,}03$ bis $-1{,}05$ V (gegen die gesättigte Kalomelelektrode) anstatt $-0{,}72$ bis $-0{,}75$ V ohne Bestrahlung erreichte.

Es wurde auch der Einfluß von Neutronenbestrahlung auf die Oxidschicht auf Aluminiumoberflächen untersucht. Die Proben wurden aus technischer Aluminiumfolie gefertigt. Die Versuche wurden bei einer Temperatur von 96 °C in destilliertem Wasser durchgeführt. Der thermische Neutronenfluß betrug

Tabelle 12

Ergebnisse von Korrosionsversuchen an Aluminiumproben in 3%iger NaCl-Lösung ohne und mit Bestrahlung. (Bestrahlungsintensität $2 \cdot 10^{20}$ eV/cm² sec; kein Polarisationseffekt)

Bestrahlungsbedingungen	Versuchsdauer, Stunden	Temperatur °C	Gewichtsänderung g/Probe	Schichtgewicht g/Probe	In Lösung gegangene Metallmenge g/Probe	Äußeres Aussehen der Probenoberfläche nach dem Versuch
unter Bestrahlung	5	73	+0,00033	0,00172	0,00048	dunkelglänzend
	40	73	−0,00017	0,00162	0,00093	
ohne Bestrahlung	5	75	−0,00020	0,00028	0,00028	matt mit Flecken

$\sim 10^{13}$ Neutronen/cm² sec. Die Proben wurden parallel in der aktiven (die integrale Neutronendosis betrug 10^{20} Neutronen/cm²) und der inaktiven Zone des Reaktors (praktisch keine Neutronenstrahlung) bei nahezu gleichen Bedingungen geprüft. Nach der Reaktorbestrahlung wurde die Oxidschicht von der Aluminiumoberfläche in einer gesättigten Borsäurelösung unter Anlegen einer Wechselspannung von 300—400 V entfernt [79]. Dabei betrug die Stromdichte 20 μA/cm². Die zweite Elektrode war dabei aus Platin, die Elektrolyttemperatur betrug 20—30 °C und die Dauer der Behandlung 3—5 Minuten. Dann wurden die Proben mit Wasser gewaschen und für eine Stunde in eine Lösung folgender Zusammensetzung eingetaucht: 45 cm³ H_3PO_4 (spez. Gew. 1,561 g/cm³), 20 g CrO_3 und destilliertes Wasser bis zu 1 Liter. Die Temperatur der Lösung betrug 93 °C. Anschließend wurden die Proben mit kaltem und kochendem Wasser gewaschen und nach 2 Stunden Aufbewahrung im Exsikkator gewogen.

Da die in Lösung gegangene Aluminiummenge nicht durch Analyse des Wassers bestimmt werden konnte, wurde diese Menge (Q) nach folgender Formel berechnet:

$$Q = x - \left(y + \frac{(z - y)\,54}{\gamma}\right) \text{g/cm}^2, \tag{4.2}$$

wobei x — das Flächengewicht der Probe vor dem Korrosionsversuch in g/cm²; y — das Flächengewicht der Probe ohne Schicht (die Schicht wurde nach dem Korrosionsversuch entfernt) in g/cm²; z — das Flächengewicht der Probe mit Schicht nach dem Korrosionsversuch in g/cm²; γ — das Molekulargewicht von Böhmit (für unbestrahlte Proben) oder von Hydrargillit (für bestrahlte Proben) und 54 — das doppelte Atomgewicht von Aluminium ist. Die erhaltenen Werte aus den Gewichtsbestimmungen sind in Tab. 13 angeführt. Die Werte zeigen, daß die Korrosions(Auflösungs-)geschwindigkeit von Aluminium unter Bestrahlung $\sim$0,01 g/m² · h und ohne Bestrahlung 0,004 g/m² · h beträgt. Ebenso wie im Falle der Elektronenstrahlung wird bei Neutronenbestrahlung eine Verstärkung der Oxidschicht bei gleichzeitiger Erhöhung ihrer Auflösungsgeschwindigkeit (nach unseren Werten beispielsweise auf das Dreifache) begünstigt.

Es konnte auch auf direktem Wege durch Anfertigung von Mikroquerschliffen gezeigt werden, daß Bestrahlung die Verstärkung der Oxidschicht begünstigt. Die Bestrahlung führte zur Ausbildung einer Oxidschicht von 15—16 µm Dicke auf dem Aluminium. Auf den Proben, die keiner Bestrahlung unterworfen wurden, konnte eine solche Schicht mit dem Mikroskop (200fache Vergrößerung) nicht entdeckt werden. Gleichzeitig zeigten die Gewichtsbestimmungen, daß die unbestrahlten Proben beträchtlich an Gewicht verloren hatten (siehe Tab. 13). Bei der Behandlung dieser Proben in gesättigter Borsäurelösung (zur Abtrennung der Oxidschicht

Tabelle 13

Ergebnisse der Messung verschiedener Parameter von Aluminium nach Exposition im Reaktor

Bestrahlungs-bedingungen	Gewichts-änderung der Proben g	Schicht-gewicht mg/cm²	Mikro-härte kg/mm²	Gesamt-gewicht an ionisiertem Metall mg/cm²	Geschwindigkeit der Aluminium-auflösung g/cm² · h
ohne Bestrahlung	+0,0017	5,10*)	nicht gemessen	6,10	0,0036
unter Bestrahlung	−0,0404	7,12	301	18,95	0,0096

*) Schicht abgefallen

von dem Metall) trennte sich von ihrer Oberfläche eine geringe Oxidmenge in Form weißer Flocken ab. Dieser scheinbare Widerspruch zwischen den Ergebnissen der Metallographie und der Gewichtsbestimmungen wurde von uns damit erklärt, daß die Bildung der Hydroxidschicht auf Aluminium in kochendem Wasser (ohne Bestrahlung) in Anbetracht der Oberflächenheterogenität anfangs nicht in geschlossener Front verläuft, sondern an den aktiven Stellen, und erst allmählich in eine geschlossene Schicht übergeht. Diese Ansicht konnte durch metallographische Untersuchung einer technischen Aluminiumprobe nach 1000stündiger Exposition in destilliertem Wasser bei 250 °C gestützt werden. Im wesentlichen lag eine geschlossene Oxidschicht nur an der äußeren Probenoberfläche vor. Die in größeren Tiefen gebildete Oxidschicht zeigte die Form einzelner Körner, die mit zunehmender Entfernung von der Oberfläche immer weniger in einer Schicht angeordnet waren. Offensichtlich waren alle diese Körner untereinander durch dünne „Oxidkanäle" verbunden, die nicht immer mit der Schnittebene des Schliffs zusammenfielen. Die Eindringtiefe des Oxids erreicht 500 μm, was offenbar mit der hohen Temperatur (250 °C) des wäßrigen Mediums zusammenhängt.

Bei 96 °C dringt das Oxid in bedeutend geringere Tiefe vor (etwa 8—10 μm). Dabei beträgt die geschlossene Schicht an der Metalloberfläche nur Zehntel μm, womit auch erklärt wird, daß diese Schicht unter dem Mikroskop nicht erkannt wird. Bei der Behandlung mit Borsäure, bei der die Oxide gelockert und weggewaschen werden, wird auch der Teil der Metallkristallite angegriffen, der von der aus Körnern bestehenden Hydroxidzone umgeben ist und praktisch die Bindung zur Metallmasse verloren hat.

Die in der Borsäure in Pulverform abgetrennte Oxidschicht wurde gründlich gewaschen und einer Röntgenanalyse unterzogen. Röntgenogramme zeigten den unterschiedlichen Charakter der auf bestrahlten und unbestrahlten Aluminiumproben gebildeten Oxide. Neutronenbestrahlung führt zur Bildung von Hydrargillit (α-$Al_2O_3 \cdot 3H_2O$) mit einem sehr geringen Böhmitanteil (γ-$Al_2O_3 \cdot H_2O$), während das ohne Bestrahlung erzeugte Oxid reinen Böhmit darstellt [80]. Es ist charakteristisch, daß auf den Röntgenogrammen der unbestrahlten Oxide ziemlich intensive Linien von metallischem Aluminium erkannt werden können, was die angeführten Vorstellungen von der Heterogenität des gebildeten Oxids unterstützt, die zu einer Abtragung metallischer Kristallite bei der Entfernung der Oxidschicht von den unbestrahlten Proben führt.

Damit kann man es als bewiesen ansehen, daß Strahlung die Verstärkung der Oxidschicht auf Aluminium begünstigt. Dabei ändert sich unter der Strahlenwirkung die Struktur der Oxidschicht. Die sich unter Strahleneinwirkung bildende Oxidschicht ist homogener, wird stärker hydratisiert und leichter in wäßrigen Lösungen zerstört als die unbestrahlte. Eine Auswertung von Literaturdaten zeigt, daß die Strahlung in analoger Weise auch auf andere Metalle einwirkt.

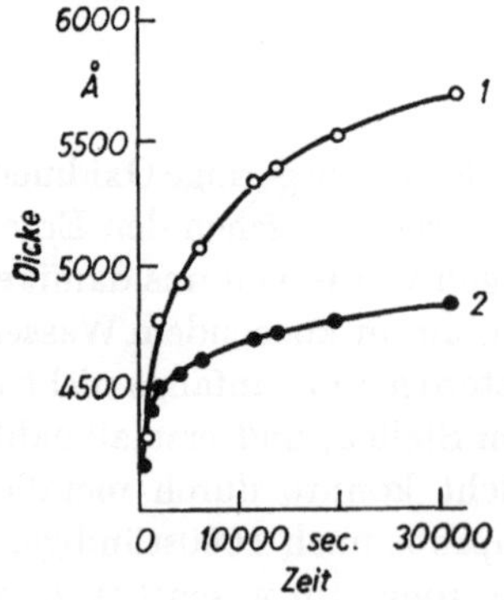

Abb. 53: Erhöhung der Oxidschichtdicke einer Tantalanode mit der Zeit in 2%iger HNO_3 bei Spannungen von 90—170 V [81]

1 — bei UV-Belichtung; *2* — in Dunkelheit

In Tab. 14 sind die Ergebnisse SIMNADS [62] über die Strahlungswirkung auf nichtrostenden Stahl und auf Zirkonlegierungen angeführt. Die Werte der Tabelle zeigen, daß Bestrahlung mit schweren Teilchen die Bildung dicker Oxidschichten auf Zirkonlegierungen begünstigt, wie wir auch bei Aluminium gefunden haben.

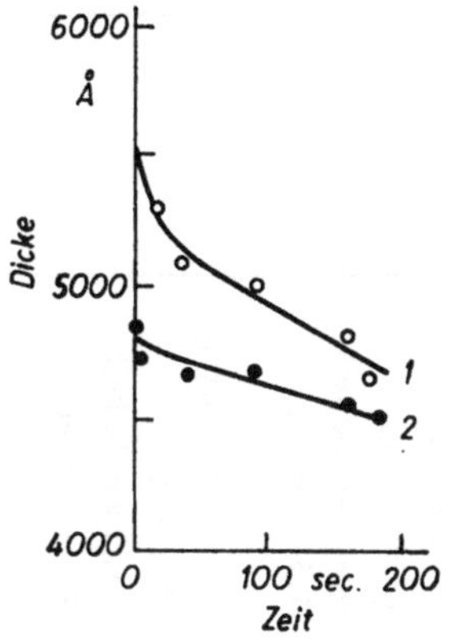

Abb. 54: Auflösung der Oxidschichten 1 und 2 in 40%iger HF (siehe Abb. 53 [81])

Eine Änderung der Eigenschaften und des Zustandes der Oxidschichten kann nicht nur durch Bestrahlung mit schweren Teilchen erreicht werden. In der Arbeit [81] wurde festgestellt, daß bei Belichtung (mit UV-Licht) auf einer Tantalanode in 2 n HNO_3-Lösung eine viel dickere Oxidschicht gebildet wird als ohne Belichtung (siehe Abb. 53). Gleichzeitig wird die „belichtete" Schicht leichter in Flußsäure gelöst als die „unbelichtete", wie in Abb. 54 zu erkennen ist.

SIMNAD und SMOLUCHOVSKI [82] zeigten, daß nach Bestrahlung mit Protonen einer Energie von 260 MeV und einer Stromdichte von 10^{16} Protonen/cm^2 Eisenoxid merklich schneller gelöst wird als unbestrahltes, wie aus Abb. 55 zu sehen ist. SMOLUCHOVSKI zeigte weiterhin [83], daß mit Protonen bestrahltes Nickeloxid

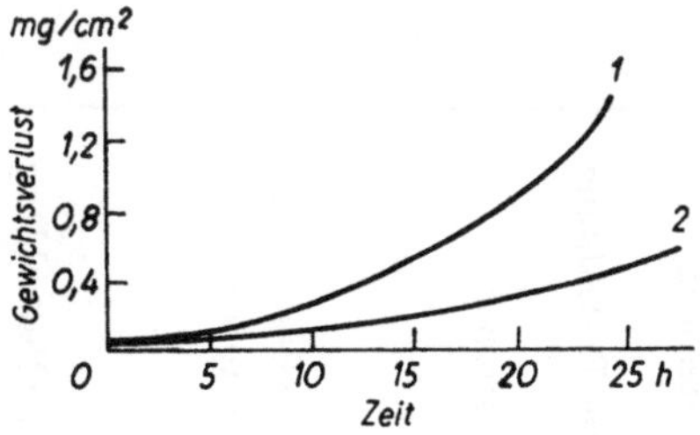

Abb. 55: Auflösung von Fe_2O_3 in 1 n HCl bei 30 °C [82]
1 — Fe_2O_3; bestrahlt mit Protonen von 260 MeV (Dosis 10^{16} Protonen/cm^2); *2* — unbestrahltes Fe_2O_3

in Wasserstoff schneller reduziert wird als unbestrahltes (Tab. 15). Die Autoren erklären die bemerkte Reaktionsbeschleunigung in beiden Fällen mit der Bildung von Strukturdefekten in den Oxiden als Folge der Strahlenwirkung. Das Fehlen des Bestrahlungseffekts bei höheren Temperaturen, wie es z. B. beim NiO vorliegt (Tab. 15), wird mit der Erhöhung der Ausheilgeschwindigkeit dieser Defekte erklärt.

Tabelle 14

Einfluß von Neutronen- und Deuteronenstrahlung auf das Verhalten von Zirkonlegierungen und nichtrostendem Stahl in Wasser unter extremen Bedingungen

Material	Strahlungsart	Bestrahlungs-intensität Neutronen/ cm^2 sec	Bestrahlungsdosis	Korrosionsmedium	Schichtdicke cm	Gewichts-zunahme der Proben mg/cm^2
Legierung Zircaloy-2	Deuteronen		100 $\mu A/cm^2$	Entgastes Wasser bei 350 °C	$3 \cdot 10^{-4}$	
	Deuteronen		200 $\mu A/cm^2$	Entgastes Wasser bei 350 °C	$5{,}8 \cdot 10^{-4}$	
	ohne Bestrahlung		—	Entgastes Wasser bei 350 °C	$3—6 \cdot 10^{-5}$	
Zirkon-Zinn-Legierung*)	Neutronen	10^{13}	10^{19} Neutronen/cm^2	Wasser bei 285 °C (Strömungs-geschwindigkeit 1,5—3 m/sec)		200
	ohne Bestrahlung	—	—	—		4
Nichtrostender Stahl	Neutronen	10^{13}	10^{19} Neutronen/cm^2	Wasser bei 285 °C (Strömungs-geschwindigkeit 1,5—3 m/sec)		10
	ohne Bestrahlung	—	—	—		7

*) Zusammensetzung der Legierung nicht angegeben

Schließlich wurde auch der Fakt der Strukturänderung der Oxidschicht unter der Einwirkung der Strahlung bestätigt. Insbesondere wurde festgestellt, daß Zirkondioxid unter Einwirkung von Neutronenstrahlung seine Struktur ändern kann.

Es ist bekannt, daß unter gewöhnlichen Bedingungen bei Temperaturen unter 1000 °C monoklines ZrO_2 die stabile Form ist. Beim weiteren Erhitzen ist im Temperaturbereich 1100—1900 °C die tetragonale Struktur und oberhalb 1900 °C

Tabelle 15

Einfluß von Protonenbestrahlung auf die Induktionsperiode der NiO-Reduktion in Wasserstoff bei verschiedenen Temperaturen

Reduktionstemperatur °C	Länge der Induktionsperiode, h	
	unbestrahltes NiO	bestrahltes NiO
250	1200	275
275	100	30
300	20	14
350	10	7
400	5	5

die kubische stabil. 1955 stellte KLEIN fest, daß beim Beschuß mit schnellen Neutronen die monokline ZrO_2-Form in die kubische übergeht. Das wurde von WITTELS und SHERVILL [84] bestätigt, die bei der Bestrahlung von natürlichem, monoklinem ZrO_2-Pulver mit schnellen Neutronen fanden, daß nach Bestrahlung mit einer Dosis von $9{,}4 \cdot 10^{19}$ Neutronen/cm² etwa 90% des bestrahlten Oxids in die kubische Form übergegangen waren. Dieses besaß eine solche Stabilität, daß es nur durch Erhitzen auf Temperaturen oberhalb 800 °C in das Oxid der monoklinen Form überführt werden konnte. Der Übergang von monoklinem Zirkonoxid in kubisches bei Strahlungseinwirkung wurde auch in der Arbeit [85] bestätigt.

JANDUŠKIN [74] stellte mit Hilfe der röntgenographischen Analyse fest, daß in destilliertem Wasser als Korrosionsprodukt von Armco-Eisen und Stahl St2 gebildeter Magnetit (Fe_3O_4) bei Einwirkung von Strahlung (auf aktiven Proben) in $Fe(OH)_3$ übergeht.

Sehr deutlich wurde die Strahlungswirkung in der Arbeit von GIANOLA [86] nachgewiesen. Der Autor bestrahlte Silizium mit Heliumionen einer Energie von $3 \cdot 10^4$ eV. Die Dosis betrug $4 \cdot 10^{-4}$ As/cm². Die Bestrahlung wurde im Vakuum nach vorheriger Heliumspülung ausgeführt. Eine elektronographische Untersuchung zeigte, daß das Silizium im Ergebnis der Bestrahlung in der Oberflächenschicht seine Struktur geändert und sich dabei von der kristallinen in die amorphe Form umgewandelt hatte. Dabei wurde festgestellt, daß sich die amorphe Schicht innerhalb 30 Minuten vollständig in 49%iger HF auflöste, während kristallines Silizium in Flußsäure keinerlei Veränderungen innerhalb einiger Tage zeigte. Die Dicke der unter Bestrahlung gebildeten amorphen Schicht hängt von der Bestrahlungsdosis ab, wie in Abb. 56 zu sehen ist. Es wurde weiterhin festgestellt, daß Erwärmen das bestrahlte Silizium teilweise in seine Ausgangsform zurückführte und zwar um so mehr, je höher die Temperatur der Erwärmung war.

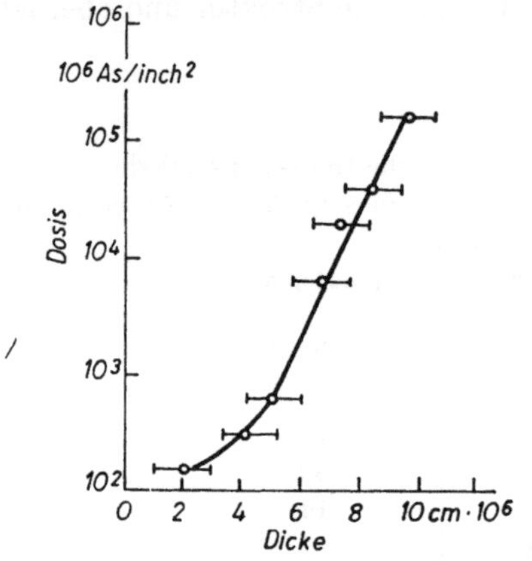

Abb. 56: Dicke der in HF löslichen Siliziumschicht in Abhängigkeit von der Bestrahlungsdosis mit Heliumionen [86]

Somit kann es als nachgewiesen gelten, daß unter Bedingungen, bei denen die Bildung von Oxidschichten auf den Metallen gewährleistet ist, die Einwirkung von Strahlung zu einer Strukturänderung dieser Oxide führt, in deren Ergebnis die Oxiddicke wächst. Gleichzeitig wird die Schutzwirkung der Oxide herabgesetzt, und sie werden im Korrosionsmedium (Elektrolyten) leichter zerstört (aufgelöst).

Welchem Mechanismus entspricht nun die Strahlungswirkung? Bei der Beschreibung der Wechselwirkungsgesetzmäßigkeiten der Strahlung mit Materie (siehe Seite 4) wurde gesagt, daß eine Auslagerung von Materieteilchen auf Zwischengitterplätze unter Bildung von Strukturdefekten stattfindet, wenn der im elastischen Stoß von dem Bestrahlungsteilchen auf das Strukturteilchen übertragene Energiebetrag die Bedingung $E_a \gg E_d$ erfüllt. Je größer die Masse der Bestrahlungsteilchen und je größer ihre Anzahl ist, um so mehr Defekte werden gebildet.

In den letzten Jahren gelang es, mit Hilfe des Elektronenmikroskops, unmittelbar Form und Charakter der Störungen zu beobachten, die durch verschiedene Strahlungsarten in metallischen Strukturen erzeugt werden. Tatsächlich gelang dieses bisher nur für sehr schwere Teilchen. So zeigten Pravdjuk und Goljanov [87], daß Spaltfragmente von ^{235}U in Schichten verschiedener Metalle (Al, Au, Ni u. a.) Spuren in Form hohler Kanäle mit einem Durchmesser von 20 bis 200 Å und einer Länge von einigen Mikron bilden. Bowden und Chadderton [88] beobachteten Störungen der Gitterstruktur von Platinphthalozyaninkristallen unter der Einwirkung von Uranspaltfragmenten. Analoge Resultate erhielten auch andere

Autoren [89—92]. Störungen der Kristallstruktur von Metallen wurden auch nach Beschuß dünner Metallschichten mit Argon- [93] und anderen Gasionen entdeckt. Nach dem Beschuß mit Neutronen gelang es bisher nicht, solche Störungen zu beobachten, doch hängt das offenbar mit den geringen Ausdehnungen dieser Störungen zusammen.

Offensichtlich können durch Beschuß mit schweren Teilchen auch in Oxidschichten Hohlkanäle und Defekte, wie sie in Metallschichten gebildet werden, hervorgerufen werden.

Eine Strukturumwandlung der Oxidschicht unter Einwirkung von Elektronenstrahlung wurde in der Arbeit [95] festgestellt, bei der Strukturänderungen in dünnen Aluminiumoxidschichten bei langzeitiger Exposition an einem Elektronenmikroskop zu erkennen waren.

Offensichtlich wird durch Erzeugung von Mikrodefekten in der Schicht, deren Mikroporosität erhöht und infolgedessen ihre Auflösungsgeschwindigkeit vergrößert. Gleichzeitig vergrößert die Erhöhung der Anzahl an Mikrodefekten die Ionenleitfähigkeit der Schicht, was in Verbindung mit der Erhöhung des Oxydationspotentials des Korrosionsmediums infolge der Radiolyse zu einem verstärkten Schichtwachstum führt. Das Vorhandensein einer oxydativen Komponente als Ergebnis der Wasserradiolyse führt zur Bildung, oder genauer zur Verstärkung, der auf dem Metall vorhandenen Oxidschichten infolge der möglichen Reaktionen

$$x\text{Me} + y\text{OH} \rightarrow \text{Me}_x(\text{OH})_y, \qquad (4.3.)$$

$$x\text{Me} + y\text{HO}_2 \rightarrow \text{Me}_x\text{O}_{1,5y} \cdot 0{,}5y\ \text{H}_2\text{O} \qquad (4.4.)$$

usw.

Aus dem Dargelegten folgt, daß sich die Struktur der unter Bestrahlung gebildeten Oxidschicht von der Struktur von Oxiden, die unter gewöhnlichen Bedingungen entstanden sind, durch eine große Menge an Mikrodefekten unterscheiden muß, die gleichzeitig eine Verstärkung der Schicht und ihre Hydration wie auch das Entstehen größerer oxydierter Gebilde begünstigt, wie es in den beschriebenen Versuchen an Aluminium festgestellt wurde. Bei Abwesenheit eines wäßrigen Mediums führt Bestrahlung unter Zerstörung der Oxid- oder Metallstruktur zur Amorphität, wie bei der Bestrahlung von Silizium nachgewiesen wurde.

4.2. Der Strahlungsphotoeffekt (E_{Ph})

Die Strahlungswirkung auf Oxidschichten ist nicht auf Strukturänderungen begrenzt. Die Metalloxide gehören zu den Halbleitern. Deshalb müssen bei ihnen Effekte eine Rolle spielen, die mit der Änderung der Trägerzahl infolge der Absorption von Strahlungsenergie zusammenhängen. Diese Effekte bezeichnen wir in Analogie zu den bekannten Effekten der Lichtwirkung auf Halbleiter als Strahlungsphotoeffekte. Die Strahlungsphotoeffekte werden aus folgenden Gründen verursacht:

1. Die Atomionisation, die zu einer Vergrößerung der Trägerkonzentration und folglich zu einer Erhöhung der Leitfähigkeit, aber auch zu einer möglichen Herabsetzung der Überspannung elektrochemischer Reaktionen an der Phasengrenze Halbleiter/Elektrolyt führt. Analog dem inneren Photoeffekt besitzt diese Erscheinung eine Zeitcharakteristik und klingt schnell nach der Abschaltung der Strahlung ab.
2. Die Bildung von Frenkeldefekten im Ergebnis elastischer Zusammenstöße mit Elementarteilchen und der Auslagerung von Atomen oder Ionen aus den stationären Plätzen im Kristallgitter des Halbleiters. Diese Defekte ändern ähnlich den chemischen Beimengungen das Energiespektrum der Elektronen und folglich die Gleichgewichtsträgerkonzentration.

Im Unterschied zur Erscheinung des Ionisationsprozesses führt die Bildung von Defekten in der Kristallgitterstruktur des Halbleiters zu einer permanenten Leitfähigkeitsänderung, d. h., sie bleibt nach Unterbrechung der Bestrahlung erhalten, solange die gebildeten Defekte nicht durch Relaxation verschwinden und die Gitterstruktur nicht ihre normale Gestalt wiedererhält. Die Relaxationsgeschwindigkeit ist der Temperatur proportional, und durch Temperaturerniedrigung ist es möglich, die Defekte für lange Dauer „einzufrieren".

3. Durch das Entstehen von im Ausgangsmaterial nicht enthaltenen Atomen (oder Ionen) infolge von Kernumwandlungen im bestrahlten Halbleiter. Diese neuen Atome (Ionen) können gegenüber den Majoritätsladungsträgern in dem gegebenen Halbleiter als Akzeptoren oder Donatoren wirken, wobei durch sie eine Erhöhung oder Erniedrigung der Leitfähigkeit verursacht wird.

Es gibt einige Hypothesen, die den Einfluß der Strahlung auf die Halbleitereigenschaften der Oxidschichten auf Metalle erklären. Schon 1941 bemerkte Veselovskij [96] bei Untersuchungen mit ultraviolettem Licht die hohe photoelektrische Aktivität des Systems Me/MeO/Lösung, die, wie er feststellte, mit dem Vorhandensein einer Oxidschicht auf der Metalloberfläche zusammenhängt [97]. Nach Veselovskij trägt die Wirkung des UV-Lichts sensibilisierenden Charakter, d. h., im Oxid wird die Energie der Photoquanten absorbiert, was zu einer effektiven Anregung der Elektronen des Halbleiters mit nachfolgender Anregung des chemischen Prozesses an der Phasengrenze MeO/Lösung führt. Die Wirkung der γ-Strahlung trägt nach Veselovskij den gleichen Charakter, nur wird in diesem Fall die Energie der γ-Quanten bis zur Anregungsenergie der Elektronen des Halbleiters „aufgeteilt", was mit dem sogenannten Vervielfachungskoeffizienten berücksichtigt wird [98].

Rozenfel'd und Oše gelangten bei der Untersuchung der Wirkung von Elektronenstrahlung ebenfalls zu der Schlußfolgerung, daß die von ihnen beobachteten elektrochemischen Effekte durch die Halbleitereigenschaften der auf den bestrahlten Elektroden befindlichen Oxidschichten verursacht werden. Sie entwickelten eine interessante Hypothese [73, 75], die sich von der Hypothese Veselovskijs unterscheidet. Nach ihrer Ansicht ist der elektrische Widerstand der Oxidschichten auf Metallen, wie Zirkon, Titan und vielen anderen, derart hoch, daß er der bestimmende Faktor wird, der wegen ungenügendem Trägertransport die Geschwindigkeit der elektrochemischen Reaktion begrenzt. In diesen Fällen muß die als typischer Halbleiter zu betrachtende Oxidschicht unter der Wirkung der ionisierenden Strahlung ihre Leitfähigkeit infolge Erhöhung der Trägerkonzentration durch Absorption von Strahlungsenergie erhöhen. Diese von den Autoren als „Strahlungsleitfähigkeitseffekt" bezeichnete Erscheinung ist dem Effekt der Photoleitfähigkeit analog und besitzt temporären Charakter, d. h., sie tritt bei Bestrahlung in Erscheinung und verschwindet momentan mit Unterbrechung der Bestrahlung. Die Autoren stimmen damit überein, daß bei hohen Intensitäten der Bestrahlungsteilchen Strukturdefekte in den Oxidgittern auftreten können (siehe Seite 92), aber sie berücksichtigen, daß sich die Rolle der Strukturdefekte auch auf eine Erhöhung der Schichtleitfähigkeit zurückführen läßt. In diesem Fall trägt die auftretende elektrische Leitfähigkeit im Unterschied zur Strahlungsleitfähigkeit permanenten Charakter.

In Abb. 57 sind die Versuchsergebnisse von ROZENFEL'D und OŠE zur Untersuchung der Wirkung von Elektronenstrahlung auf Elektrodenprozesse dargestellt. Die Metalle wurden für die Versuche in einer Weise vorbehandelt, daß sowohl das Vorliegen von Oxidschichten mit p- wie auch mit n-Leitfähigkeit garantiert war.

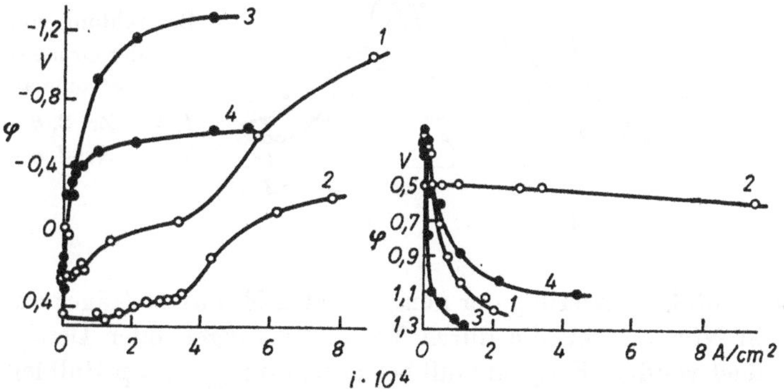

Abb. 57: Katodische und anodische Polarisationskurven, die an Zr (*1*, *3*) und Ni (*2*, *4*) in 0,1 n NaOH-Lösung erhalten wurden [73]
1, *2* — unter Bestrahlung; *3*, *4* — ohne Bestrahlung

Nach dem äußeren Bild sind die Kurven für beide Oxidtypen sowohl bei den katodischen wie auch den anodischen Prozessen ganz ähnlich und unterscheiden sich nur nach den Absolutwerten, was, so könnte es scheinen, der Hypothese der Autoren widerspricht. Wenn die Autoren jedoch Kurven des relativen Effekts bezüglich der Stromstärke i/i_0 gegen die Polarisationsstromdichte i_0 (wo i — der Effekt der Strahlung auf die Stromdichte ist) auftrugen (Abb. 58), dann bemerkten sie Unterschiede im Verhalten der Metalle mit Schichten des p- und n-Typs bei anodischer Polarisation. Bei katodischer Polarisation und derartiger Darstellung waren keinerlei Unterschiede zu erkennen. Die Autoren erklären das Fehlen quantitativer Unterschiede bei katodischer Betätigung der Metalle mit Schichten des p- und n-Typs damit, daß nach ihrer Ansicht der katodische Vorgang unempfindlich gegenüber dem Leitungsmechanismus des Halbleiters ist, da seine Geschwindigkeit nur von der Menge der Elektronen abhängt und es unwesentlich ist, woher diese Elektronen zur Oberfläche gelangt sind: aus dem Valenz- oder dem Leitfähigkeitsband. Die Geschwindigkeit des anodischen Vorgangs hängt von der Löcherkonzentration ab, d. h. von den freien Energieniveaus auf der Halbleiteroberfläche. Nach den Vorstellungen der Autoren behält die Mehrzahl der oxidischen Halbleiter bei Bestrahlung den für sie charakteristischen

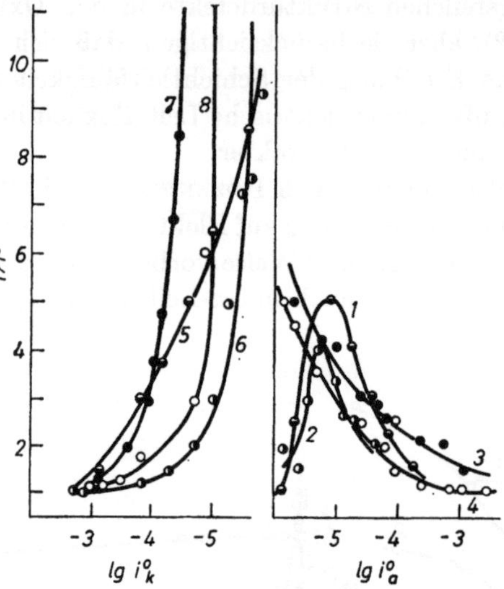

Abb. 58: Abhängigkeit des relativen Stromeffekts bei Bestrahlung von der Richtung und der Größe des Polarisationsstroms an Metallen [73]
1, 5 — Zr; *2, 6* — Ti; *3, 7* — Ni; *4, 8* — Cr

Leitungstyp infolge Fixierung der neugebildeten Minoritätsträger an zusätzlichen lokalisierten Niveaus bei, die durch Verunreinigungen oder Defekte des Halbleiters gebildet werden. Folglich muß bei Bestrahlung eines *p*-Halbleiters, bei dem die Majoritätsträger Löcher sind, die Erhöhung ihrer Konzentration zu einem leichteren Ablauf der anodischen Reaktion im gesamten Polarisationsintervall führen, wie es auch experimentell beobachtet wurde.

Bei Bestrahlung von Metallen mit Schichten des n-Typs wird eine solche Beschleunigung der anodischen Reaktion nicht beobachtet, da die Löcher als Minoritätsträger an Niveaus von Verunreinigungen lokalisiert sind. Sofern bei einer Erhöhung der anodischen Polarisation der Effekt der „Strahlungsleitfähigkeit“ auch für Schichten des *n*-Typs eintritt, so erklären das die Autoren durch „Herausreißen der Löcher“ aus lokalen Niveaus durch das sich bildende elektrische Feld. Die Bildung von Maxima wird in diesem Fall damit erklärt, daß sich der diesbezügliche Einfluß der Strahlung bei der Beschleunigung der Elektrodenreaktion mit zunehmender Polarisationsstromdichte vermindert, und bei einem bestimmten Polarisationsstromwert diese Verminderung den Effekt des „Herrausreißens von Löchern“ übertrifft.

Jedoch erklärt die vorgeschlagene Hypothese nicht alle beobachteten Fakten. Weiterhin muß berücksichtigt werden, daß in verschiedenen Fällen die Versuche unter Bedingungen durchgeführt wurden, bei denen der mit der Änderung der

Oxidschicht zusammenhängende Effekt von der Wirkung der Radiolyseprodukte des Elektrolyten, die nicht mit den Halbleitereigenschaften in Zusammenhang stehen und diese verdecken, überlagert wird. Im einzelnen kann das von den Autoren bemerkte identische Verhalten von *p*- und *n*-Halbleitern bei katodischer Polarisation unter Bestrahlung durch die Wirkung der genannten Produkte erklärt werden.

Viele Autoren sind der Ansicht, daß die Wirkung der Radiolyseprodukte auf die Elektrodenprozesse in Anbetracht der geringen Konzentration dieser Produkte vernachlässigt werden kann. Jedoch ist diese Konzentration gar nicht so klein. Zum Beispiel befindet sich die stationäre Wasserstoffperoxidkonzentration unter Bestrahlung in der Größenordnung 10^{-3} m, während die Konzentration des gelösten Sauerstoffs in wäßrigen Lösungen unter Normalbedingungen $\sim 10^{-4}$ m beträgt und der Einfluß des Sauerstoffs auf die Korrosionsprozesse allgemein anerkannt ist.

Die Analyse der vorliegenden experimentellen Ergebnisse zeigt auch, daß die oxidischen Halbleiter bei weitem nicht immer bei Bestrahlung ihren Leitungstyp beibehalten und ihre elektrische Leitfähigkeit erhöhen. Eine Rechnung zeigt, daß dieser Effekt nur bei Energien der zur Bestrahlung benutzten Elektronen von weniger als 0,55 MeV eintreten kann, da ihre Wirkung in diesem Fall zu einer Erhöhung der elektrischen Leitfähigkeit nur infolge einer zusätzlichen Ionisation des Sauerstoffs führt. Dieser Effekt verschwindet innerhalb $\sim 10^{-5}$ Sekunden nach Unterbrechung der Bestrahlung.

Bei Energien der zur Bestrahlung dienenden Elektronen von mehr als 0,55 MeV findet die Bildung von FRENKEL-Defekten statt, da ein Elektron einer solchen Energie durch elastischen Stoß dem bestrahlten Materieteilchen (Atom, Ion) eine Energie > 25 eV (der zur Auslagerung des Atoms aus dem Gitter notwendigen Minimalenergie) übertragen kann. Die Bildung von Strukturdefekten führt oft nicht zur Erhöhung sondern umgekehrt zur Erniedrigung der elektrischen Leitfähigkeit eines Halbleiters, indem sie Fallen für diesen oder jenen Ladungsträgertyp, mitunter auch für beider Trägertypen, erzeugt. Der Versuch zeigt, daß bei Bestrahlung von *n*-Germanium mit Elektronen einer Energie von 1 MeV anfangs die elektrische Leitfähigkeit fällt, aber dann nach Durchschreiten eines Minimums wieder ansteigt.

Es hat den Anschein, daß *n*-Germanium im Prozeß dieser Änderungen in *p*-Germanium übergeht. Eine analoge Wirkung zeigte die Bestrahlung mit schnellen Neutronen, wie aus Abb. 59 ersichtlich ist. Das Leitfähigkeitsminimum entspricht dem Übergang des Germaniums vom *n*-Typ zum *p*-Typ. Dieses Verhalten von *n*-Germanium wird dadurch erklärt, daß die in seinem Kristallgitter gebildeten Defekte Elektronenakzeptoren sind [99]. Bei der Bestrahlung wächst kontinuierlich die Zahl der Akzeptoren, die Elektronen vom Donatorniveau und dem Leitfähigkeitsband einfangen, wobei die elektrische Leitfähigkeit der bestrahlten Proben sinkt. Nach ausreichend langer Bestrahlung wird die Elektronenzahl im Leitfähigkeitsband praktisch auf Null gesenkt. Von diesem Zeitpunkt an verläuft ein kontinuierlicher Anstieg der Löcherkonzentration im Valenzband, da in allen Etappen des Prozesses die thermische Gleichgewichtsbedingung zwischen der Elektronen- und Löcherkonzentration gültig bleibt.

$$n \cdot p = n_i^2. \tag{4.5}$$

Hierin bedeutet n_i die für einen gegebenen Stoff von der Temperatur abhängige Gleichgewichtskonstante.

Aus dem oben Gesagten folgt, daß bei ausreichend langer Bestrahlung n-Germanium in p-Germanium umgewandelt werden muß, was auch experimentell zu belegen ist. Die geringere Neigung der Kurve nach der Umwandlung von n-

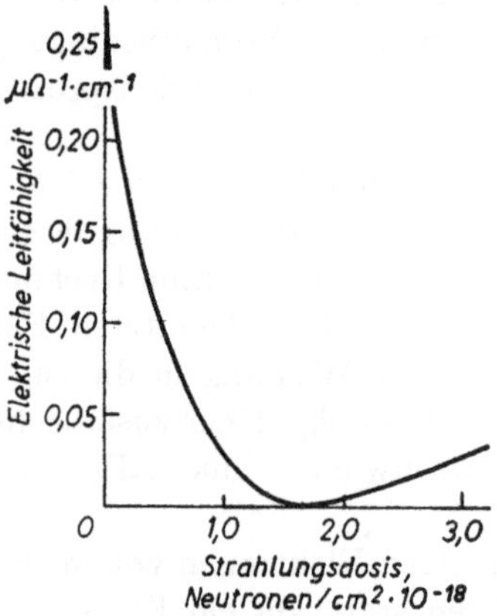

Abb. 59: Elektrische Leitfähigkeit von n-Germanium in Abhängigkeit von der integralen Neutronendosis bei Zimmertemperatur [7]

Germanium in p-Germanium hat verschiedene Ursachen, von denen eine die Rekombinationsgeschwindigkeit der Defekte ist, die sich mit wachsender Menge (Dichte) in der bestrahlten Probe erhöht.

Die Bestrahlung mit Deuteronen und α-Teilchen ergibt qualitativ die gleichen Ergebnisse wie die Bestrahlung mit schnellen Elektronen und Neutronen.

Die Bestrahlung mit langsamen Neutronen führt zu Kernumwandlungen, in deren Ergebnis in dem anfangs sauberen Germanium Beimengungen von Gallium, Arsen und Selen gebildet werden[1]). Die gebildeten Galliumatome übernehmen die Rolle von Akzeptoren und die Arsenatome von Elektronendonatoren. Selen beeinflußt die Trägerkonzentration in Germanium nicht. Bei der Bestrahlung übertrifft die Bildungsgeschwindigkeit von Gallium die des Arsens um das Dreifache. Somit verläuft eine bevorzugte Anhäufung von Elektronenakzeptoren, so daß sich die elektrische Leitfähigkeit von n-Germanium qualitativ genauso wie bei der Bestrahlung mit schnellen Teilchen ändert.

Die Bestrahlung von p-Germanium führt sowohl mit schnellen Teilchen wie auch mit langsamen Neutronen bei Zimmertemperatur zu einer Leitfähigkeits-

[1]) Die unterschiedlichen Produkte der Kernumwandlungen von Germaniumatomen werden durch seine komplexe Isotopenzusammensetzung erklärt.

erhöhung, jedoch ist diese Erhöhung unbedeutend. Anhand der Neigung der Kurve ausgeführte Rechnungen zeigten, daß jedes einfallende Neutron der Bildung von 0,8 Löchern entspicht.

Die Bestrahlung von *n*- und *p*-Silizium führt zu einer Verringerung seiner elektrischen Leitfähigkeit. Offenbar werden Fallen für beide Trägertypen geschaffen.

Bei der Bestrahlung von Indiumantimonid mit schnellen Neutronen werden ebenfalls Fallen für beide Trägertypen erzeugt, doch sind die Löcherfallen viermal effektiver als die Elektronenfallen. Deshalb gewinnt Indiumantimonid beiderlei Typs im Ergebnis der Bestrahlung elektronische Leitfähigkeit.

Es muß noch bemerkt werden, daß im Ergebnis der Bestrahlung wegen des Erscheinens von Kristallgitterdefekten oder der Bildung chemischer Beimengungen die Trägerbeweglichkeit in den Halbleitern herabgesetzt wird und zwar um so mehr, je länger und intensiver die Bestrahlung war. Jedoch wirkt sich das im Charakter der Leitfähigkeitsänderung nur wenig aus, weil die bei der Bestrahlung verlaufende relative Änderung der Trägerkonzentration die relative Änderung der Trägerbeweglichkeit um ein Vielfaches übertrifft [99].

Es muß weiterhin bemerkt werden, daß das Austempern der durch Strahlung in Halbleitern erzeugten Störungen ziemlich leicht abläuft. Zum Beispiel werden in Germanium 75% der durch Neutronenbestrahlung hervorgerufenen Defekte bei Zimmertemperatur ausgeheilt.

Alle angeführten Beispiele zeugen davon, daß hochenergetische Strahlung nicht immer zu einem Anwachsen der elektrischen Leitfähigkeit von Halbleitern führt und folglich eine solche Behauptung der experimentellen Bestätigung bedarf.

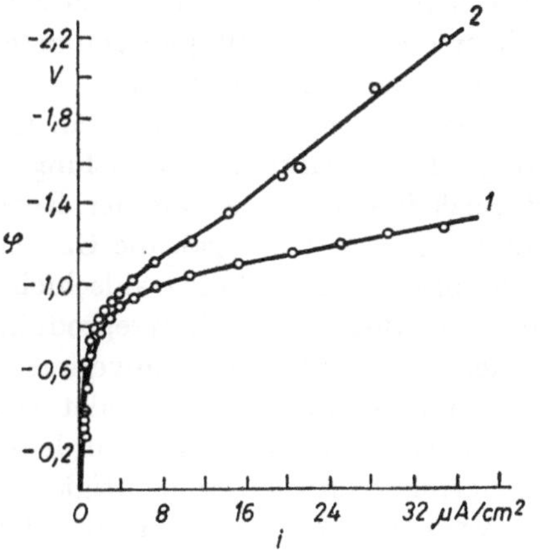

Abb. 60: Katodische Polarisationskurven für *n*- (*1*) und *p*-Germanium (*2*) (ungebeizte Oberfläche) bei 25 °C in H_2SO_4 bei pH 1,0

Ebenso ist nach unserer Ansicht die weitverbreitete Behauptung, daß „die katodische Reaktion gegenüber dem Leitfähigkeitstyp unempfindlich ist", strittig. Wenn die anodische Reaktion für ihren Ablauf freier Löcher bedarf, so ist es logisch zu schließen, daß die katodische freie Elektronen braucht. Offensichtlich müssen Löcher, die die Zufuhr von Elektronen zur Elektrodenoberfläche behindern, die katodische Reaktion hemmen. Aus den Kurven in Abb. 60, die wir auf der Grundlage der Werte in Arbeit [100] konstruiert haben, ist ersichtlich, daß an p-Germanium die katodische Reaktion viel stärker gehemmt wird als an n-Germanium, was offenbar mit dem Leitungstyp zusammenhängt.

Zusammenfassend muß darauf verwiesen werden, daß sowohl VESELOVSKIJ wie auch ROZENFEL'D von dem a priori-Grundsatz ausgehen, daß sich die Oxidschichten auf den Metallen wie Halbleiter verhalten. Tatsächlich gehören die Metalloxide zu den Halbleitern. Man kann jedoch nicht von vornherein behaupten, daß die dünnen, nur Ångström messenden Oxidschichten, die zwar Halbleitereigenschaften besitzen, den gleichen Gesetzmäßigkeiten wie kompakte Halbleiter folgen werden, da sich auf das Verhalten der extrem dünnen Oxidschichten das Energiefeld der metallischen Unterlage auswirken muß.

Das Verhalten der dünnen Oxidschichten als Halbleiter wurde in unseren Arbeiten [77, 104] untersucht.

Zur Bestimmung des Mechanismus und der Größe des Strahlungsphotoeffekts mußte aufgeklärt werden, ob die Metalloxide ihre Halbleitereigenschaften behalten, wenn sie sich in Form sehr dünner Schichten auf Metalloberflächen befinden und welchen Gesetzmäßigkeiten das Verhalten dieser Schichten unter Strahlungseinwirkung gehorcht.

Zur Erzielung eindeutiger Ergebnisse mußte die Möglichkeit der Einwirkung von Radiolyseprodukten ausgeschlossen werden, welche die Effekte der unmittelbaren Strahlungseinwirkung auf die Oxidschicht hätten verdunkeln und verfälschen können. Für diese Versuche wurde als Strahlungsquelle die Röhre PRK-4 ausgewählt, die ultraviolette Strahlung einer Gesamtintensität von $3{,}6 \cdot 10^{16}$ Quanten/cm^2 sec (die Quantenenergie befand sich in den Grenzen 3,43—4,98 eV), was nach einer auf Grundlage der Werte in Arbeit [101] ausgeführten Rechnung etwa $1{,}5 \cdot 10^{17}$ eV/cm^2 sec an der Probenoberfläche entspricht.

Ultraviolette Strahlung der gegebenen Parameter tritt mit wäßrigen Lösungen praktisch nicht in Wechselwirkung, doch wurde zur Erzielung einer hohen Genauigkeit zwischen Röhre und Reaktionszelle eine mit der Reaktionslösung gefüllte, dünne Quarzlinse angebracht. Dieses Filter gab die Garantie, daß alle erhaltenen Effekte nur mit der Strahlungswirkung auf die Oxidschicht zusammenhängen, ohne daß ein verdunkelnder Einfluß von Radiolyseprodukten vorliegt, was bei Bestrahlung mit Elektronen und γ-Strahlung unvermeidbar ist. Als Arbeitszelle wurde das Gerät mit rotierender Elektrode angewendet (siehe Abb. 30). Zur minimalen Schwächung des ultravioletten Lichtbündels wurde die Membran, durch die die Bestrahlung der Probe erfolgte, aus Quarz gefertigt.

Wie oben angeführt, wurde von VESELOVSKIJ festgestellt, daß Oxidschichten auf das elektrochemische Verhalten der Metalle bei Bestrahlung mit UV-Licht einen bedeutenden Einfluß ausüben [95, 96, 102]. Jedoch beobachtete und untersuchte der Autor photoelektrochemische Effekte nur bei anodischen Prozessen. Deshalb wurden von ihm keinerlei Besonderheiten im Verhalten der Oxidschichten in Abhängigkeit von ihrem Leitfähigkeitscharakter gefunden.

Von uns wurden für die Untersuchungen verschiedene Metalle verwendet. Die Oxide zweier dieser Metalle — Nickel und Kupfer — gehören nach Literaturangaben zum Halbleitertyp mit p-Leitfähigkeit, die restlichen — Zink, Zirkon, Titan, Tantal und Cadmium — bilden zu den n-Halbleitern gehörende Oxide. Zylindrische Proben dieser Metalle wurden mit Epoxidharz in einen Glasrahmen gekittet und poliert. Nach Waschen mit Azeton und Alkohol wurden die Proben einige Tage im Exsikkator aufbewahrt. An den auf diese Weise erhaltenen Metallproben mit natürlicher Oxidschicht wurden die elektrochemischen Kennlinien aufgenommen. Zur Durchführung von Versuchen mit verstärkter Oxidschicht wurden die Proben vor der Prüfung einer anodischen Oxydation unterworfen, die in der Anmerkung zu Tab. 16 beschrieben ist.

Die durchgeführten Untersuchungen zeigten, daß der Charakter der photoelektrochemischen Prozesse in einer Reihe Fälle eng mit dem Leitfähigkeitstyp der auf den Oberflächen der untersuchten Metalle befindlichen Oxidschichten zusammenhängt. In Tab. 16 sind die Ergebnisse unserer Versuche zur Untersuchung des Einflusses von UV-Bestrahlung auf das Potential der untersuchten Metalle angegeben, die sich in verdünnten Elektrolyten befanden und auf ihren Oberflächen Oxidschichten besaßen. Die Werte der Tab. 16 zeigen, daß die Richtung der Potentialverschiebung des Metalls unter Einwirkung der UV-Bestrahlung vom Leitungstyp der Oxidschicht auf der Oberfläche abhängt. Für n-Halbleiter verschiebt sich das Potential nach der negativen und für p-Halbleiter umgekehrt nach der positiven Seite. Eine Erhöhung der Schichtdicke führt zu einer Verstärkung des beobachteten Effekts. Eine Ausnahme stellt die Cd/CdO-Elektrode dar. Nach Literaturangaben gehört Cadmiumoxid zu den n-Halbleitern, doch UV-Bestrahlung verschiebt sein Potential nicht nach der negativen, sondern nach der positiven Seite. Gleichzeitig führt eine Erhöhung der Schichtdicke zu einer Verringerung des positiven Wertes des Effekts anstatt zu einer Erhöhung. Das ist leicht erklärbar, wenn man berücksichtigt, daß sich mit zunehmender Schichtdicke immer stärker der Einfluß des CdO als n-Halbleiter auszuwirken beginnt, während in sehr dünnen Schichten Cadmiumoxid als p-Halbleiter oder Halbleiter gemischten Typs arbeitet.

Mit Hilfe der potentiostatischen Methode wurde der Einfluß der UV-Bestrahlung auf die katodischen und anodischen Polarisationsprozesse der in Tab. 16 aufgeführten Metalle untersucht. Die Aufnahme der potentiostatischen Kurven erfolgte auf folgende Weise. Die Probe des untersuchten Metalls wurde als rotierende Elektrode eingesetzt. Sie wurde bei einem vorgegebenen Potential bis zur Einstellung einer konstanten Stromdichte gehalten und dann bei dem gleichen Potential zwei Minuten lang mit UV-Strahlung belichtet. Das war gewöhnlich zur Einstellung eines neuen konstanten Stromdichtewerts ausreichend. 1—2 Minuten nach Unterbrechung der Belichtung stellte sich wieder der Stromdichtewert ein, der vor der Bestrahlung vorgelegen hatte. Erst danach wurde ein neues Potential aufgegeben und der Zyklus wiederholt.

Es wurde festgestellt, daß bei Metallen mit einer Oxidschicht des n-Typs auf der Oberfläche die UV-Bestrahlung den Verlauf des anodischen Prozesses fördert,

Tabelle 16

Einfluß von UV-Strahlung auf die Potentialänderung der Elektrode Metall/Oxidschicht in wäßrigen Elektrolytlösungen

Metall/ Oxid	Leitungstyp des Oxids (nach verschiedenen Literaturangaben)	Elektrolyt	Elektrode mit natürlicher Oxidschicht			Elektrodc mit verstärkter Oxidschicht			
			Stationäres Potential V		Potentialänderung $\Delta\varphi = \varphi_{Licht} - \varphi_{Dunkel}$	Polarisation bei Potential V	φ_{Dunkel}	φ_{Licht}	$\Delta\varphi = \varphi_{Licht} - \varphi_{Dunkel}$
			ohne Bestrahlung φ_{Dunkel}	mit Bestrahlung φ_{Licht}					
Zn/ZnO	*n*	0,1 n NaOH	−1,118	−1,118	0	+ 2,00	−0,468	−0,470	−0,002
							+0,142**)	−0,470	−0,612
Zr/ZrO_2	*n*	0,1 n NaOH	−0,350	−0,468	−0,118	+10,00	−0,188	−0,988	−0,800
Ta/Ta_2O_5	*n*	0,5 n Na_2SO_4	+0,097	−0,128	−0,225	+12,00	+0,137	−0,258	−0,395
Ti/TiO_2	*n*	0,1 n NaOH	−0,219	−0,493	−0,274	+ 3,00	+0,480	−0,623	−1,103
Ti/TiO_2	*n*	0,5 n Na_2SO_4	+0,104	−0,103	−0,207	+ 6,00	+0,452	−0,033	−0,485
Ni/NiO	*p*	0,1 n NaOH	+0,107	+0,318	+0,211	+ 0,80	+0,111	+0,350	+0,239
Cu/Cu_2O	*p*	0,1 n NaOH	−0,011	+0,002	+0,013	− 0,21	−0,008	+0,220	+0,288
Cd/CdO	*n*	0,1 n NaOH	−0,998	−0,146	+0,852	+ 2,00	−0,738	−0,708	+0,030

*) Eine Schichtverstärkung wurde durch Polarisation der Proben bei dem angegebenen Potential in der Lösung erreicht, in der die Messung ausgeführt wurde; die Polarisationsdauer wurde durch die Zeit bis zur Einstellung einer konstanten Stromdichte bestimmt.

**) Das angegebene Potential ist nicht stationär sondern unmittelbar nach Beendigung der anodischen Behandlung gemessen.

aber praktisch keinerlei Einfluß auf den katodischen Prozeß ausübt. Für Oxidschichten des p-Typs wird umgekehrt der katodische Prozeß gefördert. In Abb. 61 und 62 sind potentiostatische Kurven für Kupfer als ein Metall, das ein halblei-

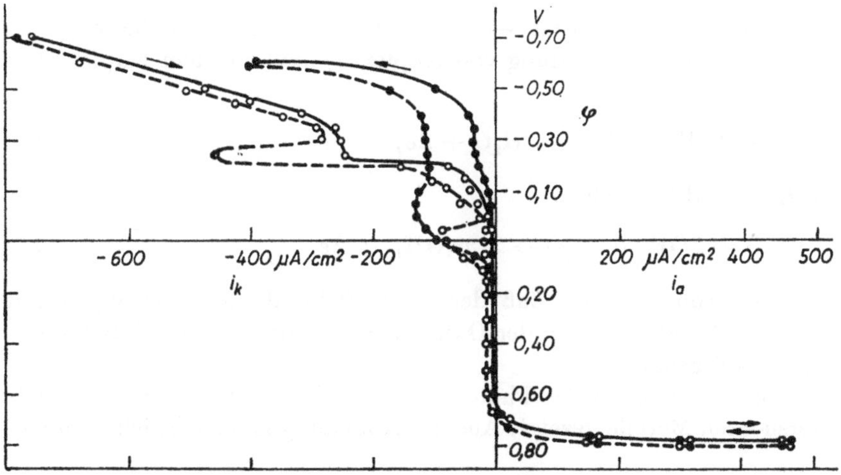

Abb. 61: Einfluß von UV-Belichtung auf den Charakter der potentiostatischen Polarisationskurven für Kupfer in 0,1 n NaOH bei 25 °C

— — — — mit UV-Belichtung; ——— ohne UV-Belichtung

Die Pfeile geben die Polarisationsrichtung an

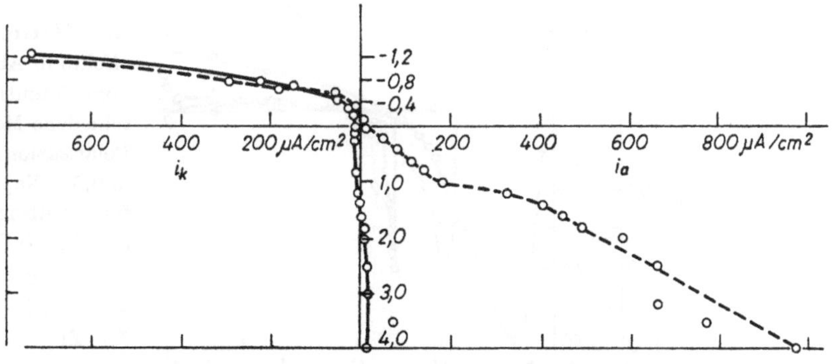

Abb. 62: Einfluß von UV-Belichtung auf den Charakter der potentiostatischen Polarisationskurven für Titan in 3%iger NaCl-Lösung bei 25 °C

— — mit UV-Belichtung; ——— ohne UV-Belichtung

tendes Oxid des p-Typs (Abb. 61) und Titan als Beispiel eines Metalls, das ein Oxid des n-Typs bildet, angegeben. Aus den dargestellten Abbildungen ist ersichtlich, daß bei Kupfer die UV-Bestrahlung den Ablauf der elektrochemischen Prozesse nur im katodischen Bereich katalysiert, während für Titan dieser Effekt nur bei anodischer Polarisation auftritt.

Die Polarisationskurve des Kupfers ist sehr interessant. Im Unterschied zu allen anderen untersuchten Metallen erscheinen am Kupfer zwei Stufen des Photoeffekts[1]):

Eine beginnt bei dem Potential —0,3 V und die andere — kleinere — bei —0,05 V. Das entspricht der Bildung von Kupfer-(I)-oxid auf dem Kupfer nach der Reaktion

$$Cu + 2OH^- \rightarrow Cu_2O + H_2O + 2e, \tag{4.6}$$

das dann in Hydroxid übergeht

$$Cu_2O + 2OH^- + H_2O \rightarrow 2Cu(OH)_2 + 2e. \tag{4.7}$$

Die Kurve der Abb. 61 zeigt, daß der Photoeffekt als Methode angewandt werden kann, die alle Änderungen der Oxidschicht auf dem Metall (Entstehung, Umbildung, Abbau) genau erfaßt.

In Abb. 63 sind die Größen des Photoeffekts[2]) und seine Erscheinungsgebiete für alle untersuchten Metalle gezeigt. Aus der Abbildung ist ersichtlich, daß eine

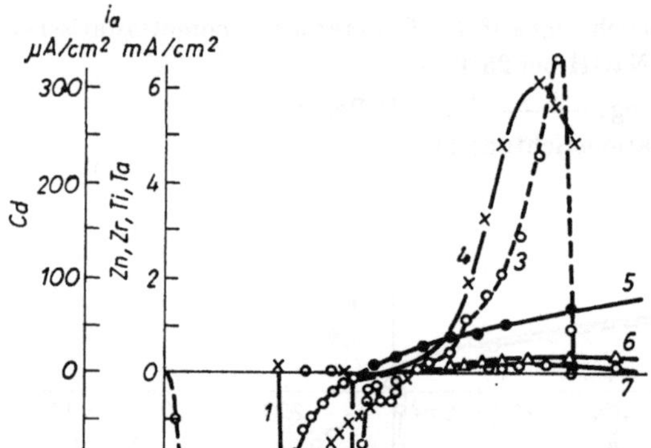

Abb. 63: Größe des Photoeffekts in Abhängigkeit vom Potential für verschiedene Metalle bei Polarisation: Für Tantal in 0,5 n Na_2SO_4; für die übrigen Metalle in 0,1 n NaOH

1 — Ni; *2* — Cu; *3* — Cd; *4* — Zn; *5* — Ti; *6* — Ta; *7* — Zr

[1]) Diese Stufen werden für die katodische Polarisation von Kupfer erhalten, dessen Oberfläche durch kontinuierliche Vorpolarisation von Oxid befreit worden ist.

[2]) Die Größe des Photoeffekts wird in μA/cm² als $i_{UV} = i_{UV} - i_{Dunkel}$ ausgedrückt, wobei i_{UV} und i_{Dunkel} die entsprechenden Stromdichtewerte bei Bestrahlung mit UV-Licht und ohne Bestrahlung sind.

Ausnahme von der oben dargelegten Regel wieder das Cadmium bildet, bei dem sowohl im katodischen wie auch im anodischen Bereich Effekte auftreten.

Auf diese Weise wurde die Richtigkeit der Ansicht belegt, daß dünne Oxidschichten auf Metallen in einer Reihe von Fällen ihre Halbleitereigenschaften behalten[1]).

Gleichzeitig konnten folgende Gesetzmäßigkeiten des Verhaltens dieser Schichten ermittelt werden:

1. In Abhängigkeit vom Leitfähigkeitstyp verhalten sich die Oxidschichten bei Bestrahlung mit UV-Licht in diametral entgegengesetzter Weise. Oxide mit n-Leitfähigkeit verlagern ihr stationäres Potential bei Belichtung nach der negativen Seite. Sie hemmen den anodischen Prozeß merklich und beeinflussen den katodischen Prozeß wenig, so daß der Photoeffekt bei Schichten dieses Typs nur im anodischen Bereich in Erscheinung tritt. Oxide mit Leitfähigkeit des p-Typs verlagern umgekehrt ihr stationäres Potential bei Belichtung in positiver Richtung, und ein Bereich des Photoeffekts wird bei ihnen nur bei katodischer Polarisation beobachtet, da diese Schichten offenbar hauptsächlich den katodischen Prozeß hemmen und den anodischen nur schwach beeinflussen.
2. Die Analyse der erhaltenen Ergebnisse führt zu der Schlußfolgerung, daß die beobachteten photoelektrochemischen Effekte nicht mit einer Änderung der elektrischen Leitfähigkeit der halbleitenden Oxidschichten zusammenhängen, sondern in der Hauptsache mit einer Geschwindigkeitsänderung der an der Phasengrenze Elektrolyt—Oxid ablaufenden elektrochemischen Reaktionen.

Diese Schlußfolgerung wurde auf der Grundlage der von uns erhaltenen Kurve des photoelektrochemischen Stroms bei der Tantalelektrode gezogen (Abb. 64). Es wurde festgestellt [103], daß die Schichtdicke x auf der Tantalelektrode in 0,5 n Na_2SO_4 proportional zur angelegten Spannung (V) wächst und folglich V/x = const. Wenn man dann von der Annahme ausgeht, daß Δi_{UV} (der Photostrom) durch die Leitfähigkeitserhöhung des Oxids bestimmt wird, so folgt aus der Gleichung

$$\Delta i_{UV} = e \, \Delta n \, V/x, \tag{4.8}$$

daß in unserem Fall Δi_{UV} = const, weil e (die Ladung des Elektrons) und V/x konstant sind und auch Δn — die Erhöhung der Trägerkonzentration im Halbleiter — bis zur Erreichung der Schichtdicke x_{gr} (der Schichtdicke, bei der die Lichtquanten vollständig absorbiert werden) eine konstante Größe ist. Tatsächlich ist, wie der Versuch zeigt, Δi_{UV} = const (siehe Kurve 2 in Abb. 64). In der Anfangsperiode wächst die Stromdichte mit zunehmender Schichtdicke. Das ist leicht zu erklären, wenn man annimmt, daß die sich bildenden Ladungsträger den Ablauf der elektrochemischen Reaktion erleichtern, indem sie aus dem Innern der bestrahlten Oxidschicht auf ihre Oberfläche gelangen. Diese Annahme stimmt mit den von Young [105] gemachten Angaben überein. Der Anstieg der Photostromdichte mit zunehmender Schichtdicke setzt sich bis zur Erreichung einer Schicht-

[1]) Gleichzeitig können diese Schichten auch ihren Leitfähigkeitstyp ändern, wie das Beispiel des CdO zeigt. Die Gesetzmäßigkeiten dieses Verhaltens sind noch nicht geklärt.

dicke x' fort. Bei weiterer Erhöhung der Schichtdicke wird kein Anstieg der Photostromdichte beobachtet. Es muß bemerkt werden, daß x' bedeutend kleiner als x_{gr} ist, dessen Größe nach einer orientierenden Berechnung für die von uns verwendeten Photoquanten annähernd 400 Å beträgt. Wenn man von den Werten in der Arbeit [103] ausgeht, nach denen einer Potentialerhöhung um 1 Volt eine Schichtdickenzunahme des Tantaloxids von 10 Å entspricht, so ist die Größe $x' \approx 80$ Å. Die Ursache für die Beendigung des Anstiegs der Photostromdichte vor Erreichung der Schichtdicke x_{gr} geben wir weiter unten an. Hier beschränken wir uns auf die Feststellung, daß die Tantalversuche unter dem Gesichtspunkt

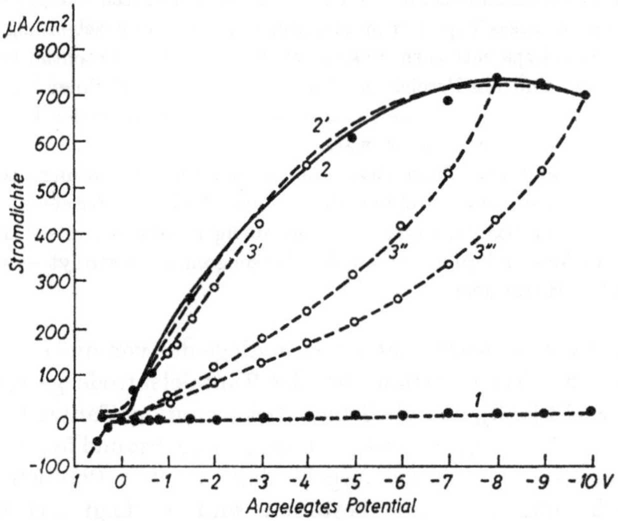

Abb. 64: Einfluß von UV-Bestrahlung auf die Polarisation der Ta/Ta_2O_5-Elektrode in 0,5 n Na_2SO_4

1 — Dunkelstrom; *2* — Photostrom; *2'* — berechnete Photostromkurve; *3', 3'', 3'''* — Photostrom auf dem Rückweg der Polarisationskurve

einer Leitfähigkeitserhöhung der Oxidschicht unter der Strahlungswirkung nicht erklärt werden können. Dagegen kann man sie leicht mit einer Herabsetzung der Überspannung der elektrochemischen Reaktion an der Grenze Oxid—Elektrolyt infolge einer Erhöhung der aus dem Innern der Oxidschicht zur Oberfläche gelangenden Ladungsträgermenge erklären. Diese Schlußfolgerung geht aus folgenden allgemeinen Überlegungen hervor.

Im Unterschied zu einer trockenen Halbleiterverbindung ist der Widerstand R eines Halbleiters in einem Elektrolyten die Summe zweier Widerstände:

$$R = r_0 + r_p, \tag{4.9}$$

wo r_0 — der OHMsche Widerstand der Halbleiterschicht und r_p — der Polarisationswiderstand ist, d. h., die Hemmung der elektrochemischen Reaktion an der Phasengrenze Halbleiter—Elektrolyt. Offensichtlich hängt die Größe r_0 nur von der Natur des Halbleiters und nicht vom Charakter der ablaufenden Reaktion[1]) (katodisch oder anodisch) ab, die nur die Richtung des Elektronenflusses bedingt. Es muß unterstrichen werden, daß beim Halbleiter wie auch beim Metall die Überführung der Elektrizität durch die Elektronen verwirklicht wird. Der Unterschied besteht nur darin daß sich das Elektron beim Metall bevorzugt im Leitfähigkeitsband befindet, während es sich beim Halbleiter entweder im Leitfähigkeitsband (n-Leitfähigkeit) oder im Valenzband (p-Leitfähigkeit) bewegt. Das heißt, in beiden Fällen bewegt sich das Elektron, obgleich dieses im Fall der p-Leitfähigkeit als Bewegung freier Löcher verstanden wird. Deshalb sind die weiterhin benutzten Ausdrücke völlig berechtigt: „Bewegung von Löchern" oder „Löcherleitung", obgleich, wie schon gesagt, der Elektrizitätsträger das Elektron ist. Für einen beliebigen Halbleiter, ob n- oder p-Typ, gilt $r_{0_k} = r_{0_a}$ und für die Änderung seines OHMschen Widerstands unter Bestrahlung $\Delta r_{0_a} = \Delta r_{0_k}$.

Aus unseren Versuchen folgt, daß für jeden Halbleiter $\Delta R_a \neq \Delta R_k$. Dann erhalten wir entsprechend Formel (4.9) $\Delta r_{p_a} \neq \Delta r_{p_k}$, d. h., der Unterschied der Strahlungswirkung auf Halbleiter des p- und n-Typs hängt mit unterschiedlicher Beeinflussung der katodischen und anodischen Reaktion zusammen. Wenn sich im Volumen des Halbleiters der Charakter der Leitfähigkeit nur in dem Charakter des Wegs äußert, auf dem sich das Elektron mit gleicher Leichtigkeit sowohl in die eine wie auch in die andere Richtung bewegt, so tritt das Elektron im Falle der katodischen Reaktion von der festen Phase auf eine Komponente der Lösung über und bei dem anodischen Prozeß wird das Elektron von einem Teil des Elektrolyten an einen Teil der festen Phase abgegeben. In beiden Fällen verläuft der Elektronendurchtritt über die Grenze zweier Phasen, wofür eine ausreichende Energie aufgewendet werden muß. Die Phasengrenze wirkt wie eine Energiebarriere, die das Elektron überwinden muß. Das Vorhandensein von freien Löchern (von Energieniveaus) auf der Oxidoberfläche (des p-Halbleiters) muß offensichtlich den Übergang des Elektrons von einem Teil des Elektrolyten zum Halbleiter erleichtern, d. h., den anodischen Prozeß katalysieren und den katodischen hemmen. An n-Halbleitern muß umgekehrt die anodische Reaktion gehemmt und die katodische katalysiert werden, da das Vorhandensein freier Elektronen den Durchtritt (es wird weniger Energie für die Realisierung dieses Aktes benötigt) des Elektrons vom Halbleiter zu einer Elektrolytkomponente erleichtert und den umgekehrten Prozeß[2]) behindert. Die Versuche bekräftigen diese Annahme. Weiter oben wurde als Beispiel p- und n-Germanium angeführt (siehe Abb. 60), und auch aus Abb. 61 und 62 ist ersichtlich, daß an Kupfer (das eine p-Schicht besitzt) der kato-

[1]) Hier wird nicht der anodische Prozeß der Metallauflösung betrachtet, da dieser Prozeß zum Oberflächenabbau der Halbleiterschicht führt.

[2]) Der Elektronenaustausch verläuft offensichtlich zwischen dem Halbleiter und Teilen einzelner Elektrolytkomponenten, die an der Oberfläche des Halbleiters adsorbiert sind.

dische Prozeß stärker gehemmt wird, während an Titan (n-Schicht) umgekehrt der anodische einer stärkeren Hemmung unterliegt.

Geht man von dem oben Dargelegten aus, so stellt sich der Mechanismus der Förderung von Elektrodenprozessen unter der Wirkung ultravioletter Strahlung folgendermaßen dar.

Bei Absorption der Strahlungsenergie durch den Halbleiter werden ausreichend Elektronen-Löcher-Paare gebildet. Dabei erscheinen auf der Oberfläche des Halbleiters ausreichend Ladungsträger beider Arten, und die Oberfläche verliert bis zu einem gewissen Grad ihre Halbleitereigenschaft. Im Ergebnis dessen wird an ihr der Ablauf jener Elektrodenprozesse stärker erleichtert, die bis dahin stärker gehemmt waren, d. h., die katodischen bei p-Halbleitern und die anodischen bei n-Halbleitern, was auch in der Praxis festgestellt wurde. Das folgt auch bei Betrachtung folgender einfacher Beziehungen:

Wenn man mit n_0 und p_0 die Menge freier Elektronen und freier Löcher bezeichnet, die im Halbleiter bis zur Bestrahlung vorhanden waren, und mit n_1 und p_1 die im Moment der Bestrahlung auftretenden Mengen, so finden wir, da $n_1 = p_1$, für den p-Halbleiter $\frac{n_1}{n_0} \gg \frac{p_1}{p_0}$ und für den n-Halbleiter $\frac{p_1}{p_0} \gg \frac{n_1}{n_0}$. Das heißt, am stärksten wird die Konzentration der Ladungsträger geändert, deren Unterschuß den entsprechenden Elektrodenprozeß hemmte. Zum Beispiel führt, wie oben ausgeführt, der Mangel an freien Elektronen auf der Oberfläche des p-Halbleiters zur Hemmung der katodischen Reaktion. Die unter der Wirkung der Strahlung gebildeten freien Elektronen katalysieren die katodischen Reaktionen um so stärker, je größer n_1 gegenüber n_0 wird.

Wie der Versuch mit Tantal zeigt, nehmen an der elektrochemischen Reaktion nicht nur die auf der Oberfläche gebildeten Ladungsträger sondern auch die aus dem Innern der bestrahlten Schicht herausgelangenden teil. Dabei muß die Wirkung der im p-Halbleiter vorhandenen Elektronenakzeptoren berücksichtigt werden. Es ist offensichtlich, daß sich für die auf der Oxidoberfläche gebildeten Elektronen der Einfluß der Akzeptoren des Halbleiters praktisch nicht auswirkt, weil als Akzeptoren die adsorbierten Lösungsteilchen auftreten, deren Wirkung durch den Einfluß des elektrischen Feldes verstärkt wird. Je länger der Weg der Elektronen aus dem Innern der Schicht zu ihrer Oberfläche ist, desto größer ist der durch innere Akzeptoren eingefangene Anteil an Elektronen, desto kleiner ist der Anteil der zur Oberfläche gelangenden Elektronen. Die Schichtdicke, bei der keines der durch Strahlung erzeugten Elektronen die Oberfläche erreicht, wird mit x_{Diff} bezeichnet. Das ist die Diffusionsweglänge für Minoritätsträger in dem gegebenen Halbleiter, die wesentlich kleiner als die zur vollständigen Energieabsorption der Strahlung erforderliche Schichtdicke (x_{gr}) ist.

Unter der bekannten Annahme kann man davon ausgehen, daß innerhalb der Grenzen von x_{Diff} die Energieabsorption in der Schicht und folglich auch die Menge an gebildeten Ladungsträgern gleichmäßig über diese Schicht verteilt ist. Wir nehmen weiterhin an, daß die Menge an Minoritätsträgern, die von Akzeptoren verschiedener Art auf dem Weg vom Innern der Schicht nach der Oberfläche eingefangen wird, der Länge dieses Wegs[1]) proportional ist. Wenn man dann von dem oben dargelegten Mechanismus ausgeht, so ist die Menge an Minoritätsträgern (dn), die die Oberfläche der Schicht aus der im Abstand x von der Oberfläche befindlichen, unendlich dünnen Schicht dx erreicht, gleich

$$dn = a \cdot dx - bx \cdot dx, \tag{4.10}$$

wo a und b Proportionalitätskoeffizienten sind. Durch Integration erhalten wir die Menge an Minoritätsträgern n, die aus der Schicht der Dicke x auf die Oberfläche der Schicht tritt:

$$n = ax - \frac{bx^2}{2} \quad \text{bei} \quad x \leq \frac{a}{b}. \tag{4.11}$$

Es wurde geprüft, wie genau die abgeleitete Formel die experimentell erhaltene Kurve (siehe Abb. 64) der Abhängigkeit der Photostromdichte von der Schichtdicke (vereinbarungsgemäß ausgedrückt in Volt: 1 V entspricht 10 Å) beschreibt. Dazu wurde diese Kurve durch eine Funktion zweiten Grades ($y \approx a_0 + a_1 x + a_2 x^2$) angenähert, und mit Hilfe der Methode der kleinsten Quadrate wurden aus den experimentellen Punkten die Koeffizienten gefunden:

$$a_0 = 13; \quad a_1 = a = 181{,}4; \quad a_2 = -\frac{b}{2} = -11{,}9.$$

Die mit den erhaltenen Werten berechnete Kurve (siehe Abb. 64, 2′) stimmte mit großer Genauigkeit mit der experimentellen überein. Interessanterweise erhalten wir für $x = 0$ $y = a_0 = 13$, d. h. einen Wert, der dem in diesem Punkt experimentell gefundenen Wert der Photostromdichte entspricht. Physikalisch gesehen ist das offensichtlich die Photostromdichte, die durch das Vorhandensein der natürlichen Oxidschicht auf der Tantaloberfläche bestimmt wird. Folglich muß die vollständige Gleichung für n folgende Form haben:

$$n = a_0 + ax - \frac{bx^2}{2}. \tag{4.12}$$

Der erhaltene Ausdruck gestattet, die Größe x_{Diff} genau zu bestimmen, die aus der Gleichung[2])

$$a - bx_{\text{Diff}} = 0 \tag{4.13}$$

gefunden werden kann. Durch Einsetzen der numerischen Werte erhalten wir $x_{\text{Diff}} = 7{,}65\ \text{V} \cdot 10\ \text{Å/V} = 76{,}5\ \text{Å}$. In allgemeiner Form gilt:

$$x_{\text{Diff}} = k \cdot E, \tag{4.13a}$$

[1]) Das ist mit einigen Einschränkungen richtig, weil die Menge an Akzeptoren bezüglich der Minoritätsträger, die aus dem Innern der Schicht herausdringen, mit zunehmender Annäherung an die Oberfläche abnimmt, da ein Teil der Akzeptoren durch Minoritätsträger beansprucht wird, die aus näheren Schichten zur Oberfläche gerichtet sind.

[2]) Die Gleichung wird aus der Bedingung $a - bx \geqq 0$ erhalten.

d. h., die Diffusionsweglänge wächst mit steigender Strahlungsenergie, da mit ihr nicht nur die Menge, sondern auch die Energie der gebildeten Elektronen wächst. Die Diffusionsweglänge kann aus experimentellen Daten bestimmt werden: Sie ist für eine gegebene Energie gleich der maximalen Schichtdicke, bis zu der ein Anstieg der Photostromdichte[1]) eintritt. So ist bei Tantal, wie aus Abb. 64 und der oben ausgeführten Rechnung folgt, x_{Diff} für Löcher gleich 70—80 Å.

Beeinflußt nun der Widerstand des Oxids [r_0 in der Formel (4.9)] die Kinetik des Elektrodenprozesses? Letzten Endes so, wie der OHMsche Widerstand der Lösung die Korrosionsstromdichte beeinflußt (siehe [37]). Jedoch wurde von den Korrosionsforschern nachgewiesen, daß in der Mehrzahl der Fälle, sogar in Medien mit sehr geringer elektrischer Leitfähigkeit, der die Korrosionsstromdichte in erster Linie bestimmende Faktor der Polarisationswiderstand ist. Für halbleitende Oxidschichten ist ebenfalls der die Hemmung einer Elektrodenreaktion bestimmende Faktor der Polarisationswiderstand, der durch die ungenügende Menge an Ladungsträgern des Typs bestimmt wird, der für die Realisierung des Elektronendurchtritts durch die Phasengrenze in der von der Art der ablaufenden Reaktion abhängenden Richtung nötig ist.

Das sind unsere Vorstellungen vom Mechanismus des Photoeffekts an halbleitenden Oxidschichten in Elektrolytlösungen. Im Zusammenhang mit dem oben Dargelegten sollte der genannte Effekt richtiger als photoelektrochemischer Effekt bezeichnet werden. Die Größe dieses Effekts ist offensichtlich der Bestrahlungsintensität proportional, da beim Fehlen sekundärer Erscheinungen die Menge gebildeter Ladungsträger dem absorbierten Energiebetrag proportional ist.

Im Prinzip kann radioaktive Strahlung der ultravioletten analoge photoelektrochemische Erscheinungen hervorrufen. Jedoch muß darauf hingewiesen werden, daß für die dünnen natürlichen Schichten die Größe des Effekts, den wir als Strahlungsphotoeffekt[2]) bezeichnen, noch kleiner als bei Bestrahlung mit UV-Licht sein kann. Das liegt daran, daß die Größe der photoelektrochemischen Effekte für alle Strahlungsarten durch den Betrag der durch den Halbleiter absorbierten Energie bestimmt wird. Je höher nun die Energie der Bestrahlungsteilchen ist, desto geringer ist der in der extrem dünnen Schicht natürlichen Oxids auf der Metalloberfläche absorbierte Anteil. Nimmt man als Beispiel auf Zirkon eine Oxidschicht mit der Dicke 100 Å mit einem spezifischen Gewicht des Oxids von 5,56 [29] an, so werden in dieser Schicht bei Bestrahlung mit 0,8 MeV Elektronen $\sim 33 \cdot 10^{-4}\%$ der Gesamtenergie absorbiert, wie man aus der Graphik in Abb. 17 entnehmen kann. Dagegen werden in dieser Schicht $\sim 25\%$ der Energie einer UV-Strahlung mit den von uns angewandten Parametern absorbiert. Das zeigt, daß zur Erzielung gleicher photoelektrochemischer Effekte im Falle sehr dünner Schichten (einige Hundert Ångström) die Intensität einer Elektronenbestrahlung die Intensität der UV-Strahlung um einige Größenordnungen übertreffen muß. Mit Erhöhung der Schichtdicke wächst der Anteil der in dieser Schicht absor-

[1]) Entspricht x' (siehe Seite 104).

[2]) Photoelektrochemischer Effekt, hervorgerufen durch radioaktive Strahlung.

bierten radioaktiven Strahlung und folglich wächst auch die Größe des Strahlungsphotoeffekts. Bei Erhöhung der Schichtdicke über x_{Diff} für UV-Licht hinaus wird die Beziehung für den Wert der in der Schicht absorbierten Energie zugunsten der radioaktiven Strahlung geändert, so daß x_{Diff} für letztere in Übereinstimmung mit Gleichung (4.13a) bedeutend größer wird.

Bevor wir zur Analyse der experimentellen Werte zur Feststellung der Bedeutung des Strahlungsphotoeffekts im Rahmen des Gesamteffekts der Strahlungswirkung auf das elektrochemische Verhalten der Metalle übergehen, muß der Einfluß der Radiolyseprodukte wäßriger Medien betrachtet werden.

4.3. Der radiolytische Strahlungseffekt (E_R)

In der Einleitung wurde die prinzipielle Möglichkeit der Einwirkung der Radiolyseprodukte des wäßrigen Mediums auf die Korrosionsprozesse aufgezeigt. Insbesondere wurde darauf hingewiesen, daß das Anwachsen der Korrosionsstromdichte durch das Auftreten von Wasserstoffperoxid in der Lösung verursacht werden kann, das als energischer katodischer Depolarisator den Ablauf des katodischen Prozesses katalysiert und die Korrosion in den Fällen verstärkt, in denen die katodische Polarisation die Korrosionsgeschwindigkeit bestimmt. Folgende Versuche bekräftigen diesen Standpunkt.

Das Element Zr/3% NaCl/Al wurde einer Elektronenbestrahlung unterworfen ($I = 5{,}8 \cdot 10^{19}$ eV/cm³ sec). Zu diesem Element wurden bei Abwesenheit von Strahlung verschiedene Mengen Peroxid zugesetzt. Aus Abb. 65, in der die Ergeb-

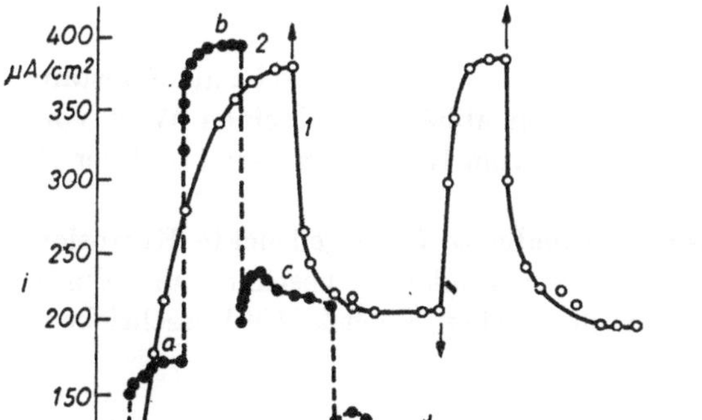

Abb. 65: Änderung der Stromdichte des Korrosionselements Zr/3% NaCl/Al bei 25 °C in Abhängigkeit von der Bestrahlungszeit der Zirkonelektrode (*1*) und von verschiedenen H_2O_2-Zusätzen (*2*)

a, *c* — 0,001 n H_2O_2; *b* — 0,006 n; *d* — ohne H_2O_2;
↓ — Bestrahlung eingeschaltet; ↑ — Bestrahlung abgeschaltet

nisse dieser Versuche dargestellt sind, geht klar hervor, daß schon durch Zusatz sehr kleiner Peroxidmengen vollkommen gleiche Effekte wie bei der Elektronenbestrahlung erhalten werden können. Sogar die Form des Anstiegs der Stromdichtekurve mit der Zeit bei Zusatz von Peroxid entspricht fast vollkommen der Form einer analogen Kurve bei sekundärer Strahlungswirkung. Der steile Anstieg der Kurve in der Anfangsperiode der Strahlungseinwirkung erklärt sich offenbar aus dem Anreicherungsprozeß des Peroxids im Elektrolytvolumen. Zur Aufklärung des Geschehens betrachten wir mögliche Wirkungsmechanismen der Radiolyseprodukte auf den katodischen Prozeß — den Hauptfaktor, der in der Mehrzahl der Fälle die Korrosionsgeschwindigkeit bestimmt.

Eine allgemeine katodische Polarisationskurve ist in Abb. 66 angegeben. Sie besteht aus drei Hauptabschnitten. Der erste davon $-\varphi_k^0 AB$ — ist der Bereich der Sauerstoffreduktion (z. B.: $O_2 + 2H_2O + 4e \rightarrow 4OH^-$). Seine Lage wird durch den Überspannungswert der Sauerstoffionisation ϑ bestimmt. Wie auch im Falle

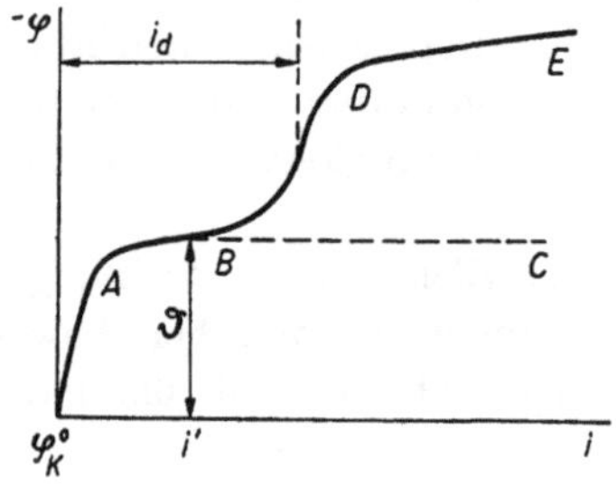

Abb. 66: Allgemeine Kurve des Prozesses der Sauerstoffdepolarisation [32]
φ_k^0 *ABC* — Überspannungskurve der Sauerstoffionisation; φ_k^0 — Gleichgewichtspotential der Sauerstoffelektrode; i_d — Grenzstromdichte des Diffusionsstroms; ϑ — Überspannung der Sauerstoffionisation für die Stromdichte i'

der Wasserstoffabscheidung gilt $\vartheta = a + \mathrm{b} \log i$, wo b eine Konstante ist, die vom Mechanismus der Katodenreaktion abhängt und einen Wert von $\sim 0{,}116$ (bei 25 °C) hat; die Konstante a hängt vom Katodenmaterial und der Natur des Oxydationsmittels ab.

Die durch die katodische Stromdichte i_k ausgedrückte Korrosionsgeschwindigkeit wird durch kinetische Gesetzmäßigkeiten bestimmt und durch folgende bekannte Gleichung der elektrochemischen Kinetik [106] beschrieben:

$$i_k = K \cdot C_k \cdot e^{-\frac{\alpha F \varphi}{RT}}. \tag{4.14}$$

Hier ist K eine Proportionalitätskonstante; C_k die Konzentration des katodischen Depolarisators; α der Proportionalitätskoeffizient für den Ersatz der Aktivierungsenergie durch das Elektrodenpotential φ.

Durch Logarithmieren von Gleichung (4.14) und entsprechende Umformung finden wir einen Ausdruck für das Elektrodenpotential:

$$\varphi = K' + \frac{RT}{\alpha F} \ln C_k - \frac{RT}{\alpha F} \ln i_k. \tag{4.15}$$

Der zweite Abschnitt der katodischen Polarisationskurve ist BD. Das ist auch ein Bereich der Sauerstoffreduktion, doch wird in diesem Bereich die Reaktionsgeschwindigkeit durch die Diffusionsgeschwindigkeit des Oxydationsmittels begrenzt. Der Diffusionsgrenzstrom ist gleich

$$i_{\text{Diff}} = \frac{D \cdot nFC_k}{\delta}, \tag{4.16}$$

wo D — der Diffusionskoeffizient des katodischen Depolarisators; n — die in der katodischen Reaktion umgesetzte Elektronenmenge; C_k — die Konzentration des katodischen Depolarisators in der Lösung (auf der Elektrodenoberfläche wird $C_k = 0$ angenommen) und δ die Dicke der Diffusionsschicht ist, die gewöhnlich bei ungerührtem Elektrolyten einen Wert von 0,05—0,07 cm [34] hat.

Der dritte Abschnitt ist schließlich DE, bei dem die Abscheidung von molekularem Wasserstoff verläuft. Dieser Bereich besitzt im Rahmen der Korrosionserscheinungen keine Bedeutung, weil in diesem Gebiet nach den ausgeführten Versuchen kein Strahlungseffekt auftritt (siehe Abb. 42—44).

Von den Radiolyseprodukten des Wassers können an der Katode die Radikale OH, HO_2 und die H_2O_2-Moleküle umgesetzt werden. Die Radikale OH und HO_2 sind kurzlebige Produkte. Peroxid ist jedoch ein ziemlich stabiles Produkt und muß deshalb als katodischer Depolarisator den weitaus größten Einfluß ausüben. Wir werden an seinem Beispiel den Wirkungsmechanismus der Radiolyseprodukte betrachten.

Zunächst wollen wir uns einiger Gesetzmäßigkeiten der radiolytischen Peroxidbildung erinnern.

Peroxid wird in Wasser in praktisch merklichen Mengen nur bei Anwesenheit von Beimengungen gebildet, die den Ablauf der umgekehrten Reaktion, der Radikalrekombination, stören können (siehe „Einleitung"). Besonders stark stimuliert der im Wasser gelöste Sauerstoff die Peroxidbildung. Veselovskij und Mitarbeiter weisen beispielsweise darauf hin, daß sie in 0,3 n NaOH-Lösung bei Abwesenheit von Sauerstoff (Belüftung mit Stickstoff) kein Peroxid nachweisen konnten [72]. Nach den Angaben von Dolin [107] wird in stickstoffgesättigter KOH-Lösung nur bei Alkalikonzentrationen bis 10^{-4} n kein Peroxid gebildet, während bei höheren Konzentrationen Peroxidbildung stattfindet, allerdings in kleineren Mengen als in sauerstoffgesättigten Lösungen. In stickstoffgesättigten Schwefelsäurelösungen mit Konzentrationen bis 10^{-3} n ist kein Peroxid anwesend.

Die Anreicherung von Peroxid in Wasser unter Bestrahlung strebt mit der Zeit einer stationären Konzentration C_{st} zu (siehe Abb. 67). Der Wert C_{st} hängt mit der Dosisleistung I zusammen, und in bestimmten Grenzen ist er proportional $\sqrt{I}$ [108].

Als positiver Effekt der Strahlungswirkung werden wir eine Katalysierung des Elektrodenprozesses bezeichnen. An der Katode wird dann folglich entweder eine Verschiebung des Elektrodenpotentials nach der positiven Seite bei $i_k = \text{const}$ oder eine Erhöhung der Katodenstromdichte bei $\varphi = \text{const}$ entstehen (der sogenannte Stromeffekt). Bestrahlungseffekte, die mit der Wirkung eines solchen Radiolyseproduktes, wie dem Wasserstoffperoxid, auf den Katodenprozeß zusammenhängen, werden nicht nur durch die Änderung der Konzentration des Depolarisators, sondern auch durch Änderung seiner Natur verursacht. TOMAŠOV zeigte [30], daß Wasserstoffperoxid an Kupfer ein positiveres Ionisationspotential als Sauerstoff hat. Das gilt auch für die Mehrzahl der anderen Metalle. Da $\vartheta_{H_2O_2} < \vartheta_{O_2}$, muß der Ionisationsbereich AB für H_2O_2 niedriger verlaufen als für O_2, was in diesem Teil der katodischen Kurve merkliche positive Strahlungseffekte bewirkt (siehe Abb. 42—44).

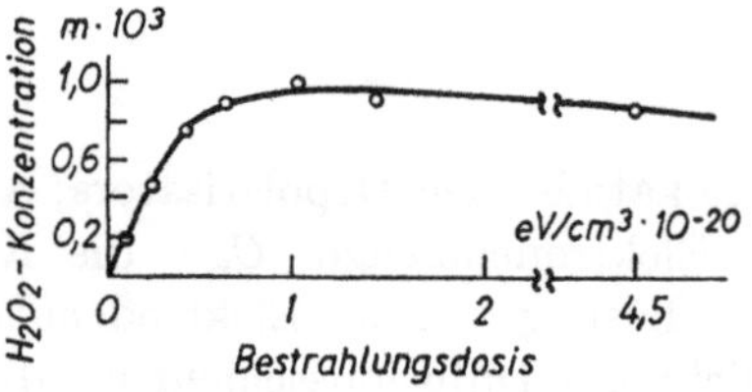

Abb. 67: Anreicherung von Wasserstoffperoxid bei Bestrahlung von sauerstoffgesättigtem Wasser

Aus dem Dargelegten folgt weiterhin, daß auf dem Abschnitt BD der katodischen Kurve, wo die Größe i_d nicht durch die Art des Depolarisators, sondern durch seine Konzentration und seinen Diffusionskoeffizienten begrenzt wird (siehe Gleichung 4.16), das Fehlen eines Strahlungseffekts erwartet werden kann, da die Diffusionskoeffizienten von H_2O_2 und O_2 sehr ähnlich sind. Die Kurven in Abb. 43 und 44 zeigen, daß tatsächlich in den Bereichen der Diffusionsbegrenzung die Größe des Effekts herabgesetzt wird, doch ist der Effekt noch vorhanden. Das kann als Auswirkung der kurzlebigen Radiolyseprodukte und mit ausreichender Nachlieferung von Sauerstoff aus der Atmosphäre bei Verbrauch des anfangs gelösten infolge radiolytischer Peroxidbildung erklärt werden, wie auch mit einer Erhöhung der H_2O_2-Ausbeuten infolge des Vorhandenseins verschiedener Beimengungen in Wasser.

Verschiedene Gesetzmäßigkeiten der Wirkung des gebildeten Peroxids als katodischer Depolarisator erklären sich aus der eigentümlichen Verteilungscharakteristik im Lösungsvolumen bei Einwirkung von Strahlung einer äußeren Quelle. In Abb. 68 ist ein Zustandsschema der Lösung bei äußerer Bestrahlung angegeben, die in der Mehrzahl der Arbeiten mit schnellen Elektronen erfolgt. Sie bildet am besten die Wirkung einer realen radioaktiven Lösung nach. Wie aus den von uns erhaltenen Verteilungskurven der absorbierten Energie (siehe Abb. 17) folgt, beträgt die Schichtdicke für Totalabsorption für ein Elektronenbündel mit der Energie 0,8 MeV 0,3 g/cm². Bei den meisten Versuchen beträgt das Flächengewicht der Proben nicht mehr als 0,1—0,15 g/cm². Dann schließt die in Abb. 68 als Schicht 0—2 bezeichnete Totalabsorptionsschicht für den Fall der ungerührten Lösung die Diffusionsschicht 0—1 als Teil ein, wobei sie diesen einige Male in der Dicke übertrifft. Namentlich in dieser Schicht 0—2 wird Peroxid im Ergebnis der Radiolyseprozesse gebildet.

Somit unterscheidet sich das Bild der Verteilung und Bewegung des Depolarisators bei Bestrahlung stark von dem gewöhnlichen. Unter gewöhnlichen Bedingungen gibt es bei Sauerstoffdepolarisation im Elektrolyten nur zwei Schichten: 0—1 — die Diffusionsschicht, in der sich die Sauerstoffkonzentration im Ergebnis ihres Verbrauchs als katodischer Depolarisator ändert, und 1—3 — wo infolge der

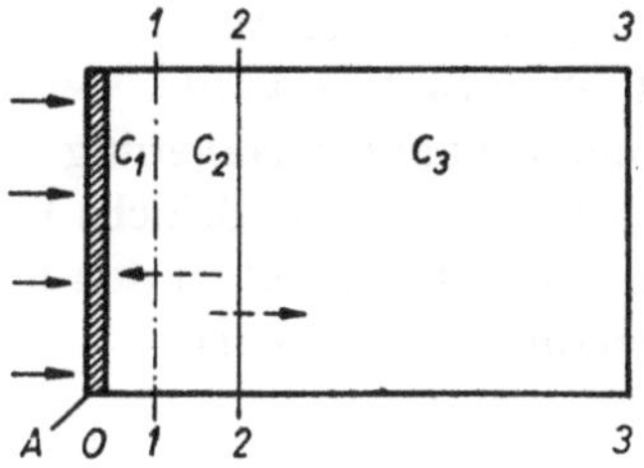

Abb. 68: Zustandsschema der bestrahlten Lösung
0—1 — Diffusionsschicht; *0—2* — Schicht für Totalabsorption der Strahlungsenergie; *2—3*— Lösungsschicht, in die keine Strahlung gelangt. C_1, C_2, C_3 — Peroxidkonzentration in den entsprechenden Lösungsschichten
→ Strahlungsrichtung; – – → Diffusionsrichtung des katodischen Depolarisators
A — aus dem bestrahlten Metall gefertigte Membran (Elektrode)

konvektiven Überführung die Sauerstoffkonzentration als einheitlich über die gesamte Schichtdicke angesehen werden kann. Der Depolarisatorlieferant (die Atmosphäre) befindet sich außerhalb der Lösung. In diesem Fall verläuft der Sauerstofftransport nur in einer Richtung: Aus der Schicht 3—1 in die Schicht 1 bis 0, wie das durch die entsprechenden Pfeile in Abb. 68 angedeutet ist. Im Fall der Radiolyse entsteht der katodische Depolarisator (Wasserstoffperoxid) in der Schicht 0—2, von wo aus er in die Schicht 2—3 eintritt. Dabei ist die Schicht 0—2 uneinheitlich: sie schließt die Diffusionsschicht 0—1 ein, in der der Transport von Wasserstoffperoxid nur auf dem Wege der Diffusion erfolgt.

Durch Konvektion und Diffusion tritt Wasserstoffperoxid ständig aus der Schicht 1—2 in die Schicht 2—3 ein, solange sich in der gesamten Schicht 1—3 keine stationäre H_2O_2-Konzentration eingestellt hat. Kompliziert ist die Bewegung des Peroxids an der Grenze 1—1 zwischen den Schichten 0—1 und 1—2.

Exakte Diffusionsberechnungen sind für Bestrahlungsbedingungen sehr schwierig auszuführen. Sie werden vor allem durch die kontinuierliche Erzeugung der Radiolyseprodukte erschwert. Die Anwendung bekannter Methoden ist unmöglich, weshalb wir uns auf ganz allgemeine Betrachtungen beschränken, die helfen können, ein qualitatives Bild der ablaufenden Prozesse zu entwerfen.

Bis zum Moment der Erreichung einer stationären H_2O_2-Konzentration werden Richtung und Menge des über die Grenze 1—1 diffundierenden Peroxids offensichtlich durch das Verhältnis der Konzentrationen in den Schichten 0—1 und 1—2 bestimmt, die notwendigerweise nicht gleich sind, da in der Schicht 0—1 ein Teil des Wasserstoffperoxids in der Elektrodenreaktion verbraucht wird und aus der Schicht 1—2 Peroxid in die Schicht 2—3 abwandert. Indem wir die Bewegungsrichtung des Wasserstoffperoxids aus der Schicht 1—2 in die Schicht

1—0 als positiv ansetzen, können wir für die durch die Grenze 1—1 (pro Oberflächeneinheit) hindurchtretende Peroxidmenge (P) schreiben:

$$P = K(C_{2\text{eff}} - C_{1\text{eff}}). \tag{4.17}$$

Hier bedeuten $C_{2\text{eff}}$ und $C_{1\text{eff}}$ definierte effektive Peroxidkonzentrationen, die sich entsprechend in den Schichten 1—2 und 0→1 beim Ablauf der oben genannten Peroxid verbrauchenden Prozesse einstellen, und K den Koeffizient der H_2O_2-Überführung.

Mit $C_{\text{Bestr.}}$ bezeichnen wir die Wasserstoffperoxidkonzentration, die sich unter Bestrahlung in den Schichten 0—1 und 1—2 einstellen würde, wenn keine H_2O_2 verbrauchenden Prozesse abliefen. Mit einer bekannten Näherung kann man berechnen, daß $C_{\text{Bestr.}}$ in der Schicht 0—1 gleich $C_{\text{Bestr.}}$ in der Schicht 1—2 ist. Dann kann man die effektiven Konzentrationen als proportional zu den nachfolgenden Ausdrücken ansetzen (K ist der Proportionalitätskoeffizient):

$$C_{1\text{eff}} = k\left(C_{\text{Bestr.}} - \frac{\varepsilon i_k}{\delta}\right) \tag{4.18}$$

$$C_{2\text{eff}} = k\left(C_{\text{Bestr.}} - \frac{m}{\delta_1}\right). \tag{4.18a}$$

Hier ist i_k — die Elektrizitätsmenge; ε — das elektrochemische Äquivalent des Peroxids; δ — die Dicke der Diffusionsschicht 0—1; m — die aus Schicht 1—2 in Schicht 2—3 übergehende Peroxidmenge; δ_1 — die Dicke der Schicht 1—2.

Durch Einsetzen in Gleichung (4.17) erhalten wir

$$P = K_1\left(\frac{\varepsilon i_k}{\delta} - \frac{m}{\delta_1}\right). \tag{4.19}$$

Aus Gleichung (4.19) folgt, daß P negative Werte annimmt, wenn $\frac{m}{\delta_1} > \frac{\varepsilon i_k}{\delta}$, das bedeutet, daß gebildetes Peroxid aus der Schicht 0—1 in die Schicht 1—2 diffundieren würde.

Im Endergebnis ist die sich in der Schicht 0—1 einstellende mittlere H_2O_2-Konzentration gleich

$$C_1 = C_{\text{Bestr.}} - \frac{\varepsilon i_k}{\delta} + \frac{P}{\delta}. \tag{4.20}$$

Es muß bemerkt werden, daß in dieser Gleichung die Glieder $C_{\text{Bestr.}}$ und $\frac{P}{\delta}$ bis zur Erreichung eines stationären Zustands des Systems Veränderliche sind. Dabei wird der stationäre Zustand durch die Einstellung einer stationären Peroxidkonzentration $C_{st} = \text{const}$ für eine gegebene Dosisleistung der Strahlung und einen gegebenen Zustand der Lösung bestimmt.

Nach Einstellung der stationären Wasserstoffperoxidkonzentration muß im gesamten Lösungsvolumen Gleichgewicht herrschen:

$$C_1 = C_2 = C_3 = C_{st}, \tag{4.21}$$

wobei $m = 0$[1]) ist. Dabei müßte das Erscheinen neuer Peroxidmengen infolge Radiolyse aufhören ($\Delta H_2O_2 = 0$), doch da an der Katode ein kontinuierlicher Peroxidverbrauch abläuft, hat ΔH_2O_2 in der Schicht 0—1 einen endlichen Wert, der im Einklang mit Gleichung (4.20) offensichtlich gleich

$$\Delta H_2O_2 = \varepsilon i_k - P, \tag{4.22}$$

oder

$$\varepsilon i_k = \Delta H_2O_2 + P. \tag{4.22a}$$

Es ist hinzuzufügen, daß unter stationären Bedingungen P nach der Gleichung

$$P = \frac{(C_{st} - C_x) K'}{\delta} \tag{4.23}$$

berechnet werden kann, wobei C_x die H_2O_2-Konzentration an der Katodenoberfläche und K' der Diffusionskoeffizient ist.

Gleichung (4.22a) weist darauf hin, daß die für den Katoden-Prozeß benötigte Peroxidmenge teilweise durch Radiolyse des Elektrolyten in der Schicht 0—1 (Glied ΔH_2O_2), teilweise durch Diffusion aus Schicht 1—2 (Glied P) geliefert wird.

C_k in den Gleichungen (4.14) und (4.15) entspricht C_1, und folglich ändert es sich nach dem gleichen Gesetz wie $C_{\text{Bestr.}}$ (siehe 4.20), aber etwas entstellt durch den Einfluß von P. Eine solche Erhöhung von C_k bewirkt in Übereinstimmung mit Gleichung (4.15), daß durch die Radiolyseprodukte im Unterschied zu dem Strahlungsphotoeffekt das Elektrodenpotential bei $i_k = \text{const}$ nicht durch einen Sprung, sondern entsprechend der Änderung von C_1 allmählich einen stationären Wert erreicht. Analog ändert sich i_k bei $\varphi = \text{const}$. Aus den angeführten Gleichungen geht weiterhin hervor, daß im Bereich kleiner i_k eine Situation eintreten kann, in der wegen eines negativen Werts P [siehe (4.20)] die Wasserstoffperoxidkonzentration in der Schicht 0—1 vernachlässigbar wird (wegen starker Diffusion in der Schicht 1—2). Da weiterhin die Sauerstoffkonzentration im Vergleich zum Ausgangswert ebenfalls herabgesetzt wird (ein Teil des O_2 wird zur Bildung von Peroxid verbraucht, das in die Schicht 1—2 diffundiert), kann im Endeffekt das Potential φ bei Bestrahlung nach der negativen Seite verschoben werden, und es wird sich ein negativer Effekt der Strahlungswirkung ergeben. Dieser Fall wurde

[1]) Strenggenommen ist m unter diesen Bedingungen nicht gleich Null, weil eine Änderung der H_2O_2-Konzentration in der Schicht 0—1 automatisch zu einer Veränderung der Konzentration infolge Diffusion auch in den anderen Elektrolytschichten führt (1—2 und 2—3), doch wegen des großen Volumens der Schicht 2—3 wird m sehr klein und kann vernachlässigt werden.

tatsächlich in unseren Arbeiten beobachtet, wie in Abb. 69 gezeigt ist. Die Stromdichte des Elements Zr/0,05 n NaCl/Al ist sehr gering (0,6—0,7 $\mu A/cm^2$). Ein Elektronenstrahl geringer Intensität (0,5—0,05 $\mu A/cm^2$) führt zu einer Erniedrigung der Stromdichte des Elements anstatt zu einer Erhöhung, die bei leistungsfähigeren Elementen beobachtet wird (siehe Seite 109).

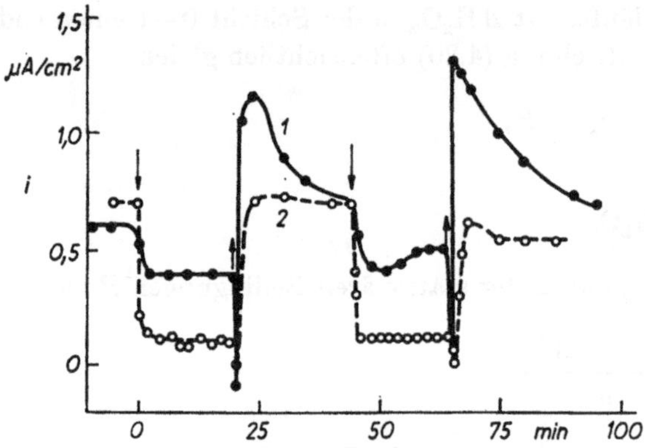

Abb. 69: Wirkung von Elektronenstrahlung (Energie: 0,8 MeV) geringer Intensität auf den Strom des Elements Zr/0,05 n NaCl/Al bei 24,5 °C (Elektrolyt nicht gerührt)
1 — 0,5 $\mu A/cm^2$ ($2{,}5 \cdot 10^{18}$ eV/cm^2 sec); *2* — 0,05 $\mu A/cm^2$ ($2{,}5 \cdot 10^{17}$ eV/cm^2 sec);
↓ — Bestrahlung eingeschaltet; ↑ — Bestrahlung abgeschaltet.

Die Erhöhung der Bestrahlungsintensität führt wegen des Anwachsens von C_{st}, zu einer Vergrößerung der elektrochemischen Bestrahlungseffekte. Aus Gleichung (4.20) folgt, daß sich bei Unterbrechung der Bestrahlung der Elektrode die Wasserstoffperoxidkonzentration in der elektrodennahen Schicht momentan vermindert, da das Glied $C_{\text{Bestr.}}$ verschwindet. Das muß zu einer sprunghaften Herabsetzung des elektrochemischen Effekts der Strahlung führen. Diese Erscheinung wurde auch bei dem Betrieb von Korrosionselementen beobachtet (siehe Abb. 50 und 65), deren Stromstärke sich bei Unterbrechung der Bestrahlung stark änderte. Gleichzeitig führt das Vorhandensein von Wasserstoffperoxid in der katodennahen Schicht, das durch Diffusion aus der Schicht 1—3 dorthin gelangt (P), dazu, daß die sich dabei einstellende Stromdichte des Elements höher als vor der Bestrahlung sein muß. Bei wiederholter Bestrahlung muß C_{st} viel schneller (praktisch sprunghaft) als bei der ersten Bestrahlung erreicht werden, bei der der Prozeß der Konzentrationsgleichgewichtseinstellung im gesamten Lösungsvolumen abläuft. Das findet in der Praxis tatsächlich statt, wie Abb. 65 zeigt.

Die dargelegten Betrachtungen werden durch folgende Rechnung gestützt.

Wir bestimmen die Größe der einzelnen Glieder in Gleichung (4.22) anhand der Betriebsdaten des Elements Zr/3% NaCl/Al (siehe Abb. 65). Die sich einstellende Maximalstromdichte beträgt bei diesem Element 380 $\mu A/cm^2$. Wenn man von der von uns geschilderten Lage ausgeht, so entspricht dieser Maximalstromdichte eine maximale Peroxidkonzentration, d. h., es ist dann gemäß (4.21)

$$C_1 = C_2 = C_3 = C_{st}.$$

Jedoch wird in der Diffusionsschicht 0—1, wie schon gesagt, laufend ein Teil des Peroxids im Prozeß der katodischen Depolarisation verbraucht. Dieser Wasserstoffperoxidverbrauch wird gemäß Gleichung (4.22a) kontinuierlich durch Absorption von Strahlungsenergie und Peroxiddiffusion aus der Schicht 1—2 ergänzt. Wir bestimmen die Größe P. Für diese finden wir die Menge an Wasserstoffperoxidmolekülen (P'), die durch den fließenden Strom reduziert wird:

$$P' = \frac{i_k}{en} = \frac{380 \cdot 10^{-6}}{1{,}6 \cdot 10^{-19} \cdot 2} = 1{,}2 \cdot 10^{15}\ \mathrm{H_2O_2}\text{-Moleküle},$$

wobei e — die Elementarladung und n die bei der Reduktion von einem Wasserstoffperoxidmolekül umgesetzte Anzahl Elektronen ist. Entsprechend der durchgeführten chemischen Analyse betrug C_{st} im betrachteten Fall etwa $1 \cdot 10^{-3}$ Mol oder, nach Umrechnung auf Moleküle, $6 \cdot 10^{17}$ Moleküle/cm³.

Für das betrachtete Element kann man die Dicke der Diffusionsschicht 0—1 bei Durchmischung zu 0,01 cm annehmen [34]. Dann beträgt bei $C_1 = C_{st}$ die Peroxidmenge in dieser Schicht $\sim 6 \cdot 10^{15}$ Moleküle/cm². Bei Stromfluß erniedrigt sich die Wasserstoffperoxidmenge der Diffusionsschicht auf $4{,}8 \cdot 10^{15}$ Moleküle/cm², was einer mittleren Peroxidkonzentration von $4{,}8 \cdot 10^{17}$ Moleküle/cm³ entspricht. Wir nehmen an, daß sich die Peroxidkonzentration in der Diffusionsschicht linear von $6 \cdot 10^{17}$ Moleküle/cm³ auf der Linie 1—1 bis C_x an der Katodenoberfläche ändert (siehe Abb. 68, 0—0). Dann ist

$$\frac{6 \cdot 10^{17} - C_x}{2} = 4{,}8 \cdot 10^{17} \quad \text{und daraus}$$

$$C_x = 3{,}6 \cdot 10^{17}\ \text{Moleküle/cm}^3.$$

$$P = \frac{(C_{st} - C_x)k}{\delta} = \frac{(6-3{,}6) \cdot 10^{17} \cdot 1{,}9 \cdot 10^{-5}}{10^{-2}} = 4{,}6 \cdot 10^{14}$$

$$= 0{,}5 \cdot 10^{15}\ \text{Moleküle/cm}^2\ \text{sec},$$

wobei k — der Diffusionskoeffizient von Wasserstoffperoxid gleich $1{,}9 \cdot 10^{-5}$ cm²/sec ist. Dieser Peroxidzufluß liefert eine Elementstromdichte von:
$i'_k = 0{,}5 \cdot 10^{15} \cdot 2 \cdot 1{,}6 \cdot 10^{-19} = 1{,}6 \cdot 10^{-4}$ A/cm² $= 160\ \mu$A/cm², was dem experimentell erhaltenen Wert von $\sim 150\ \mu$A/cm² sehr nahe kommt, (siehe Abb. 65). Folglich ist $\Delta\, \mathrm{H_2O_2}\,(1{,}2 - 0{,}5) \cdot 10^{15} = 0{,}7 \cdot 10^{15}$ Moleküle H_2O_2, was $\sim 200\ \mu$A/cm² entspricht. Auf diesen Wert fällt auch die Stromdichte bei Abschaltung der Strahlung.

Wir wollen prüfen, ob Strahlung einer solchen Intensität, wie wir sie benutzten, eine Stromdichte von 200 $\mu A/cm^2$ sicherstellen kann.

Wie oben gezeigt, betrug die differentielle Dosis der im Elektrolyten absorbierten Energie in unserem Versuch $5{,}8 \cdot 10^{19}$ eV/cm³ und der in der Diffusionsschicht absorbierte Energiebetrag war gleich $5{,}8 \cdot 10^{17}$ eV/cm³. Unter der Annahme einer Peroxidausbeute von $G_{H_2O_2} = 0{,}8$ erhalten wir, daß in diesem Fall die Strahlung die Bildung von $\frac{5{,}8 \cdot 10^{17} \cdot 0{,}8}{100} \approx 5 \cdot 10^{15}$ Wasserstoffperoxidmolekülen bewirken kann, d. h. fast eine Größenordnung mehr als erforderlich. Auf diese Weise unterstützt die ausgeführte Rechnung vollkommen unsere Ansicht über die Bedeutung der Radiolyseprodukte bei den betrachteten Strahlungseffekten.

Die angeführten Beispiele und Rechnungen weisen anhand des Wasserstoffperoxids die Rolle der Radiolyseprodukte und ihren Wirkungsmechanismus bei der Bestrahlung von Metallelektroden nach. Auf die Bedeutung der Radiolyseprodukte verweisen auch andere Autoren, z. B. [69]. Insbesondere werden durch die Wirkung dieser Produkte die in Kapitel 3 beschriebenen Potentialänderungen der Platinelektrode in Schwefelsäure unter Einwirkung von Strahlung erklärt. In diesem Fall geben der Charakter der γ-Strahlung und die angewandte Dosisleistung keine Veranlassung, irgendeine bedeutende Veränderung der Elektrodenoberfläche durch unmittelbare Strahlungswirkung anzunehmen. Wie bekannt, wird auch Schwefelsäure unter Bestrahlung nicht zersetzt. Es ist berechtigt zu schlußfolgern, daß die Radiolyseprodukte des Wassers (H_2, H_2O_2, OH, H, HO_2) unter diesen Bedingungen für die Potentialänderung des Platins verantwortlich sind.

Es gibt direkte experimentelle Beweise für die Richtigkeit der gemachten Annahme. Abb. 70 demonstriert die Identität der Wirkung von Strahlung, deren Dosis in die Konzentration des radiolytisch gebildeten Wasserstoffperoxids umgerechnet wurde[1]), und von in Abwesenheit von Strahlung der Lösung zugesetztem Peroxid. Es muß auch vermerkt werden, daß unter der Bedingung eines kontinuierlichen Ersatzes der bestrahlten Lösung durch frische [69] oder einer kräftigen Durchmischung mit einem inerten Gasstrom die Bestrahlung keine Potentialverschiebung der Pt-Elektrode hervorruft. Das zeugt ebenfalls davon, daß im gegebenen Fall die Strahlungseffekte durch eine Änderung des Elektrolyten und nicht der Elektrodenoberfläche verursacht werden.

Durch die Wirkung der Radiolyseprodukte und besonders des Wasserstoffperoxids erklärt Feates [70] die von ihm beobachteten Effekte der Strahlungswirkung auf Elektroden, die an Luft vorbehandelt worden waren (siehe Abb. 71). Es ist bekannt, daß Wasserstoffperoxid in wasserstoffhaltigen Lösungen unter Bestrahlung nur in Anwesenheit von Sauerstoff gebildet werden kann [24]. Das Vorhandensein einer nur geringfügigen Sauerstoffmenge führt zur Peroxidbildung, die aufhört, wenn der gelöste Sauerstoff verbraucht ist. Nach Feates liefert die an der Luft vorbehandelte Pt-Elektrode eine geringe Sauerstoffmenge, die für die Erscheinung der „Potential"-peaks (infolge Peroxidbildung) notwendig ist. Ein

[1]) Bei der Berechnung wurde die Wasserstoffperoxidausbeute mit $G = 0{,}8$ angesetzt.

analoges Ergebnis kann erzielt werden, wenn der Sauerstoff elektrolytisch gewonnen wird (siehe Abb. 71). Es ist charakteristisch, daß der fallende Zweig des Potential-peaks mit der Kurve der katalytischen Peroxidzersetzung an Platin zusammenfällt.

Die in den Arbeiten [69, 70] erwähnte Potentialverschiebung der Platinelektrode unter Einwirkung von Strahlung (anfangs bis zum reversiblen Wasserstoff-

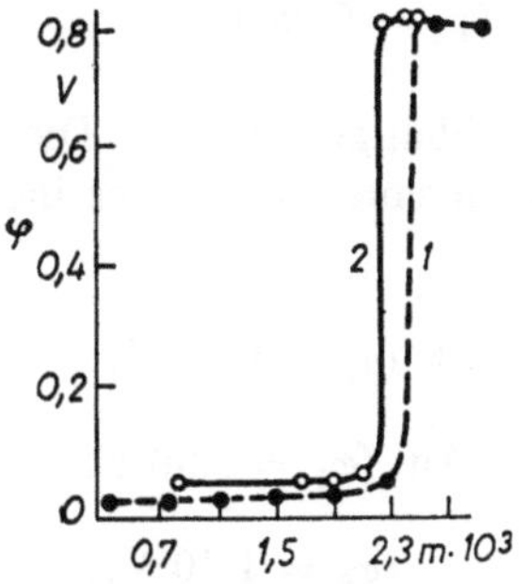

Abb. 70: Abhängigkeit des Potentials der Pt-Elektrode in 0,8 n H_2SO_4 von der H_2O_2-Konzentration [69]
1 — mit Wasserstoff gesättigte H_2SO_4-Lösung + mit Stickstoff gesättigte H_2O_2-Lösung;
2 — während der Bestrahlung einer mit Stickstoff gesättigten H_2SO_4-Lösung gebildetes H_2O_2 (Dosisleistung $7 \cdot 10^{16}$ eV/cm³ sec)

potential mit nachfolgender Verschiebung nach der positiven Seite) kann gut vom Standpunkt einer konkurrierenden Adsorption von Radiolyseprodukten des Wassers aus erklärt werden. Am Anfang äußert sich der Einfluß von leicht aus dem Lösungsvolumen zur Platinoberfläche diffundierenden Wasserstoffprodukten

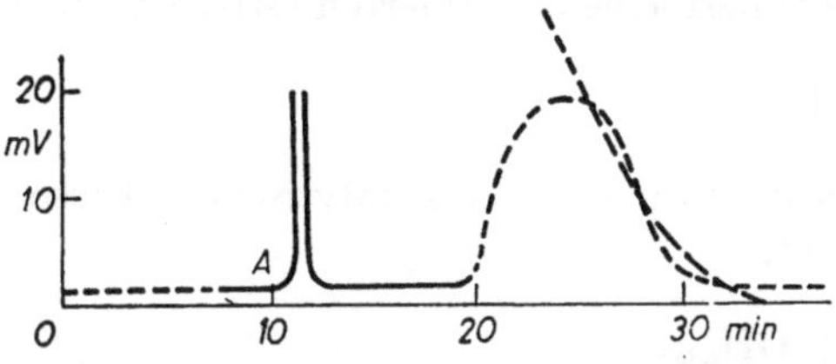

Abb. 71: Potentialänderung der in Wasserstoffatmosphäre vorbehandelten Pt-Elektrode in 0,1 n, H_2-gesättigter H_2SO_4-Lösung [70]
——— ohne Bestrahlung; . . . . unter Bestrahlung;
— — — — katalytische H_2O_2-Zersetzung
A — O_2-Zusatz (durch Elektrolyse)

(H und H_2), die dann durch Wasserstoffperoxid (möglicherweise auch durch OH-Radikale) verdrängt werden, deren Konzentration in der Lösung bei Fortsetzung der Bestrahlung viel schneller wächst, als die Konzentration des in die Gasphase übergehenden Wasserstoffs. So ist es voll und ganz erklärlich, daß sich das Potential des in der Lösung in geringen Mengen vorhandenen Wasserstoffperoxids durchsetzt, wie eine Arbeit von Bockris und Oldfield [109] zeigt.

Diese Autoren stellten fest, daß die Potentialänderung glatter Platin- und Goldelektroden in wäßrigen Wasserstoffperoxidlösungen der Gleichung

$$\varphi = 0{,}84 - 0{,}059 \text{ pH} \qquad (4.24)$$

gehorcht und weder von der Peroxidkonzentration (im Bereich 10^{-6} bis 5 m) noch vom Druck des gasförmigen Sauerstoffs abhängt. Daraus ergibt sich, daß das Potential inerter Elektroden in peroxidhaltigen Lösungen durch folgende Reaktionen nicht bestimmt wird [110]:

$$H_2O_2 + 2H^+ + 2e \rightleftharpoons 2H_2O \qquad (\varphi_0 = 1{,}77\ \mathrm{V}) \tag{4.25}$$

$$H_2O_2 + OH^- + 2e \rightarrow 3OH^- \qquad (\varphi_0 = 0{,}88\ \mathrm{V}), \tag{4.26}$$

weil dann φ_0 von der Peroxidkonzentration abhängen müßte. Diese Potentiale werden auch nicht durch Reduktionsreaktionen von Oxiden der inerten Metalle bestimmt:

$$Pt(OH)_2 + 2H^+ + 2e \rightleftharpoons 2H_2O + Pt \quad (\varphi_0 = 0{,}98\ \mathrm{V}) \tag{4.27}$$

$$Au(OH)_3 + 3H^+ + 3e \rightleftharpoons 3H_2O + Au \quad (\varphi_0 = 1{,}36\ \mathrm{V}) \tag{4.28}$$

$$PtO_2 + 2H^+ + 2e \rightleftharpoons Pt(OH)_2 \qquad (\varphi_0 = 1{,}10\ \mathrm{V}), \tag{4.29}$$

weil sich dann die Potentiale der Gold- und Platinelektrode in Wasserstoffperoxidlösung stark voneinander unterscheiden müßten.

Auf der Grundlage energetischer Berechnungen kamen die Autoren der Arbeit [109] zu der Schlußfolgerung, daß die potentialbestimmende Reaktion die Entladung von an der Elektrodenoberfläche adsorbierten OH-Radikalen ist:

$$OH_{ads} + e \rightarrow OH^-. \tag{4.30}$$

Diese Radikale erscheinen im Ergebnis der katalytischen Wasserstoffperoxidzersetzung an Platin und Gold:

$$H_2O_2 \rightarrow OH_{ads} + OH_{ads}. \tag{4.31}$$

Die Autoren der Arbeit [109] berechneten, daß die Reaktion (4.31) wahrscheinlicher ist als die Reaktion

$$H_2O_2 \rightarrow HO_{2ads} + H_{ads}, \tag{4.32}$$

weil sie energetisch günstiger ist.

Somit hat die Wasserstoffperoxidkonzentration keine Bedeutung, wenn sie nur zur Bildung einer Schicht adsorbierter OH-Radikale ausreicht. Das ist für jenen Fall gültig, in dem Beimengungen anderer Stoffe fehlen. Bei Anwesenheit von molekularem Wasserstoff in der Lösung muß die Peroxidkonzentration oberhalb eines Schwellwerts liegen, um die Desorption des Wasserstoffs von der Oberfläche der Platinelektrode zu gewährleisten. Wie Abb. 70 zeigt, beträgt diese Peroxidkonzentration in H_2 gesättigter 0,8 n H_2SO_4-Lösung etwa $2 \cdot 10^{-3}$ m.

Es kann als bewiesen angesehen werden, daß das Verhalten solcher inerter Elektroden wie Platin unter Bestrahlung ausschließlich durch die Wirkung der

Radiolyseprodukte der wäßrigen Lösung bestimmt wird. Darin stimmen die meisten Autoren überein. Jedoch herrschen unterschiedliche Meinungen über die Rolle der kurz- und langlebigen Radiolyseprodukte. Einerseits wird angenommen, daß die Potentialänderung bei Bestrahlung durch radikalartige Radiolyseprodukte verursacht wird [64—67]; andere Autoren [69—70] schreiben umgekehrt die bestimmende Rolle den molekülförmigen Produkten (H_2 und H_2O_2) zu. Nach unserer Ansicht beweisen die kurze Lebensdauer der Radikale, ihr schneller Übergang in die Molekülform, aber auch eine Reihe experimenteller Fakten (z. B. die Abhängigkeit des Potentials von der Rührgeschwindigkeit des Elektrolyten und die Notwendigkeit des Vorhandenseins von gelöstem Sauerstoff zur Bildung von „Potential"-peaks in den Versuchen mit wasserstoffgesättigten Schwefelsäurelösungen [70]), daß die Hauptrolle bei den beobachteten Effekten die molekülförmigen Produkte spielen, da die Konzentration der als primäre Radiolyseprodukte gebildeten OH-Radikale nicht an das Vorhandensein von Sauerstoff gebunden ist. Eine Bewegung des Elektrolyten muß ebenfalls nicht die Radikalausbeute beeinflussen. Jedoch darf man den Einfluß der Radikale nicht vollkommen vernachlässigen. Wahrscheinlich wird der Unterschied zwischen dem Verlauf der radiolytischen Kurve in Abb. 68 und der Kurve, die im Ergebnis von Wasserstoffperoxidzusätzen erhalten wurde, durch die zusätzliche Wirkung der Radikale erklärt.

Die Bedeutung der kurzlebigen Radiolyseprodukte kann durch die Anwesenheit von Metallionen mit wechselnder Wertigkeit, im Elektrolyten stark erhöht werden. Hier kommt z. B. Eisen in Frage, das durch Korrosion in Form von Fe^{2+} in Lösung geht. Indem es mit den Radikalen OH und HO_2 in Wechselwirkung tritt, geht es, wie in Kapitel 2 [Reaktion (2.1) und (2.3)] gezeigt, in Fe^{3+} über, das ein starkes Oxydationsmittel ist und analog Wasserstoffperoxid zu einer Verschiebung des Elektrodenpotentials nach der positiven Seite führt. Das zeigten überzeugend Kolotyrkin und Mitarbeiter [111]. Sie stellten fest, daß sich in stickstoffgesättigter, 1 n H_2SO_4-Lösung das Potential einer Elektrode aus nichtrostendem Stahl (Typ 18-8) unter Einwirkung von γ-Strahlung (^{60}Co-Quelle, Dosisleistung $1{,}5 \cdot 10^{15}$ eV/cm^3 sec) um 0,6 V nach der positiven Seite verschob, wobei dieser Wert noch lange nach Unterbrechung der Bestrahlung erhalten blieb. Unter diesen Bedingungen verschob sich das Potential der Nickelelektrode ebenfalls nach der positiven Seite, doch nur 0,03—0,04 V, wobei sich nach Unterbrechung der Bestrahlung eine schnelle Rückkehr des Nickelpotentials zum Ausgangswert vollzog.

Die Autoren kamen zu der Schlußfolgerung, daß der Unterschied im Verhalten der Stahl- und der Nickelelektrode durch die zusätzliche Wirkung der dreiwertigen Eisenionen erklärt wird, die im Ergebnis einer Oxydation der Korrosionsprodukte des nichtrostenden Stahls durch die oxydativ wirkende Radiolysekomponente in der Lösung entstehen. Die Richtigkeit ihres Standpunktes belegten sie mit Versuchen, deren Ergebnisse in Abb. 72 gezeigt sind. Die Gegenüberstellung der Kurven zeigt folgendes:

Während das Potential der Platinelektrode in reiner 1 n H_2SO_4 unter der Wirkung von γ-Strahlung nach wenigen Minuten einen Wert in der Nähe des reversiblen Wasserstoffpotentials annahm, das während der Bestrahlungsdauer von fünf Stunden[1]) erhalten blieb, verschob sich das Potential bei Zusatz von 0,001 n $FeSO_4$ bereits nach Ablauf von einer Stunde stark nach der positiven Seite, was nur mit dem zusätzlichen Auftreten eines Oxydationsmittels erklärt

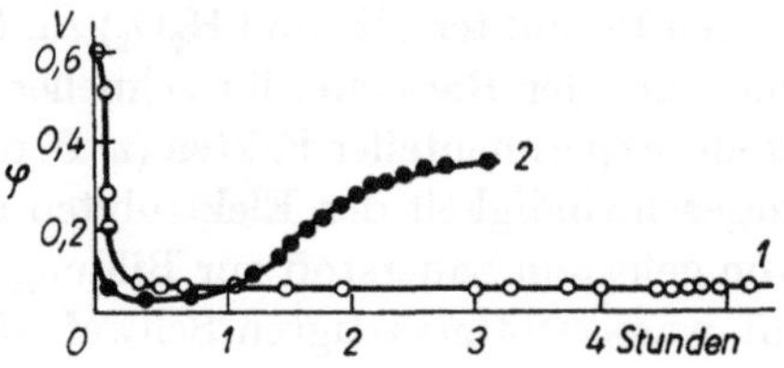

Abb. 72: Potentialänderung der Platinelektrode bei Einwirkung von γ-Strahlung (1,5 · 10^{15} eV/cm^3 sec) [111]
1 — 1 n H_2SO_4; 2 — 1 n H_2SO_4 + 0,001 n $FeSO_4$

werden kann. Die Autoren weisen darauf hin, daß sich nach ihren Werten das im Ergebnis der Radiolyse des Wassers erscheinende Oxydationsmittel in seiner elektrochemischen Wirkung auf die Metalle nicht prinzipiell von einem Oxydationsmittel des Typs des dreiwertigen Eisens unterscheidet.

Cartledge [112] stellte bei der Untersuchung des Verhaltens von nichtrostendem Stahl, Typ 18% Cr—8% Ni (9,75% Ni; 18,10% Cr; 0,57% Nb; 0,05% C; 0,71% Mn; 0,59% Si), in 1 n H_2SO_4 bei 85 °C fest, daß sich der Stahl bei Abwesenheit von Strahlung instabil verhält. Abb. 73 zeigt, daß es in diesem Fall sowohl Stahlproben gibt, die vollständig korrosionsbeständig sind (Kurve 1), wie auch solche, die nach einer Induktionsperiode aktiv angegriffen werden (Kurve 2). Die Korrosion der Proben beginnt in diesem Fall, wenn aus irgendeinem Grund die

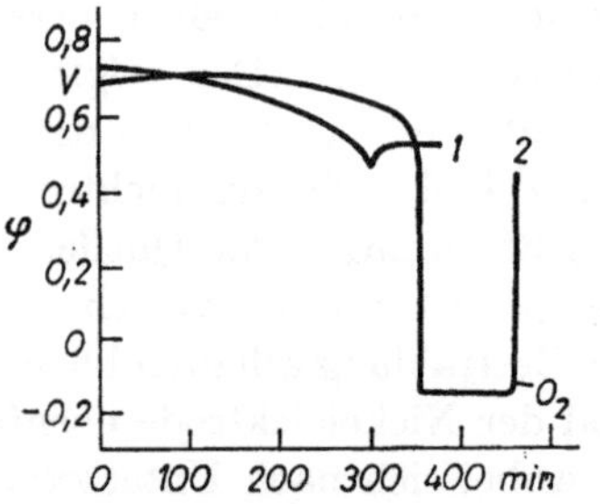

Abb. 73: Potential-Zeit-Kurven für nichtrostenden Stahl in 0,1 n H_2SO_4 bei 85 °C [112]
Erklärung siehe im Text

Geschlossenheit der Passivschicht auf der Stahloberfläche gestört wird (Metalldefekte, unbedeutende Änderung des pH der Lösung oder der Temperatur usw.) und das Potential negativer als ein kritischer Wert $\varphi_{k_r} \approx -0{,}060$ V bezüglich dem Potential der reversiblen Wasserstoffelektrode unter den gegebenen Bedingungen wird. Bei Abwesenheit von Strahlung verlief die Aufhebung der Passivität bis zum Ende, wenn sie einmal begonnen hatte. Eine freiwillige Wiederherstellung

[1]) Die Berechnungen zeigten, daß dabei die integrale Dosis niedriger als 3,0 · 10^{19} eV/cm^3 war, d. h., niedriger als jene Dosis, die gemäß den Angaben der Abb. 70 für eine weitere Verschiebung des Platinpotentials nach der positiven Seite erforderlich ist.

der Passivität wurde niemals beobachtet. Dazu war der Zusatz eines Oxydationsmittels von der Art des Wasserstoffperoxids zur Lösung oder die Einleitung von Sauerstoff in die Lösung erforderlich (siehe Abb. 73, Kurve 2). Unter den gleichen Bedingungen änderte γ-Strahlung (von ^{60}Co, Dosisleistung[1]) 1,4 · 10^{16} eV/cm^3 sec) in der Anfangsperiode den prinzipiellen Charakter des Verhaltens der Elektrode aus nichtrostendem Stahl nicht [68]. Bei den meisten Proben verschob sich das Potential nur unbedeutend nach der negativen Seite, blieb aber noch im Passivbereich, wo sich die Strahlung nur sehr wenig auf das Potential des Stahls auswirkt, wie Kurve 1 in Abb. 74 zeigt. Gleichzeitig verschob sich das Potential bei

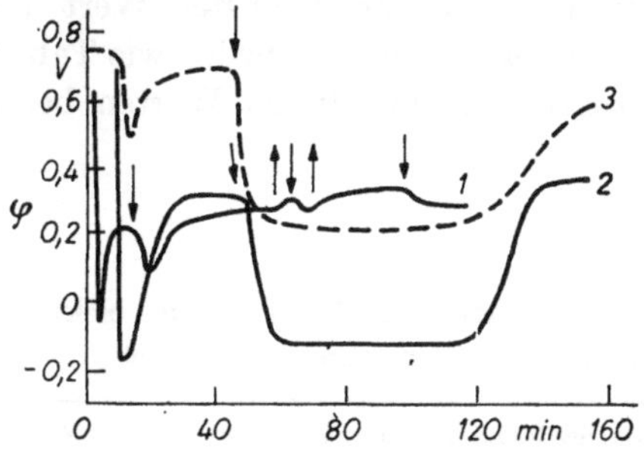

Abb. 74: Potentialänderung von Elektroden aus nichtrostendem Stahl (*1*, *2*) und Platin (*3*) in 0,1 n H_2SO_4 bei 85 °C unter Einwirkung von γ-Strahlung [60]
↓ — Bestrahlung eingeschaltet;
↑ — Bestrahlung abgeschaltet

einer Reihe Proben zu niedrigeren Werten als dem Potential der aktiven Auflösung. Diese Fälle von Aufhebung der Passivität wurden viel öfter beobachtet, als wenn keine Bestrahlung vorgenommen wurde, doch trat dafür unter Bestrahlung immer die Passivierung der Probe wieder ein (z. B. nach einer Stunde, und sie hörte auf, sich aufzulösen (siehe Abb. 74, Kurve 2).

Die angeführten Fakten sind leicht erklärlich, wenn man von der Hypothese der vorherrschenden Wirkung der Radiolyseprodukte ausgeht. Anfangs streben die Wasserstoffprodukte (H und H_2) danach, das Potential des Stahls nach der negativen Seite zu verschieben, wobei der Grad dieser Verschiebung von der Vollkommenheit der Oxidschicht auf der Metalloberfläche abhängt, aber dann wird infolge der Wirkung der oxydativen Komponente das Passivierungspotential erreicht. Dabei hängt die Zeit bis zur Erreichung dieses Potentials davon ab, wie weit in der vorangegangenen Periode der Prozeß der Zerstörung des Stahls vorangeschritten ist. Die Richtigkeit der vorgebrachten Annahme wird durch das Verhalten der Platinelektrode unter den gleichen Bedingungen unterstützt (Abb. 74, Kurve 3). Es muß noch darauf hingewiesen werden, daß in dem betrachteten Fall die Erreichung des Passivierungspotentials nicht nur durch die Wirkung des Peroxids gewährleistet wird, sondern auch durch die zusätzliche Wirkung von OH-Radikalen, die die Korrosionsprodukte des Stahls oxydieren, welche weiterhin analog dem Peroxid wirken, wie weiter oben schon ausgeführt wurde.

[1]) Nach der Absorption in Wasser.

Wir wollen den Einfluß der Radiolyseprodukte auf den anodischen Prozeß betrachten. Im Kapitel 3 wurde auf die Katalysierung des Ablaufs der anodischen Prozesse bei Einwirkung von Strahlung auf Elektroden mit Oxidschichten hingewiesen. Es wurde das Auftreten neuer Stufen auf den anodischen Polarisationskurven von Kupfer und Nickel vermerkt (siehe Abb. 46 und 47), was mit dem Ablauf von Oxydationsreaktionen der Radiolyseprodukte des wäßrigen Mediums erklärt wurde. Der folgende Versuch unterstützt die Richtigkeit der gemachten Annahme. Bei der Untersuchung des Einflusses von Strahlung auf das anodische Verhalten von Nickel in 0,1 n NaOH-Lösung wurde KBr zugesetzt, welches ein Radikalakzeptor ist. Der Zusatz wurde bei einer Polarisation der Nickelelektrode durch eine Stromdichte vorgenommen, die dem höchsten Wert des elektrochemischen Strahlungseffekts (Δi_E) entsprach. Dabei wurde, wie Tab. 17 zeigt, eine Verschiebung des Elektrodenpotentials nach edleren Werten beobachtet, d. h. eine Verringerung von Δi.

Tabelle 17

Einfluß von Kaliumbromidzusätzen auf die Größe des elektrochemischen Strahlungseffekts bei anodischer Polarisation von Nickel

<table>
<tr><th rowspan="3">Anodische Stromdichte µA/cm²</th><th colspan="3">Potential der Nickelelektrode, V</th><th colspan="2">Δi_E, V</th></tr>
<tr><th rowspan="2">ohne Bestrahlung</th><th colspan="2">bei Bestrahlung mit Elektronen in 0,1 n NaOH</th><th rowspan="2">ohne KBr</th><th rowspan="2">mit KBr</th></tr>
<tr><th>ohne KBr</th><th>mit KBr</th></tr>
<tr><td>270</td><td>+0,8</td><td>+0,4</td><td>+0,7</td><td>−0,4</td><td>−0,1</td></tr>
</table>

Die erhaltenen Ergebnisse unterstützen die Ansicht, daß die Radiolyseprodukte des Wassers in Molekül- und Radikalform eine Erhöhung der anodischen Reaktionsgeschwindigkeit bei Bestrahlung mit Elektronen bewirken. Im Ergebnis der Erleichterung des Ablaufs der anodischen Prozesse (infolge Oxydation der Radiolyseprodukte) kann die Korrosion gehemmt werden, indem die anodische Reaktion $Me - ne \rightarrow Me^{n+}$ durch die Reaktion

$$H_2O_2 - 2e \rightarrow 2H^+ + O_2 \tag{4.33}$$

oder

$$OH - e \rightarrow H^+ + O \tag{4.34}$$

ersetzt wird.

Zugleich kann das Vorhandensein der oxydativen Komponente und die Potentialverschiebung des korrodierenden Metalls nach der positiven Seite das Metall aus dem Passiv- in den Transpassivbereich überführen. Somit trägt die Wirkung der Radiolyseprodukte auf den anodischen Prozeß komplexen Charakter und erfordert eine detaillierte Betrachtung in jedem konkreten Fall.

Wie schon gesagt wurde, kann man bei Verwendung von Elektroden aus nichtrostendem Stahl oder aus Platin die Strahlungswirkung praktisch auf die Wirkung der Radiolyseprodukte zurückführen, da die auf Elektroden dieses Typs gebildeten Oxidschichten außerordentlich dünn sind. Bei Bestrahlung von Elektroden aus Metallen, die zur Formierung ausreichend dicker Oxidschichten auf ihren Oberflächen fähig sind, müssen die Änderungen berücksichtigt werden, die die Strahlung in den gebildeten Oxiden erzeugt. Tatsächlich spielen die Radiolyseprodukte bei Metallen dieses Typs auch eine bedeutende Rolle, was durch die von uns ausgeführten Potentialmessungen an Aluminium und Zirkon in Salpetersäurelösungen unter Elektronenbestrahlung bekräftigt wird (die Dosisleistung ist in Tab. 7 angegeben).

Wie aus Abb. 75 folgt, ändern sich die Potentiale der genannten Metalle, die im Ergebnis einer Langzeitbestrahlung bei Aluminium nach der negativen und bei

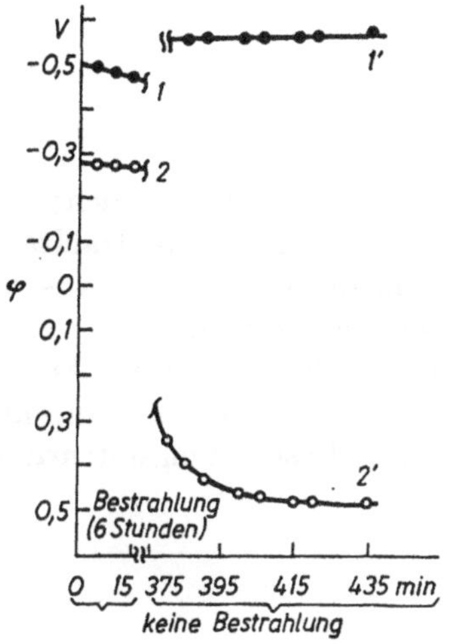

Abb. 75: Einfluß von Elektronenbestrahlung auf das Potential von Aluminium (1,1′) und Zirkon (*2*, *2′*) in 30%iger HNO_3-Lösung bei 25 °C

Zirkon nach der positiven Seite verschoben werden, noch kurze Zeit nach Beendigung der Bestrahlung, was nur durch eine Nachwirkung der Radiolyseprodukte des Wassers und der Salpetersäure erklärt werden kann.

Unter dem Gesichtspunkt des angenommenen Wirkungsmechanismus der Radiolyseprodukte des wäßrigen Mediums ist auch der unbedeutende Effekt leicht erklärbar, der von uns in den oben beschriebenen Bestrahlungsversuchen von Zirkon-Aluminium-Korrosionselementen im Reaktor IRT beobachtet wurde (siehe Abb. 52 und Tab. 11). Es handelt sich darum, daß die Dosisleistung der zur Radiolyse des Wassers führenden ionisierenden Strahlung in dem genannten Reaktor gering war, was die Geringfügigkeit der erhaltenen Effekte bedingte. Wegen der kurzen Bestrahlungszeit (20 Minuten) konnte auch der Effekt der Schichtzerstörung nicht merklich in Erscheinung treten. Der hohe Wert des elektrochemischen Strahlungseffekts in Falle des Elements Zr/0,05 n NaCl/Fe wird durch den Anstieg des Ausnutzungskoeffizienten der kurzlebigen Radiolyseprodukte des Wassers als katodische Depolarisatoren verursacht, die über die Zwischenreaktionen der Oxydation zweiwertiger Eisenionen wirken, welche, wie oben ausgeführt, durch Auflösung der Eisenanode in die Lösung gelangen. Vom Einfluß der Radiolyseprodukte auf Oxidelektroden zeugt auch das oben angeführte Beispiel der Wasserstoffperoxidwirkung auf die Arbeit des Korrosionselements Zr/3% NaCl/Al (siehe Abb. 65).

Rozenfel'd und Oše [76] gaben folgende Formel zur Berechnung der Stromstärke eines beliebigen Metallpaares bei Bestrahlung an, wobei sie von den Halbleitereigenschaften des Oxids ausgingen:

$$i_k = i_k^0 + A\sqrt{I}. \tag{4.35}$$

Hier bedeuten i_k^0 — die Stromstärke bis zur Bestrahlung; I — die Bestrahlungsintensität und A — einen Koeffizienten, der

$$A = \frac{2\,\Delta\varphi\, Seu}{\delta}\sqrt{\frac{\alpha}{k}} \tag{4.36}$$

ist, wobei $\Delta\varphi$ — die Potentialdifferenz zwischen den Elektroden; S — die Elektrodenfläche; δ — die Dicke der Oxidschicht auf der bestrahlten Elektrode; e — die Elementarladung; u — die Elektronenbeweglichkeit; α — die Quantenausbeute und k — den Rekombinationskoeffizienten bedeuten.

In Abb. 76 sind berechnete und experimentelle Kurven der Abhängigkeit der Stromdichte des Elements Zr/3% NaCl/Al von der Bestrahlungsintensität angegeben. Beide Kurven stimmen bei geringen Bestrahlungsintensitäten überein.

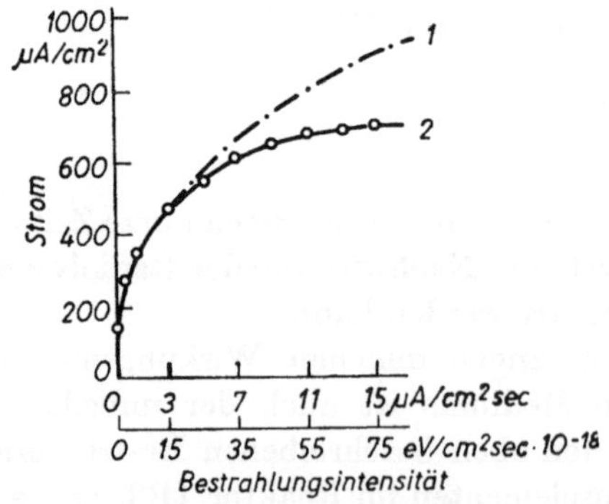

Abb. 76: Abhängigkeit der Stromdichte des Korrosionselements Zr/3% NaCl/Al von der Intensität der Elektronenstrahlung [75]
1 — berechnet; *2* — experimentell

Das spätere Auseinanderlaufen der Kurven wird von den Autoren der Arbeit [76] mit dem Einfluß der anodischen Polarisation erklärt, die in den Rechnungen nicht berücksichtigt wurde. Unsere Versuche zeigten, daß die vorgeschlagene Gleichung

(4.35) ihre Form in Abhängigkeit von den Bedingungen und dem Objekt der Bestrahlung ändert.

In Abb. 77 sind Kurven der Abhängigkeit der stationären Stromdichte des Elements (i) von der Bestrahlungsintensität (I) gezeigt, die von uns für die Elemente Zr/30% HNO_3/Al und Ti/30% HNO_3/Al erhalten wurden. Die Kurve für das erste Element gehorcht der Gleichung $i = A\sqrt{I}$ (Koeffizient $A = 0{,}95$ für

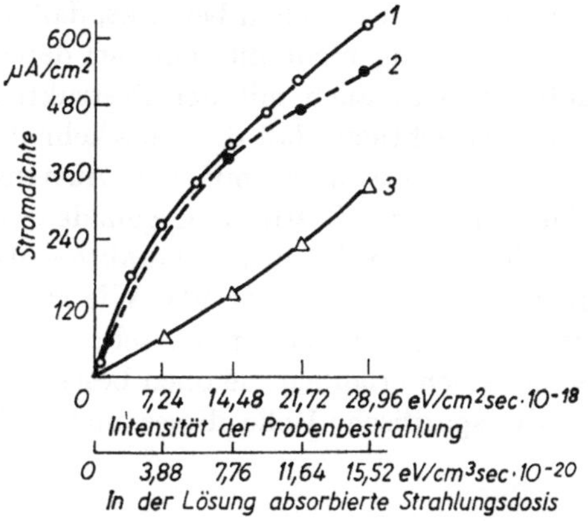

Abb. 77: Abhängigkeit der Stromdichteänderung der Korrosionselemente Zr/30% HNO_3/Al und Ti/30% HNO_3/Al von der Intensität der Elektronenstrahlung
1 — Zr—Al (experimentell);
2 — Zr—Al (berechnet);
3 — Ti—Al (experimentell);

den gegebenen Fall) bis zum Zeitpunkt der Erreichung einer Bestrahlungsintensität von 12—13 eV/cm² sec, d. h., sie ist sehr ähnlich der analogen Kurve für das Element Zr/3% NaCl/Al, die in Abbildung 76 dargestellt ist. Jedoch weiterhin verläuft die experimentelle Kurve im Unterschied zu Abbildung 76 nicht niedriger, sondern höher, wobei sie der Geraden

$$i = a'I \tag{4.37}$$

folgt. Was das Element Ti/30% HNO_3/Al anbetrifft, so nimmt die Abhängigkeit $i = f(I)$ bei ihm von Anfang an die Form $i = a'I$ an. Dieser Kurvenverlauf hängt offensichtlich mit der Wirkung der Radiolyseprodukte der Salpetersäure, aber möglicherweise auch mit dem Auftreten von Strukturdefekten in der Schicht zusammen, deren Menge merklich mit der Erhöhung der Strahlungsintensität zunimmt. Folglich ist es logisch anzunehmen, daß die Änderung der Stromdichte eines Korrosionselements mit der Strahlungsintensität von einer Reihe Faktoren abhängt, die sowohl mit der Natur des Elektrolyten wie auch der Natur des bestrahlten Metalls in Verbindung stehen. Insbesondere zeigt ein Vergleich der Angaben in Tab. 7 und 8 (siehe Seite 69 und 70), daß sich eine Verstärkung der Schicht merklich in einer Änderung des Charakters der Potentialverschiebung der bestrahlten Elektroden äußert.

In einigen Fällen kann die Rolle der Schicht sogar bestimmend sein, wie die Daten über Wolfram bezeugen (siehe Tab. 9, Seite 70), nach denen die Wolframelektrode durch nur einmaliges Tempern nach der Bestrahlung ihr Ausgangspotential wieder erhielt.

Folglich wird bei Bestrahlung von Elektroden, die zur Bildung von Phasenoxidschichten fähig sind, die Potentialverschiebung nicht nur durch die Radiolyse des Elektrolyten, sondern auch durch die Wirkung der Strahlung auf das gebildete Oxid bestimmt.

Weiter oben wurde auf die große Bedeutung des destruktiven Effekts hingewiesen, wenn infolge der Bildung von Strukturdefekten die Ionenleitfähigkeit der Schicht erhöht und ihre Struktur verändert wird. Das äußert sich unzweifelhaft in der Kinetik der Elektrodenprozesse. Es wurde schon bemerkt, daß das Verhalten der Korrosionselemente unter Bestrahlung nicht nur mit der depolarisierenden Wirkung der Radiolyseprodukte, sondern auch mit der Destruktion der Oxidschicht zusammenhängt. Es ist offensichtlich, daß die Rückkehr des Potentials der Wolframelektrode zum Ausgangswert auch mit der Austemperung von Strukturdefekten zusammenhängt, die unter Bestrahlung gebildet worden waren.

Weniger klar ist die Rolle von Effekten des Halbleitercharakters, die von uns im vorliegenden Kapitel untersucht wurden (siehe Seite 91). Wie schon ausgeführt wurde, ist unter Strahlungsbedingungen dieser Effekt sehr schwer von dem radiolytischen Effekt abzutrennen, doch erlauben die oben beschriebenen Untersuchungen mit UV-Strahlung, die spezifische Rolle dieses und anderer Effekte festzustellen.

4.4. Bestimmung der spezifischen Rolle des Strahlungsphotoeffekts und des radiolytischen Effekts an Oxidelektroden

Die photoelektrochemischen Effekte, die durch den Halbleitercharakter von oberflächlichen Oxidschichten auf Metallen bestimmt werden, treten in einem streng begrenzten Potentialbereich in Erscheinung (siehe Seite 103). Wenn die Oxidschicht *n* — Leitfähigkeit besitzt, so werden die photoelektrochemischen Effekte nur im anodischen Polarisationsgebiet beobachtet; wenn die Schicht zu den *p* — Halbleitern gehört, können die photoelektrochemischen Effekte nur bei katodischer Polarisation beobachtet werden.

Da die Strahlungs-Photo-Erscheinungen aus den gleichen Ursachen resultieren wie die Photoeffekte des Lichts, so müssen sie wahrscheinlich den gleichen Gesetzmäßigkeiten folgen. Dann wird bei Bestrahlung eines Korrosionselements, als dessen eine Elektrode ein Metall dient, das auf seiner Oberfläche eine halbleitende Oxidschicht hat, der Strahlungsphotoeffekt durch den Leitfähigkeitscharakter dieser Schicht bestimmt, und er tritt nur in einem bestimmten Potentialgebiet in Erscheinung. So tritt er z. B. bei Titan und Zirkon in Elementen auf, wo diese Metalle die Anode bilden. In Elementen dagegen, in denen diese Metalle Katoden sind, können sie keinen Photoeffekt geben, da die Oxidschichten dieser Metalle zu den n-Halbleitern gehören. Wenn man von der geschilderten Sachlage ausgeht, so muß man z. B. eine Erhöhung der Stromdichte bei Bestrahlung des Elements Pt/3% NaCl/Ti erwarten. In diesem Element ist Titan die Anode. Folglich muß Bestrahlung einen Effekt hervorrufen, der durch die Lichtempfindlichkeit der Oxidschicht auf dem Titan verursacht wird. Die Ergebnisse eines ausgeführten Versuchs sind in Abb. 78 dargestellt. Die Titanelektrode des genannten Elements wurde in einem Fall mit UV-Licht und in einem anderen mit einem

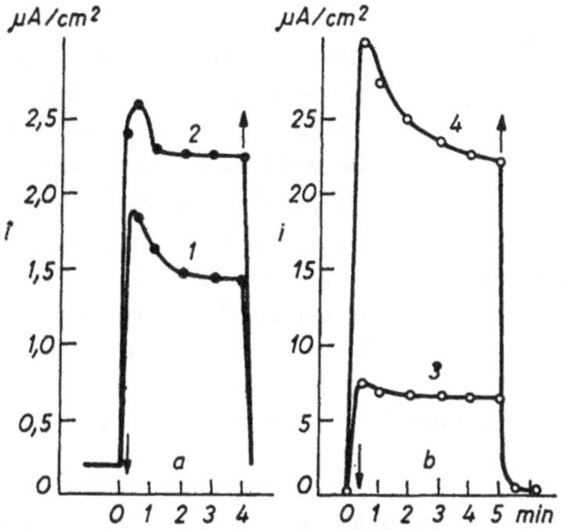

Abb. 78: Änderung der Stromdichte des Korrosionselements Pt/3% NaCl/Ti bei 25 °C in Abhängigkeit von der Zeit der Bestrahlung der Titanelektrode mit Elektronen (*a*) und UV-Licht (*b*)
1, 3 — Die Schicht auf Ti wird während des Arbeitsprozesses des Elements formiert;
2, 4 — Die Schicht auf Ti wurde durch vorhergehende Anodisierung in der gleichen Lösung bei einem Potential von 1,5 V erhalten
↓ Bestrahlung eingeschaltet
↑ Bestrahlung abgeschaltet

Elektronenbündel der Energie 0,8 MeV und der Strahlstromdichte 2 μA/cm² bestrahlt. Aus der vorgelegten Abbildung ist die vollständige qualitative Übereinstimmung der Bestrahlungsergebnisse ersichtlich. In beiden Fällen kann man folgendes sehen:

1. Die Einwirkung der Strahlung führt zu einem steilen (innerhalb einiger Sekunden) Anstieg der Stromdichte, und ein ebenso steiler Abfall ergibt sich bei Unterbrechung der Bestrahlung;
2. die Stromdichte des Elements erreicht im Ergebnis der Bestrahlung zunächst ein Maximum und fällt dann auf einen stationären Wert ab;
3. bei Erhöhung der Oxidschichtdicke wächst auch die Größe des Bestrahlungseffekts.

Eine solche Identität im Charakter der Kurven bekräftigt die Ansicht, daß kein prinzipieller Unterschied in der Wirkungsweise von Elektronen- und ultravioletter Strahlung auf die Oxidschicht besteht, wie seinerzeit auch für γ-Strahlung vermerkt wurde [97]. Es ist interessant festzustellen, daß der quantitative Effekt der Wirkung der Elektronenstrahlung bedeutend geringer als der der ultravioletten ist. Das wird durch die im Vergleich zur UV-Strahlung geringere Energiedosis erklärt, die bei den in den beschriebenen Versuchen angewandten Intensitäten an Elektronenstrahlung in der Oxidschicht absorbiert wurde.

In Abb. 79 sind die Ergebnisse unserer Versuche über die Bestrahlung des Elements Ti/3% NaCl/Al mit Elektronen und UV-Licht gezeigt, wobei das Titan als Katode arbeitete. Aus den dargestellten Kurven ist ersichtlich, daß sich bei Bestrahlung mit UV-Licht, wie auch zu erwarten ist, der Strom des Elements nicht ändert. Gleichzeitig führt die Bestrahlung mit Elektronen zu einer Erhöhung der Stromdichte des Elements. Offensichtlich muß der erhaltene Effekt mit der Wirkung irgendeines anderen Faktors erklärt werden, aber nicht mit der Photoempfindlichkeit der oxidischen, halbleitenden TiO_2-Schicht.

Zur gleichen Schlußfolgerung führt auch die Betrachtung der Wirkungsweise der Elektronenstrahlung. Wie aus den Kurven der Abb. 79 ersichtlich, steigt die

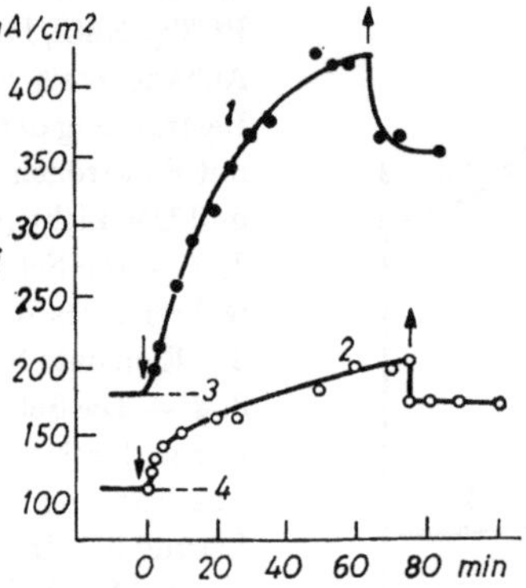

Abb. 79: Änderung der Stromdichte des Korrosionselements Ti/3% NaCl/Al bei 25 °C in Abhängigkeit von der Zeit der Bestrahlung des Titans mit Elektronen (*1, 2*) und UV-Licht (*3, 4*)
Oxidschicht auf Ti: *1, 3* — natürlich; *2, 4* — erhalten durch Anodisierung in der gleichen Lösung bei einem Potential von 2,5 V
↓ — Bestrahlung eingeschaltet
↑ — Bestrahlung abgeschaltet

Stromdichte des Elements Ti/3% NaCl/Al im Unterschied zum Element Pt/3% NaCl/Ti nicht sprunghaft, sondern allmählich an und erreicht ihren Maximalwert ungefähr nach einer Stunde. Nach Unterbrechung der Bestrahlung fällt der Strom des Elements ab, erreicht aber seinen Ausgangswert (vor der Bestrahlung) nicht wieder, jedenfalls nicht innerhalb einer Zeitspanne von 2—3 Stunden. Schließlich führt die Erhöhung der Oxidschichtdicke zu einer Herabsetzung des Effekts anstatt zu einer Verstärkung. Wir sehen, daß der Kurvenverlauf in Abb. 79 der Kurve entspricht, die die Abhängigkeit der Stromdichte des Elements Zr/3% NaCl/Al von der Zeit der Bestrahlung mit Elektronen charakterisiert und in Abb. 65 dargestellt ist, welche gut mit der Wirkung von Radiolyseprodukten erklärbar war.

Auf diese Weise zeigten die an Modellen von Korrosionselementen durchgeführten Untersuchungen, daß es keine prinzipiellen Unterschiede im Charakter der Photowirkung von Strahlung und UV-Licht gibt (Abb. 78). Unterschiede, die in dieser Hinsicht bei der Bestrahlung der Titan- und Zirkonkatode beobachtet wurden, werden durch die Wirkung eines zusätzlichen Faktors bei der radioaktiven Strahlung erklärt, d. h. durch die Radiolyseprodukte, die bei UV-Bestrahlung fehlen.

Während sie ein im allgemeinen richtiges Bild der Prozesse geben, liefern die Untersuchungen an Modellen keine spezifischen Vorstellungen über den Verlauf der anodischen und katodischen Prozesse. Deshalb wurde im Interesse einer genaueren Bestimmung der spezifischen Rolle der Photoerscheinungen im elektrochemischen Strahlungseffekt ein Vergleich des Charakters und der Größe der Effekte vorgenommen, die bei Einwirkung von ultravioletter und Elektronenstrahlung getrennt beim katodischen und anodischen Prozeß an Nickel und Kupfer als *p*-Oxidbildner und an Titan als *n*-Oxidbildner beobachtet werden. In Abb. 80 sind Kurven der

Abhängigkeit der Größe (Δi) dieser Effekte vom Elektrodenpotential angegeben, die bei katodischer Polarisation von Nickelproben in 0,1 n NaOH-Lösung erhalten wurden. Die Größe des elektrochemischen Strahlungseffekts (Δi_E) ist nach den Kurven in Abb. 42[1]) berechnet worden und die Größe des Photoeffekts (Δi_{UV}) nach den in Abb. 63 dargestellten Versuchsergebnissen (die Versuche wurden unter

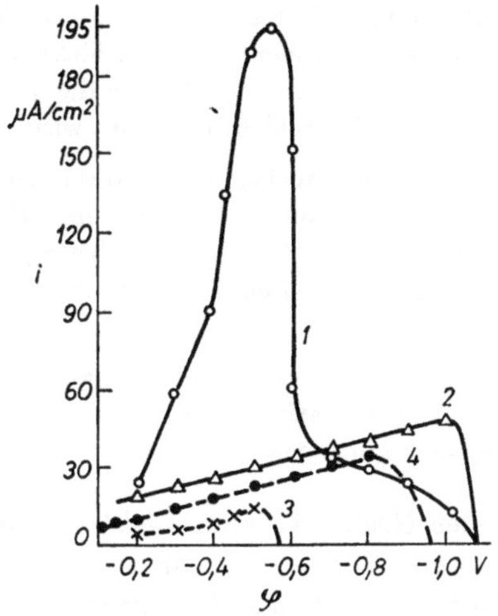

Abb. 80: Einfluß von ultravioletter und von Elektronenstrahlung auf die katodische Polarisation der Nickelelektrode in 0,1 n NaOH bei 25 °C
1, 2 — Größe des elektrochemischen Strahlungseffekts (Δi_E) bei Bestrahlung mit Elektronen; *3, 4* — Größe des Photoeffekts (Δi_{UV}) bei Bestrahlung mit UV-Licht
1, 3 — Rückweg der Polarisationskurven (aus dem katodischen Gebiet, keine Anfangsschicht); *2, 4* — Hinweg (aus dem anodischen Gebiet, Oxidschicht, erzeugt durch anodische Polarisation bei +0,8 V)

den gleichen Bedingungen durchgeführt wie die Strahlungsversuche; die Leistung der UV-Bestrahlung betrug $1{,}5 \cdot 10^{17}$ eV/cm² sec). Es muß bemerkt werden, daß nach einer Näherungsrechnung die in der Schicht des Nickels absorbierte Energiedosis der Elektronenstrahlung annähernd um eine Größenordnung geringer war als die der UV-Strahlung, obgleich die Intensität der die Elektrodenoberfläche erreichenden Elektronenstrahlung $1{,}5 \cdot 10^{19}$ eV/cm² sec betrug, d. h., die der ultravioletten Strahlung um zwei Größenordnungen übertraf. Die Werte Δi sind sowohl für den Hin- wie auch für den Rückweg der Polarisationskurven angegeben. Das erfolgte mit dem Ziel, den Einfluß der Oxidschichtdicke zu bestimmen.

Die kurze Dauer der Bestrahlung während der Aufnahme der Polarisationskurven verhütete die Bildung von bedeutenden Mengen an Strukturdefekten in der Schicht und garantierte die Wirkung von nur zwei Faktoren: der Radiolyseprodukte der Lösung (radiolytischer Effekt) und der durch die Bestrahlung in der Schicht hervorgerufenen Photoerscheinungen (Strahlungsphotoeffekt).

Die Analysen der Kurven in Abb. 80 zeigt folgendes:

1. Die Maximalgröße des Effekts der Strahlungswirkung wird bei Elektronenbestrahlung und bei minimaler Oxidschichtdicke beobachtet (Kurve 1).

[1]) Für Kupfer und Titan wurde die Größe Δi_E (Abb. 81 und 84) entsprechend den Kurven in Abb. 43 und 48 berechnet und Δi_{UV} nach den Werten der Abb. 63.

2. Die photoempfindliche Schicht in Form des Oxids beginnt sich auf Nickel bei einem Potential von —0,510 V zu bilden (Kurve 3). Folglich wird der elektrochemische Strahlungseffekt in den Potentialgrenzen von —1,00 V bis —0,510 V (siehe Kurve 1) vollständig durch die Wirkung der Radiolyseprodukte des Elektrolyten bestimmt.

3. Bei UV-Bestrahlung, d. h. dann, wenn der beobachtete Effekt vollständig durch photoelektrochemische Erscheinungen bestimmt wird, führt das Wachstum der Schichtdicke (siehe Kurven 3 und 4) zu einer Vergrößerung des Effekts[1]) (die Ursache dafür wurde weiter oben erklärt), während bei Elektronenbestrahlung (siehe Kurven 1 und 2) das Bild vollkommen umgekehrt ist. Es ist offensichtlich, daß das Vorhandensein der Schicht den Prozeß der Verwertung der Radiolyseprodukte erschweren muß, wodurch auch die Verringerung der Größe des Bestrahlungseffekts bei Verstärkung der Schicht bestimmt wird.

4. Bei Verstärkung der Oxidschicht wird der elektrochemische Strahlungseffekt in der Hauptsache durch den Strahlungsphotoanteil bestimmt (Kurven 2 und 4). Obgleich bei Bestrahlung mit Elektronen der in der Schicht absorbierte Energiebetrag sogar bei ihrer Verstärkung geringer ist als bei Einwirkung von UV-Licht, so ist doch in diesem Fall auf Grund der zusätzlichen Wirkung der Radiolyseprodukte $\Delta i_E > \Delta i_{UV}$.

5. Die Erweiterung des Gebiets der Photowirkung nach der Seite negativer Potentiale bei Bestrahlung mit Elektronen wird durch die oxydative Wirkung der Radiolyseprodukte erklärt, die eine Erhaltung der Oxidschicht begünstigen.

In Abb. 81 ist die Abhängigkeit der Größe Δi vom Elektrodenpotential für Kupfer in 0,1 n NaOH-Lösung dargestellt. Die Werte wurden aus dem Rückweg katodischer Polarisationskurven erhalten (aus dem Gebiet negativerer Potentiale nach positiveren), d. h. bei Abwesenheit einer vorgebildeten Oxidschicht auf den Elektroden.

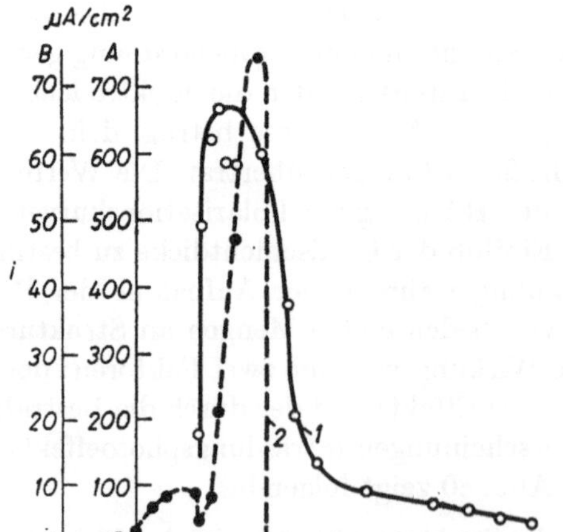

Abb. 81: Effekt der Einwirkung von ultravioletter (*A*) und Elektronenstrahlung (*B*) bei katodischer Polarisation der Kupferelektrode in 0,1 n NaOH bei 25 °C
1 — Größe des elektrochemischen Strahlungseffekts Δi_E;
2 — Größe des Photoeffekts Δi_{UV} (Kurve 2 muß um —0,1 V nach rechts verschoben werden)

[1]) Natürlich unter der Bedingung, daß die Schichtdicke $\delta < \delta_{grenz}$

Aus der Analyse von Abb. 81 folgt:

1. Die photoempfindliche Schicht wird auf Kupfer unter den genannten Bedingungen bei einem Potential von —0,310 V gebildet (siehe Kurve 2), was annähernd dem Bildungspotential von Cu_2O in alkalischer Lösung entspricht. Jedoch wird, wie auch im Falle der Ni-Elektrode, das Auftreten des elektrochemischen Strahlungseffekts an der Cu-Elektrode im Bereich negativerer Potentiale beobachtet, was nur mit der Wirkung der Radiolyseprodukte erklärt werden kann. Es muß vermerkt werden, daß der radiolytische Effekt an Nickel einige Male größer ist als an Kupfer, wie aus dem Vergleich der Kurven 1 in den Abb. 80 und 81 folgt.

2. Mit der Bildung der Oxidschicht (bei dem Potential —0,310 V) verringert sich die Neigung der Kurve 1, was von einer Abschwächung der Wirkung der Radiolyseprodukte zeugt. Das weitere Anwachsen des elektrochemischen Strahlungseffekts wird offenbar durch die Photokomponente verursacht, die für Kupfer gemäß Kurve 2 unter den gegebenen Bedingungen einen ausreichend großen Wert erreicht, um den analogen Wert der Nickelelektrode bedeutend zu übersteigen.

3. Somit ist für die Kupferkatode im Unterschied zur Nickelkatode sogar bei Oxidschichten, die keiner speziellen Verstärkung unterworfen worden waren, der Anteil des Strahlungsphotoeffekts gegenüber dem Anteil des radiolytischen Effekts in einem bestimmten Potentialgebiet bedeutend größer. Der geringfügige unterschiedliche Charakter der Kurven 1 und 2 wird durch Änderung der Existenzbedingungen der Oxidschicht im Ergebnis der Wirkung der Radiolyseprodukte erklärt.

4. Bei Bestrahlung von Kupferoxid war, wie aus Abb. 81 ersichtlich ist, der Effekt der UV-Bestrahlung bedeutend größer als der elektrochemische Strahlungseffekt. Der Unterschied im Verhalten der Kupfer- und der Nickelelektrode wird dadurch erklärt, daß bei Kupfer infolge der viel stärkeren Äußerung der Photoerscheinung im Vergleich zu den Radiolyseprodukten bei Bestrahlung mit Elektronen die zusätzliche Wirkung der Radiolyseprodukte nicht die Abschwächung des elektrochemischen Photoeffekts im Ergebnis der Verringerung des absorbierten Energiebetrags in den dünnsten Schichten kompensieren kann.

Da Nickel- und Kupferelektroden auf ihrer Oberfläche Oxide des p-Typs haben, darf UV-Bestrahlung bei anodischer Polarisation keinen Effekt ergeben, was tatsächlich eintritt. Folglich sind die bei Elektronenbestrahlung von Nickel- und Kupferanoden beobachteten Effekte (siehe Abb. 46 und 47) ausschließlich das Ergebnis der Wirkung von Radiolyseprodukten, insbesondere ihrer Oxydation, wie schon weiter oben erklärt wurde. Es ist interessant festzustellen, daß die elektrochemischen Strahlungseffekte Δi_E für diese Anoden (Abb. 82 und 83) größer als die entsprechenden Effekte bei katodischer Polarisation sind (siehe Abb. 80 und 81), wo Strahlungsphotoströme beobachtet wurden.

Im Unterschied zu Nickel und Kupfer werden an Titankatoden nur bei Elektronenbestrahlung Effekte beobachtet. Die Größe dieser Effekte ist in Abb. 45 gezeigt. Bei Bestrahlung mit UV-Licht fehlen Effekte, was den oben dargelegten Gesetzmäßigkeiten des Halbleiterverhaltens von Oxidschichten entspricht, aus denen folgt, daß an der n-Leitfähigkeit besitzenden Ti/TiO_2-Elektrode ein Photostrom nur bei anodischer Polarisation auftritt. Folglich sind die an der Ti-Katode unter Elektronenbestrahlung beobachteten Effekte rein radiolytischer Natur.

In Abb. 84 wurde ein Vergleich der Größe der Effekte vorgenommen, die durch ultraviolette und Elektronenstrahlung bei anodischer Polarisation von Titan hervorgerufen werden. Aus den in der Abbildung dargestellten Kurven ist er-

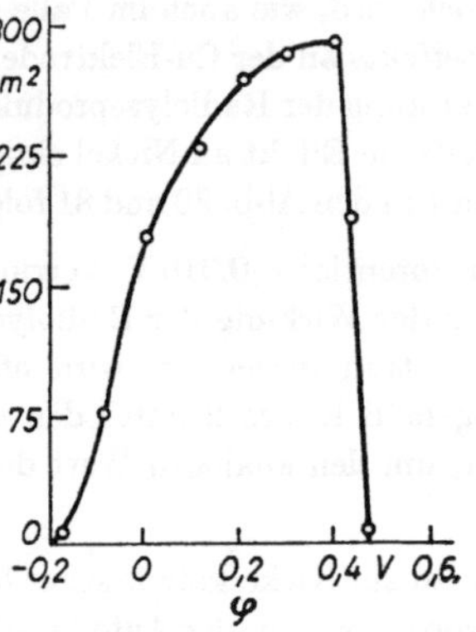

Abb. 82: Größe des elektrochemischen Strahlungseffekts Δi_E bei anodischer Polarisation der Nickelelektrode in 0,1 n NaOH bei 25 °C

sichtlich, daß die Bestrahlungseffekte nach der absoluten Größe an Titan bedeutend geringer sind, als bei katodischer Polarisation von Kupfer. Gleichzeitig sind wie auch bei Kupfer die Photoeffekte der UV-Strahlung (Kurve 3) für Titan bedeutend größer als die Effekte der Elektronenstrahlung. Eine Verstärkung der Oxidschicht durch Anodisierung in der gleichen Lösung bei dem Potential 7,6 V (Kurve

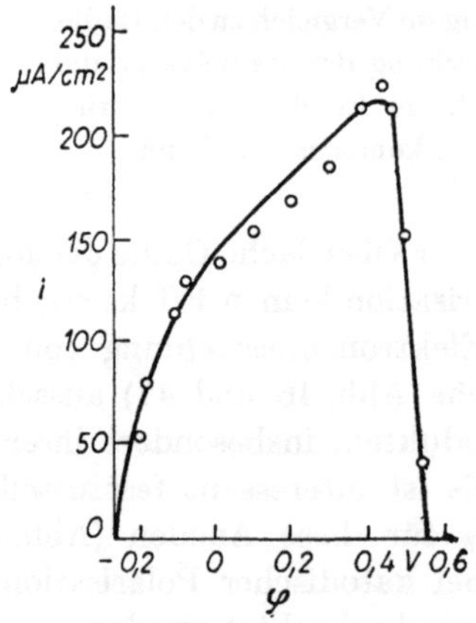

Abb. 83: Größe des elektrochemischen Strahlungseffekts Δi_E bei anodischer Polarisation der Kupferelektrode in 0,1 n NaOH bei 25 °C

2) erhöht Δi_E etwas. Aus dem Vergleich der unter Elektronen- und UV-Bestrahlung erhaltenen Ergebnisse folgt, daß die beobachtete geringe Katalysierung der anodischen Reaktion bei Bestrahlung mit Elektronen gänzlich der Photoempfindlichkeit der Oxidschicht zugerechnet werden kann. Die geringere Größe von Δi_E im Vergleich mit Δi_{UV} wird durch den geringeren, in der Oxidschicht absorbierten Energiebetrag erklärt.

Die dargelegten Ergebnisse bestätigen, daß radioaktive wie auch ultraviolette Strahlung photoelektrochemische Effekte ergeben kann. Die höhere Energie der Bestrahlungsteilchen bei radioaktiver Strahlung ändert prinzipiell nicht den Mechanismus der beobachteten Photoerscheinungen, wovon der einheitliche Kurvencharakter der Größe des strahlungs- und photoelektrochemischen Effekts in Ab-

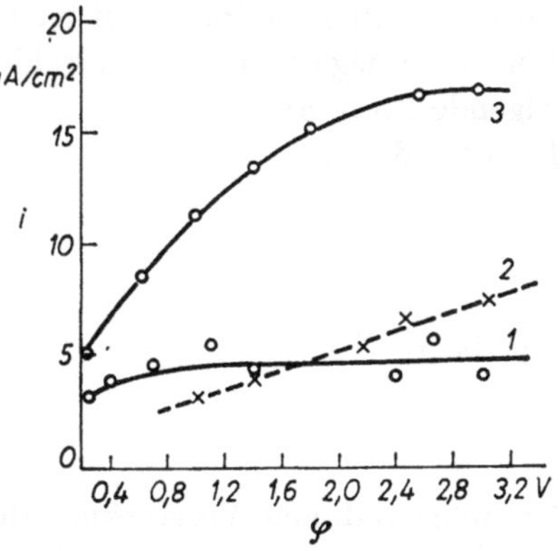

Abb. 84: Effekt der ultravioletten und Elektronenstrahlung bei anodischer Polarisation der Ti-Elektrode in 0,1 n NaOH bei 25 °C
1 — Größe des elektrochemischen Strahlungseffekts (Δi_E) auf dem Hinweg der anodischen Polarisationskurve; *2* — Δi_E für eine vorher anodisierte (bei +7,66 V) Elektrode und auf dem Rückweg der anodischen Polarisationskurve; *3* — Größe des Photoeffekts (Δi_{UV}) unter den Bedingungen, bei denen Kurve 1 aufgenommen wurde

hängigkeit vom Potential (siehe Abb. 80, 81, 84) und der Stromdichte des Korrosionselements von der Zeit (siehe Abb. 78) bei Teilchen- und ultravioletter Bestrahlung zeugt. Besonders stark übereinstimmend erscheinen die Kurven bei Verstärkung der Schicht, was durch Verringerung der verfälschenden Einwirkung der Radiolyseprodukte erklärt wird. Jedoch erscheinen wie auch bei UV-Bestrahlung die Photostrahlungseffekte in einem begrenzten Potentialbereich.

Zum Abschluß gehen wir auf den Einfluß der Oxidschichtdicke auf die Änderung des Metallpotentials unter Bestrahlung ein. Wie in Tab. 7 (Seite 69) gezeigt wurde, verschiebt radioaktive Strahlung bei der Mehrzahl der Metalle unabhängig vom Leitungstyp das stationäre Potential nach der positiven Seite. Bei Erhöhung der Schichtdicke beginnt die Potentialverschiebung dem Leitfähigkeitstyp des die Schicht bildenden Oxids zu entsprechen (siehe Tab. 8, Seite 70). Unter dem Gesichtspunkt der untersuchten Gesetzmäßigkeiten gilt folgendes: Bei dünnen natürlichen Schichten ist der in der Schicht abgebremste Energieanteil der Strahlung vernachlässigbar, und die Hauptrolle spielen die Radiolyseprodukte, die das Potential des Metalls infolge bevorzugter Einwirkung der oxydativen Komponente nach der positiven Seite verschieben. Mit zunehmender Schichtdicke wächst die Größe des Strahlungsphotoeffekts infolge Erhöhung des absorbierten Energiebetrags. Gleichzeitig verringert sich der Einfluß der Radiolyseprodukte, was ebenfalls dazu führt, daß die Richtung der Potentialverschiebung dem Leitfähigkeitstyp des Oxids entspricht. Die Richtigkeit der gemachten Annahme wird durch folgendes Beispiel unterstützt. Wir bezeichnen die Potentialverschiebung unter der Wirkung der Radiolyseprodukte mit $\Delta\varphi_R$ und unter der Wirkung der Photoerscheinungen mit $\Delta \varphi_{Ph}$. Dann ist die summarische Potentialverschiebung

$$\Delta \varphi_E = \Delta \varphi_{Ph} + \Delta \varphi_R. \tag{4.38}$$

Wir setzen voraus, daß die Radiolyseprodukte bei den betrachteten Metallen das Metallpotential nach der positiven Seite verschieben, unabhängig vom Leitfähigkeitstyp ihrer Oxide (Tab. 7), und daß die Photoerscheinungen das Potential der Schichten bei Oxidschichten mit p-Leitfähigkeit nach der positiven und bei Oxiden mit n-Leitfähigkeit nach der negativen Seite verschieben (Tab. 16).

Dann nimmt Gleichung (4.38) folgende Form an:
Für Metalle mit Schichten des n-Typs (z. B. Ti)

$$\Delta \varphi_{E_n} = \Delta \varphi_R - \Delta \varphi_{Ph}, \tag{4.39a}$$

für Metalle mit Schichten des p-Typs (z. B. Ni)

$$\Delta \varphi_{E_p} = \Delta \varphi_R + \Delta \varphi_{Ph}. \tag{4.39b}$$

Aus Gleichung (4.39a) und (4.39b) folgt, daß eine Verstärkung der Schicht, die $\Delta \varphi_{Ph}$ nach seinem Absolutwert vergrößert und $\Delta \varphi_R$ verringert, dazu führen kann, daß bei Titan $\Delta \varphi_{E_n}$ einen negativen Wert annimmt, während bei Nickel $\Delta \varphi_{E_p}$ immer positiv bleibt. Die absolute Größe des summarischen Potentials $\Delta \varphi_E$ wird davon abhängen, wie sich die Verstärkung der Schicht in der Änderung der Größen $\Delta \varphi_R$ und $\Delta \varphi_{Ph}$ äußert. Weiter oben wurde beim Vergleich der Werte Δi_E und Δi_{UV} für die Ni-, Cu- und Ti-Elektrode bemerkt, daß der radiolytische Effekt bei der Nickelelektrode bedeutungsvoller ist als der Strahlungsphotoeffekt. Für die Cu- und Ti-Elektrode ist umgekehrt der Strahlungsphotoeffekt (in den Potentialbereichen, wo er beobachtet wird) größer als der radiolytische. Dann muß man bei einer Verstärkung der Schicht für die Ni/NiO-Elektrode eine Verringerung der Größe $\Delta \varphi_{E_p}$ ($\Delta \varphi_R$ verringert sich mehr als $\Delta \varphi_{Ph}$ ansteigt), aber für die Ti-Elektrode eine Verschiebung des Potentials $\Delta \varphi_{E_n}$ in das negative Gebiet mit einer möglichen Erhöhung seines Absolutwerts erwarten, was auch durch die Werte der Tab. 8 unterstützt wird.

Die Ergebnisse der Untersuchungen erlauben, folgende Schlußfolgerung zu ziehen.

Radioaktive Strahlung wirkt auf Metalloxide ein, wobei sie analog dem UV-Licht elektrochemische Photoeffekte hervorruft. Wie auch im Falle von UV-Licht können die durch radioaktive Strahlung verursachten elektrochemischen Photoeffekte in einem genau bestimmten, von der Natur des Halbleiters abhängenden Potentialbereich auftreten. Für Oxide mit n-Leitfähigkeit katalysiert die Bestrahlung nur den Ablauf der anodischen und für Oxide mit p-Leitfähigkeit nur den der katodischen Prozesse. Die genauen Potentialgrenzen, innerhalb deren die Strahlungsphotoeffekte beobachtet werden, werden durch die Natur des oxidbildenden Metalls bestimmt.

Der elektrochemische Strahlungseffekt für Oxidelektroden, der bei kurzzeitiger Einwirkung[1]) von radioaktiver Strahlung erhalten wird, setzt sich aus zwei Komponenten zusammen — der Photo- und der radiolytischen Komponente. Die Analyse zeigt, daß die radiolytische Komponente einen breiten Potentialbereich umfaßt und nicht vom Leitfähigkeitstyp des Halbleiters abhängt, wobei sie in der Hauptsache den Ablauf der katodischen, aber mitunter auch den der anodischen Prozesse katalysiert.

Ein Anwachsen der Oxidschichtdicke führt zu einer Erhöhung des Anteils des Strahlungsphotoeffekts und zu einer Verringerung der Größe des radiolytischen Effekts. Bei sehr großen Oxiddicken (die die unter natürlichen Bedingungen vorliegenden bedeutend übersteigen) kann offenbar der Fall sehr bedeutender Strahlungsphotoeffekte beobachtet werden, wie in der Arbeit [113] gezeigt wurde, wo Kupferoxid einer Dicke von ~0,1 mm einer γ-Bestrahlung unterworfen wurde.

4.5. Wirkungsmechanismus der Strahlung auf Korrosionsprozesse in Elektrolyten (Verallgemeinerung)

Die Verallgemeinerung der im vorliegenden Kapitel dargelegten Materialien zeigt, daß der Wirkungsmechanismus der Strahlung auf elektrochemische und folglich auch auf Korrosionsprozesse komplizierten Charakter trägt. Die durchgeführten Analysen gestatten es, in drei Faktoren zu untergliedern, deren komplexe Wechselwirkung die Größe und den Charakter der beobachteten Strahlungseffekte bestimmt.

Den ersten Faktor stellt die Einwirkung der Strahlung auf das Korrosionsmedium (E_R — radiolytischer Effekt), insbesondere auf das Wasser dar, dessen Radiolyseprodukte in jeder wäßrigen Lösung anwesend sind und oft eine bestimmende Rolle in den beobachteten Effekten spielen. Besonders starken Einfluß übt die oxydative Komponente (H_2O_2, OH, HO_2) aus, deren langlebiger Teil (H_2O_2) sich im bestimmmten Ausmaß in der Lösung anreichert, während der entsprechende Anteil der reduktiven Komponente (molekularer Wasserstoff) unter normalen Bedingungen in die Gasphase übergeht. Den Haupteinfluß auf die ablaufenden Prozesse übt somit Wasserstoffperoxid aus, dessen Konzentration sich während des Bestrahlungsprozesses bis zu den für eine gegebene Bestrahlungsintensität charakteristischen Wert C_{st} erhöht. Die hochaktiven Radikale OH und HO_2 könnten zu bedeutenden Effekten führen, wenn sie keine so kurze Lebensdauer hätten. Deshalb kann man eine merkliche Verstärkung der Wirkung der Radiolyseprodukte unter solchen Bedingungen erwarten, die eine vollständige Ausnutzung des Oxydationsvermögens der Radikale gestatten, z. B. bei Anwesenheit von Ionen mit wechselnder Wertigkeit in der Lösung.

Der zweite Faktor hängt mit der Einwirkung der Strahlung auf die Oxidschicht zusammen. Das sind jene photoelektrochemischen Erscheinungen, die an der

[1]) Bei Langzeitbestrahlung erscheint eine dritte Komponente — die Ionenleitfähigkeit, die durch die Entstehung von Mikrodefekten in der Schichtstruktur verursacht wird (siehe Seite 92).

Grenze Oxid/Elektrolyt (E_{Ph} — Strahlungsphotoeffekt) infolge Bildung einer zusätzlichen Menge von Ladungsträgern eines bestimmten Typs entstehen. Der Strahlungsphotoeffekt kann in einem begrenzten Potentialbereich erscheinen, der für unterschiedliche Metalle verschieden und sehr viel schmaler als für die Radiolyseprodukte ist.

Der dritte Faktor hängt ebenfalls mit der Strahlungseinwirkung auf die Oxidschicht zusammen. Wie gezeigt wurde, führt radioaktive Bestrahlung — besonders mit schweren Teilchen — zum Auftreten verschiedener Arten von Defekten in der Struktur des Festkörpers: Leerstellen, Versetzungen, Einlagerungsatome usw. (E_D — destruktiver Effekt). Einen analogen Effekt kann die Strahlung auch an den Oxidschichten ergeben, was zur Änderung ihrer Struktur führt. Im Ergebnis dieses Effekts wächst die Diffusionsgeschwindigkeit verschiedener Lösungskomponenten durch die Schicht, es wächst ihre Ionenleitfähigkeit. Auf diese Weise ist der Gesamteffekt der Wirkung (E_{Str}) auf die Korrosionsprozesse das Ergebnis verschiedener Kombinationen der genannten Faktoren. In allgemeiner Form gilt

$$E_{Str} = \sum E_R, E_{Ph}, E_D. \tag{4.40}$$

Man kann auf folgende Weise das Gebiet des Auftretens jeder dieser Effekte charakterisieren. Den allgemeinsten Charakter trägt der radiolytische Effekt (E_R). Er ist für alle Arten ionisierender Strahlung und für alle Elektrodenarten charakteristisch, obwohl er am wirkungsvollsten in Erscheinung tritt, wenn auf den Elektroden eine sehr dünne oder keine Oxidschicht vorhanden ist. Bei wäßrigen Lösungen wird E_R in der Hauptsache in dem Potentialbereich merklich, der auf der einen Seite vom Wasserstoffabscheidungspotential und auf der anderen vom Sauerstoffabscheidungspotential begrenzt wird. Der Strahlungsphotoeffekt (E_{Ph}) ist nur für Oxidelektroden charakteristisch, und er tritt in einem begrenzten Potentialbereich in Erscheinung, das durch die Natur des betreffenden Oxids charakterisiert wird. Sein Gewicht wächst mit zunehmender Oxidschichtdicke und ist unabhängig von der Natur der Strahlungsteilchen der absorbierten Energie proportional.

Der destruktive Effekt (E_D) wirkt wie auch E_{Ph} einen korrosiven Einfluß nur auf Oxidelektroden aus. Dieser Effekt tritt bei γ-Bestrahlung praktisch nicht auf. E_D ist um so größer, je größer die Masse der Bestrahlungsteilchen und je größer die in der Schicht absorbierte, integrale Dosis ist.

Wie werden sich die genannten Effekte auf die Kinetik der Korrosionsprozesse auswirken? Im allgemeinen ist folgendes zu sagen. Der radiolytische Effekt kann in Abhängigkeit von den Bedingungen die Metallkorrosion sowohl beschleunigen, wie auch hemmen, da er den Ablauf des katodischen Prozesses, aber auch den anodischen Prozeß der Sauerstoffabscheidung beschleunigt. In der Regel ist jedoch die Größe E_R gering, und folglich kann man große Korrosionseffekte nur in zwei Fällen erwarten: Erstens, wenn die Radiolyse zum Auftreten sehr aggressiver Komponenten, z. B. von Salzsäure und ähnlichen Stoffen, führt, die den anodischen Prozeß der Metallionisation und den Übergang der Metallionen in die

Lösung stark fördern. Dann kann dieser Effekt in Verbindung mit einer Beschleunigung der katodischen Reaktion die Metallkorrosion bedeutend verstärken. Zweitens, wenn Bedingungen entstehen, unter denen der Ausnutzungskoeffizient der kurzlebigen Radikale in der katodischen Reaktion ansteigt, z. B. beim Vorhandensein von Ionen mit wechselnder Wertigkeit in der Lösung.

Der Strahlungsphotoeffekt kann den Korrosionsprozeß nur über eine Katalysierung des katodischen Prozesses beschleunigen. Folglich kann E_{Ph} nur die Korrosion von Metallen beschleunigen, die Oxide des *p*-Typs bilden, und kann sogar umgekehrt die Korrosion von Metallen mit Schichten des *n*-Typs hemmen, indem er die Überspannung der Sauerstoffabscheidung herabsetzt. In den durch-

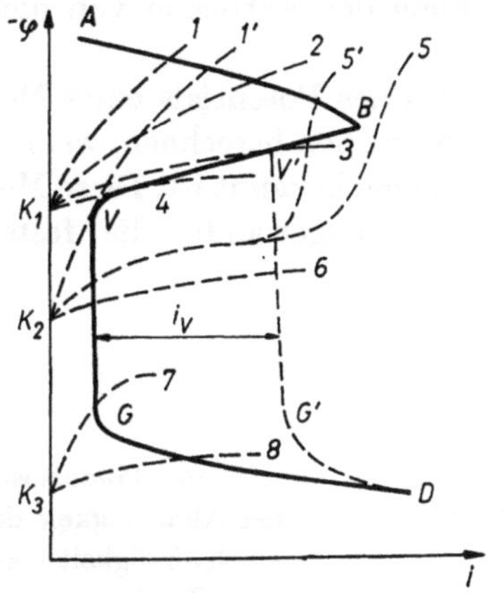

Abb. 85: Potentiostatische anodische Kurve

— — — — — hypothetische katodische Kurven

geführten Versuchen wurden keine besonders großen Strahlungsphotoeffekte entdeckt. Das bildet die Grundlage für die Annahme, daß im Ergebnis der Wirkung von E_{Ph} keine bedeutende Beschleunigung der Korrosion zu erwarten ist, weil bei Einwirkung von leichten Strahlungsteilchen nur ein unbedeutender Energiebetrag in der Schicht abgebremst wird, während bei Bestrahlung mit schweren und der Absorption großer Energiedosen der destruktive Effekt (E_D) der Oxidschicht wirksam wird, der den Einfluß von E_{Ph} übersteigt.

Der destruktive Effekt E_D kann offenbar in einer Reihe von Fällen bedeutende Korrosionseffekte ergeben, da er zu einer merklichen Änderung des Oberflächencharakters des bestrahlten Metalls führt und im Prozeß sogar einen völligen Verlust der Oxidschicht mit ihren schützenden Eigenschaften bewirken kann. Es muß bemerkt werden, daß E_D selbst die Korrosion nicht verstärkt, jedoch Bedingungen für ihre Verstärkung schafft, indem er die Defektkonzentration im Oxidgitter erhöht.

Die Wirkung der genannten Faktoren läßt sich bequem mit Hilfe der verallgemeinerten Potential-Korrosionskurve analysieren, die schematisch in Abb. 85 dargestellt ist. Die Kurve besteht aus folgenden typischen Abschnitten: AB — Bereich der aktiven Auflösung; BV — Bereich des Aktiv-Passiv-Zustandes, wo parallel zum Prozeß der Metallauflösung der Prozeß der Passivschichtbildung (als Adsorptions- oder Phasenschicht) auf der Metalloberfläche verläuft; *VG* — Bereich der vollständigen Passivierung, wo der anodische Strom zur Erneuerung der durch den Elektrolyten kontinuierlich abgetragenen Passivschicht verbraucht wird. Die Geschwindigkeit des anodischen Prozesses wird in diesem Bereich durch die Intensität der Wechselwirkung des Elektrolyten mit der Passivschicht bestimmt; *GD* — sogenannter Transpassivbereich, wo das sehr hohe positive Potential zum Verlust der schützenden Eigenschaften der Passivschicht führt. Sehr oft geschieht das im Ergebnis eines Übergangs des korrodierenden Metalls in einen höheren Wertigkeitszustand, der leicht lösliche Verbindungen bildet. So bildet z. B. Chrom im Transpassivzustand mit der Wertigkeitsstufe 6 ein leicht wasserlösliches Oxid, wodurch auch die Erhöhung der Korrosion von nichtrostendem Stahl in diesem Bereich erklärt wird.

Auf diese Weise kann man bei Kenntnis des Potentials eines Metalls in dem betreffenden Medium das Ausmaß seiner Korrosion berechnen, wenn die potentiostatische Kurve für die gegebenen Bedingungen bekannt ist. Diese Methode wurde von Kolotyrkin und Mitarbeitern [111] angewandt, die feststellten, daß

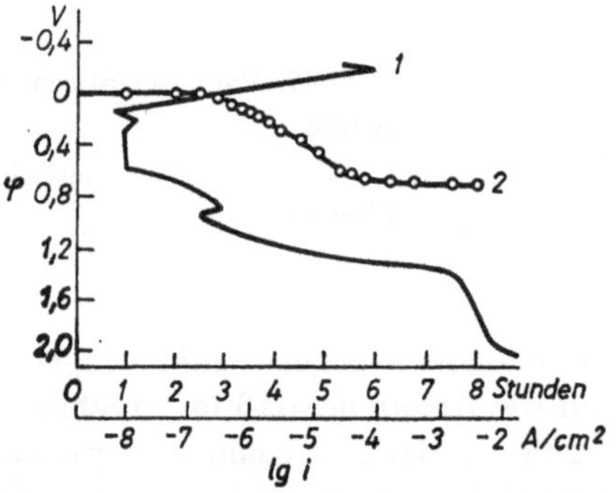

Abb. 86: Potentiostatische Kurve der Abhängigkeit der Auflösungsgeschwindigkeit von nichtrostendem Stahl vom Potential in 1 n H_2SO_4 (*1*) und Änderung des Elektrodenpotentials während des Bestrahlungsprozesses (*2*) [111]

Bestrahlung (Dosisleistung $1{,}6 \cdot 10^{15}$ eV/cm³ sec) das Potential von nichtrostendem Stahl (Typ 18% Cr — 8% Ni) aus dem Gebiet der beginnenden Passivierung, wo die Auflösungsgeschwindigkeit einer Stromdichte von 10^{-5} A/cm² entspricht, in den Transpassivbereich verschoben wird, dem eine Auflösungsstromdichte von 10^{-7} A/cm² entspricht, wie in Abb. 86 gezeigt ist.

Die Kenntnis des stationären Potentials, die eine Vorstellung vom Ausmaß der Korrosion vermittelt, sagt nichts über den für die Einstellung des gegebenen Potentials verantwortlichen Mechanismus aus. Aus der Korrosionstheorie ist bekannt, daß das stationäre Potential der Faktor ist, der die auf der Metalloberfläche in dem gegebenen Korrosionsmedium ablaufenden anodischen und katodischen Prozesse steuert.

Es wurde festgestellt, daß Strahlung den Ablauf sowohl der katodischen wie auch der anodischen Prozesse fördern kann. Da sich in der Mehrzahl der Fälle das stationäre Potential des Metalls unter der Strahlungswirkung nach der positiven Seite verschiebt, hat die Katalysierung des katodischen Prozesses vorrangige Bedeutung.

Aus Abb. 85 ist ersichtlich, daß eine Katalysierung des katodischen Prozesses in der Mehrzahl der Fälle die Korrosion verstärkt (siehe katodische Kurven 1—3), wenn sich das Metall vor der Bestrahlung im Zustand der aktiven Auflösung befand (stationäres Potential im Abschnitt AB). Es sind aber auch Fälle nicht ausgeschlossen, in denen die Metallkorrosion infolge Katalysierung des katodischen Prozesses unter Bestrahlung im Ergebnis des Übergangs des Metalls aus dem Zustand der aktiven Auflösung in das Gebiet der beginnenden Passivierung (siehe Kurven 2 und 4) und sogar in das Gebiet maximaler Passivierung (siehe Kurven 1′ und 5′) gehemmt wird. Im letzten Fall ist es allerdings nötig, daß die katodische Grenzstromdichte größer ist als die anodische Stromdichte im Punkt B (Kurve 5), da sonst eine Verstärkung der Korrosion eintritt (Kurve 5′). Außerdem beginnt beim Übergang in den Passivzustand der destruktive Strahlungsfaktor zu wirken, der bedeutende Änderungen beisteuert, wie weiter unten noch ausgeführt wird. Im Abschnitt BV kann eine Förderung des katodischen Prozesses sowohl eine Hemmung (siehe Kurven 3 und 4) wie auch eine Beschleunigung der Korrosion hervorrufen (siehe Kurven 1′ und 5′).

Somit spielt im Abschnitt ABV die durch die Wirkung des radiolytischen und des Strahlungsphotoeffekts verursachte Katalysierung des katodischen Prozesses die Hauptrolle. Es ist offensichtlich, daß im Bereich der aktiven Auflösung AB bei Fehlen einer Oxidschicht der katodische Prozeß nur infolge des radiolytischen Effekts katalysiert wird. Die Strahlungsphotoerscheinungen beginnen im Bereich BV beim Auftreten einer Schicht eine Rolle zu spielen.

Da E_R und E_{Ph} vom absorbierten Energiebetrag abhängen und nicht, oder richtiger, wenig mit der Natur der Strahlungsteilchen im Zusammenhang stehen, so wird die Größe des Effekts von der Dosisleistung der ionisierenden Strahlung — unabhängig von ihrem Typ — bedingt. Für im Zustand maximaler Passivität befindliche Metalle (im Bereich VG) schwächt das Vorhandensein einer festen Oxidschicht die Wirkung der Radiolyseprodukte stark ab. Tatsächlich muß dabei die Größe E_{Ph} anwachsen, da aber dieser Effekt keine Strukturänderungen der Schicht zur Folge hat und nur auf die Kinetik der Elektrodenprozesse wirkt, kann er die Korrosionsgeschwindigkeit nicht wesentlich beeinflussen, wie das z. B. aus dem Vergleich der Schnittpunkte der katodischen Kurven 5 und 6 mit der Geraden VG folgt. Im Bereich VG beginnt die destruktive Strahlungswirkung (E_D) eine große Rolle zu spielen.

Im Ergebnis der Bildung einer erhöhten Menge unterschiedlicher Strukturdefekte in der Passivschicht kann die Passivschicht, wenn sie den Charakter eines Phasenoxids trägt, sogar verstärkt werden, doch muß sich gleichzeitig ihre Auflösungsgeschwindigkeit erhöhen, wie oben festgestellt wurde. Der letztgenannte Umstand führt offensichtlich dazu, daß der Abschnitt VG unter Parallelverschiebung die Lage $V'G'$ annimmt. Dabei verschiebt sich das Potential nach der negativen Seite, wie der Schnitt der Kurve 5 mit den Abschnitten VG und $V'G'$ zeigt.

Es ist anzunehmen, daß die oben erwähnte Potentialverschiebung von Aluminium und Wolfram nach der negativen Seite durch den genannten Effekt bestimmt wird.

Die Erhöhung der Korrosionsstromdichte im Bereich der maximalen Passivierung (i_v) wird durch folgende Faktoren bestimmt:

1. Durch die Größe der destruktiven Strahlungseinwirkung, die sowohl von der Strahlungsdosis, wie auch vom Charakter der Strahlungsteilchen abhängt, d. h., je leichter die Teilchen, desto geringer ist die Größe des destruktiven Effekts;

2. durch die Aggressivität des Korrosionsmediums gegenüber der Oxidschicht. Man muß sich erinnern, daß im betrachteten Fall die Strahlung nicht als solche die Korrosion des Metalls verstärkt, sondern durch Destruktion der Schicht in ihr Defekte bildet, in die der Elektrolyt eindringen kann, d. h. indem sie Bedingungen für einen schnellen Verlauf der Korrosion schafft, deren Realgeschwindigkeit durch die Aggressivität des Korrosionsmediums bestimmt wird. Auf diese Weise erhalten wir bei gleichem Ausmaß der Destruktion der Oxide in unterschiedlichen Korrosionsmedien vollkommen verschiedene Korrosionseffekte;

3. durch die strukturelle Beständigkeit der Schicht gegenüber der Strahlungswirkung. Es läßt sich jetzt nur schwierig exakt feststellen, durch welche Parameter die Beständigkeit einer Schicht gegenüber Destruktion unter Bestrahlung bestimmt wird. Man kann nur unter Hinweis auf Versuche unterstreichen, daß unterschiedliche Oxide unterschiedliche Empfindlichkeit gegen Strahlenwirkung zeigen.

Alle beschriebenen Gesetzmäßigkeiten der Erscheinung E_D beziehen sich auf Metalle, die auf ihrer Oberfläche eine hinreichend dichte, ihre Korrosionsbeständigkeit bestimmende Phasenschicht besitzen.

Bei Metallen, deren Passivität in bedeutendem Maße durch Adsorptionserscheinungen bestimmt wird, wie z. B. bei nichtrostendem Stahl, kann nur ein sehr starker destruktiver Effekt eine merkliche Rolle spielen. Folglich kann man für diese Metalle unter normalen Bedingungen keine Verstärkung der Korrosion im Bereich maximaler Passivität erwarten.

Jetzt wollen wir sehen, welche Rolle die Strahlung im Transpassivbereich GD spielen kann. Zunächst vermerken wir, daß im Prinzip als Ergebnis der Katalysierung des katodischen Prozesses[1]) der Fall einer Überführung des Metalls aus dem passiven in den transpassiven Zustand möglich ist, wie ein Vergleich des Verlaufs der katodischen Kurve 7 und 8 zeigt. Transpassivität kann auch dann eintreten, wenn das Redoxpotential des bestrahlten Mediums infolge Radiolyse in den Bereich verschoben wird, der niedriger (positiver) als der Transpassivbereich liegt.

Nach den Angaben von Cartledge [114] ist das Redoxpotential bestrahlter, schwach saurer, wäßriger Lösungen gleich 0,85—0,9 V. Hieraus folgt, daß Strahlung in diesen Medien nur dann den Übergang eines Metalls in den Transpassivbereich hervorrufen kann, wenn sich dieser Übergang bei negativeren Potentialen als 0,8—0,9 V[2]) vollzieht. Wenn die Transpassivität für ihre Verwirklichung be-

[1]) Diese Katalysierung kann im einzelnen infolge des Strahlungsphotoeffekts an Metallen mit Schichten des p-Typs eintreten.

[2]) Für schwach sauere Medien

deutend positivere Potentiale erfordert, so wird die Strahlung diesen Vorgang sogar hemmen, da die Radiolyseprodukte als Reduktionsmittel wirken werden, wobei sie das Potential des Systems nach der negativen Seite verschieben. Die Effektivität der Strahlungswirkung wird in diesem Fall um so größer sein, je größer der Koeffizient ψ ist:

$$\psi = \frac{\textit{Konzentration der Radiolyseprodukte}}{\textit{Konzentration der Oxydationsmittel in der Lösung}}$$

(wobei solche Oxydationsmittel gemeint sind, die Transpassivität herbeiführen können).

Die Konzentration an Radiolyseprodukten im Zähler kann durch die Strahlungsdosis ausgedrückt werden, da zwischen beiden Größen eine direkte Proportionalität besteht.

Die angegebenen Gesetzmäßigkeiten des Einflusses von Strahlung auf den Transpassivierungsprozeß werden von McIntosh und Evans [115] bestätigt. Diese Autoren stellten fest, daß die starke Korrosion von nichtrostendem Stahl (18% Cr, 13% Ni mit einem Zusatz von Nb) in Salpetersäure, die durch Eintreten der Transpassivität bei Zusatz von Metallionen mit wechselnder Wertigkeit hervorgerufen wird, stark gehemmt wird, wenn zu dieser Lösung radioaktives ^{137}Cs zugegeben wird. Die Rolle der Strahlung wurde dadurch nachgewiesen, daß der Zusatz einer gleichen Menge inaktiven Cäsiums keinerlei Einfluß auf den Verlauf des Korrosionsprozesses ausübte. Die Wirkung der Strahlung äußerte sich um so kräftiger, je positiver das Redoxpotential des untersuchten Systems war. Besonders stark wirkte sich die Strahlung bei Lösungen mit $Ce^{4+} \rightleftharpoons Ce^{3+}$ ($\varphi^0 = 1{,}61$ V) aus. In der Mehrzahl der Fälle zeigte sie Wirkung auf das System $Cr^{6+} \rightleftharpoons Cr^{3+}$ ($\varphi^0 = 1{,}33$ V) und praktisch unbeeinflußt blieb $V^{5+} \rightleftharpoons V^{4+}$ ($\varphi^0 = 1$ V). Es wurde auch festgestellt, daß eine Verringerung der Strahlungsdosis die Größe des Effekts herabsetzt, offensichtlich in Verbindung mit der Erniedrigung des Koeffizienten ψ.

5. Einfluß von Strahlung auf die Korrosion verschiedener Metalle und Legierungen in wäßrigen Lösungen

5.1. Aluminium und seine Legierungen

Aluminium und seine Legierungen sind die im Reaktorbau am meisten angewandten Konstruktionsmaterialien. Insbesondere erhielten sie die ausgedehnteste Verbreitung als Hüllmaterialien für Brennstäbe [116]. Das hängt damit zusammen, daß Aluminium einen geringen Absorptionsquerschnitt für thermische Neutronen (0,215 barn oder 0,048 cm^2/g), verhältnismäßig hohe Korrosionsbeständigkeit in Wasser und einen niedrigen Preis besitzt.

Was die Korrosionswirkung der Strahlung auf Aluminium betrifft, so herrscht zu dieser Frage keine einheitliche Meinung. Die Mehrzahl der Autoren nimmt an, daß Strahlung der verschiedensten Art keinerlei merklichen Einfluß auf die Korrosionsgeschwindigkeit von Aluminium in Wasser und in wäßrigen Lösungen ausübt. Zum Beispiel bekräftigt ALLEN:

„Die Korrosion von Aluminium und anderen Metallen wird durch Strahlung nicht bedeutend verstärkt, zumindest nicht in allen Experimenten, die bis heute durchgeführt wurden" [117].

Eine analoge Schlußfolgerung zieht BURKETT [118]. SIMNAD weist darauf hin, daß γ-Strahlung die Aluminiumkorrosion in Wasser bei Zimmertemperatur sogar etwas hemmt [62]. KRENZ [119] wies eine geringe Schutzwirkung der Strahlung für Legierungen von Aluminium mit Nickel (bis 2%), Eisen (~0,5%) und Silizium (0,09—0,21%) nach, die in dem Kühlsystem eines wassergekühlten Reaktors bei 260 °C innerhalb 700 Stunden eintrat. Zu etwas anderen Schlußfolgerungen kam NOMURA [120], der zeigte, daß die Korrosion technischen Aluminiums (Marke 2S[1]) bei 50—70 °C im Reaktor vom Zustand des Wassers abhängt.

Die Reaktorstrahlung verringert nach NOMURAs Angaben die Aluminiumkorrosion in demineralisiertem Wasser und verstärkt sie in nicht-demineralisiertem. NOMURA kommt zu der Schlußfolgerung, daß die Strahlungswirkung nur mit Änderungen der Lösung (Radiolyse), aber nicht mit Änderungen der Metalloberfläche zusammenhängt.

Es gibt auch weitere bestimmte Hinweise, daß Strahlung die Aluminiumkorrosion beschleunigt. So korrodiert z. B. nach den Angaben der Arbeit [121] technisches Aluminium in siedendem Wasser unter Einwirkung von Reaktorstrahlung

[1]) Nach amerikanischer Norm ist Aluminium 2 S technisch reines Aluminium mit 99—99,3% Al. Hauptverunreinigungen sind Eisen und Silizium und in geringerer Konzentration Kupfer.

stärker, und die Korrosion verläuft um so schneller, je intensiver die Bestrahlung ist. Auch GRANT vermerkte, daß Reaktorstrahlung die Korrosion von Aluminium und seinen Legierungen etwas verstärkt [2].

Auf der Grundlage des im vorhergehenden Kapitel dargelegten Mechanismus der Strahlungswirkung auf den Korrosionsprozeß kann man sich einigermaßen klar vorstellen, wie das Korrosionsverhalten von Aluminium unter Bestrahlungsbedingungen sein muß.

Es ist bekannt, daß Aluminium leicht oxydiert wird und seine Korrosionsbeständigkeit durch die Bildung einer dichten Oxidschicht verursacht wird. Deshalb findet sich Aluminium in neutralen und schwach saueren Medien im Zustand maximaler Passivität (Bereich *VG* der potentiostatischen Kurve, Abb. 85). Dann dürfen sich nach den für diesen Bereich gültigen Gesetzmäßigkeiten der Strahlungsphoto- und der radiolytische Effekt nicht merklich im Korrosionsverhalten des Aluminiums äußern. Der bestimmende Faktor, der unter diesen Bedingungen die Korrosionsbeständigkeit des Aluminiums herabsetzt, ist die destruktive Strahlungswirkung. Folglich werden unterschiedliche Strahlungsarten verschieden auf Aluminium wirken.

γ-Strahlung darf in neutralen und schwach saueren Medien die Korrosion von Aluminium und seinen Legierungen nicht verstärken, sondern kann sogar umgekehrt infolge Erzeugung einer dichteren Oxidschicht als Auswirkung des Vorhandenseins von kräftigen Oxydationsmitteln in der Lösung ihre Korrosionsbeständigkeit etwas erhöhen. Die Angaben SIMNADS [62] bekräftigen diese Schlußfolgerung. Auch unsere Langzeitversuche zur Bestimmung des Einflusses von γ-Strahlung bei einer Dosisleistung von $4{,}0 \cdot 10^{15}$ eV/cm³sec (siehe Abb. 34) zeigten, daß die genannte Strahlung die Korrosion von Aluminium in 3%iger NaCl-Lösung bei Zimmertemperatur nicht verstärkt. Innerhalb 1000 Stunden überstieg der Gewichtsverlust sowohl für bestrahlte wie auch für unbestrahlte Proben 0,0001 bis 0,0002 g nicht.

γ-Strahlung kann die Aluminiumkorrosion unter den Bedingungen der aktiven Auflösung beschleunigen, d. h. im Bereich *AB* der potentiostatischen Kurve, wo eine Katalysierung der katodischen Reaktion den Korrosionsprozeß verstärken kann[1]). Zum Beispiel ist bekannt, daß die Aluminiumoxide in Schwefelsäure aufgelöst werden [123]. Folglich muß Einwirkung von γ-Strahlung die Aluminiumkorrosion in diesem Fall beschleunigen. Unter diesen Bedingungen ausgeführte Langzeitversuche zeigen, daß γ-Strahlung tatsächlich die Korrosionsgeschwindigkeit von Aluminium in 1 n H_2SO_4-Lösung etwas erhöht (Abb. 87).

Im Falle von γ-Strahlung kann nur dann eine bedeutende Verstärkung der Aluminiumkorrosion erwartet werden, wenn durch die Radiolyse des Korrosionsmediums gegenüber dem Aluminium aggressivwirkende Stoffe gebildet werden (siehe z. B. Kapitel 7.1, Seite 193).

[1]) Letzten Endes wird sich aber irgendeine merkliche Strahlungswirkung in diesem Bereich nur im Gebiet schwacher Korrosionseffekte äußern. Bei sehr starken Korrosionseffekten wird die Strahlung keine Rolle spielen.

Die Wirkung schwerer Teilchen, wie zum Beispiel Elektronen, Neutronen usw. die einen höheren Destruktionskoeffizienten als γ-Strahlung besitzen, kann sich offensichtlich in Fällen der Anwendung neutraler oder schwach sauerer Lösungen äußern, d. h. bei Vorliegen des stationären Passivzustandes von Aluminium.

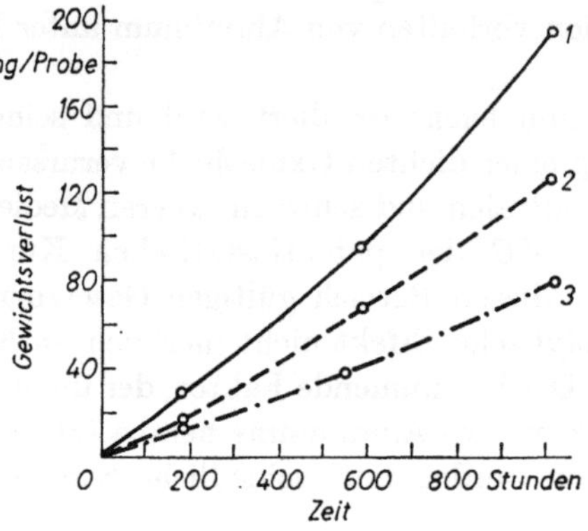

Abb. 87: Einfluß von γ-Strahlung (Dosisleistung $4{,}0 \cdot 10^{15}$ eV/cm³ sec) auf die Korrosion von technischem Aluminium in 1 n H_2SO_4 bei 25 °C
1 — unter Bestrahlung; *2* — bei Einwirkung von Radiolyseprodukten der Atmosphäre;
3 — ohne Bestrahlung

Wie die oben beschriebenen Versuche mit Elektronenbestrahlung von Aluminium zeigen, besitzt letzteres eine ziemlich hohe „destruktive Empfindlichkeit", da schon eine Elektronendosis von $2 \cdot 10^{20}$ eV/cm² die Auflösungsgeschwindigkeit der Oxidschicht auf Aluminium in einer auf 75 °C erwärmten Natriumchloridlösung merklich erhöht.

Die Empfindlichkeit der Aluminiumoxide gegenüber dem destruktiven Effekt zeigt, daß beim Vorhandensein von schweren Teilchen in der Strahlung eine noch stärkere korrosive Wirkung zu erwarten ist.

Man muß sich jedoch erinnern, daß entsprechend der spezifischen Wirkung des destruktiven Effekts, der nur die Voraussetzung für die Verstärkung der Korrosion schafft (siehe Seite 139), große Effekte nur in solchen Medien erwartet werden können, die ausreichend aggressiv gegenüber der Oxidschicht sind.

Besonderes Interesse verdient die Wirkung der Neutronen. Langsame Neutronen können unmittelbar keine Korrosionseffekte ergeben. Ihr Einfluß hängt mit der sekundären Wirkung von Produkten verschiedener Art zusammen, die im Ergebnis von Kernreaktionen des bestrahlten Stoffs mit langsamen Neutronen gebildet werden. Schnelle Neutronen zerstören wie schwere Teilchen, die hohe kinetische Energien besitzen, die Oxidschicht auf der Aluminiumoberfläche. Folglich kann man in gegenüber Aluminiumoxid aggressiven Lösungen, darunter auch in einem Strom siedenden Wassers, eine Verstärkung der Aluminiumkorrosion erwarten. Die Arbeiten [121, 122] unterstützten diesen Gesichtspunkt. Die in der Arbeit [119] von Krenz erhaltenen entgegengesetzten Ergebnisse können möglicherweise mit unzureichender Versuchsdauer oder einer nicht ganz richtigen Bestimmungsmethodik der Aluminiumkorrosion erklärt werden.

Es muß noch auf einen Umstand hingewiesen werden, der beim Einsatz von Aluminiumlegierungen als Konstruktionsmaterialien in der Atomindustrie berücksichtigt werden muß — das ist die Steigerung der Empfindlichkeit von Aluminium gegenüber Kontaktkorrosion. Die oben beschriebenen Versuche mit Korrosionselementen, in denen Aluminium die Anode bildet, zeigen seine Aktivierung bei Bestrahlung. Durch elektrochemische Untersuchungen wurde gezeigt, (siehe Kapitel 3.) daß Strahlung das Potential des Aluminiums in wäßrigen Lösungen nach der negativen Seite verschiebt. Gleichzeitig tritt für die meisten Metalle umgekehrt eine Potentialverschiebung nach der positiven Seite ein. Es ist offensichtlich, daß der Kontakt von Aluminium mit solchen Metallen unter Strahlungsbedingungen infolge Erhöhung der ursprünglichen Potentialdifferenz zwischen den das Korrosionselement bildenden Elektroden zu einer Verstärkung der Aluminiumkorrosions führen kann [siehe Gleichung (1.37)]. Folglich müssen bei der Projektierung von Atomanlagen Kontaktstellen von Konstruktionsteilen aus Aluminium mit solchen aus anderen Metallen in der Bestrahlungszone vermieden werden.

5.2. Zirkon und seine Legierungen

Zirkon, das einen sehr kleinen Einfangquerschnitt für Neutronen besitzt, hat wie Aluminium große Bedeutung für die Atomindustrie. Die Korrosionsbeständigkeit von Zirkon wird durch seine Fähigkeit zur Passivierung infolge Bildung einer dichten Oxidschicht auf seiner Oberfläche bestimmt. Jedoch beginnt nach Erreichen einer bestimmten Dicke bei hohen Temperaturen die Zerstörung dieser Schicht, was zu einer starken Korrosion des Zirkons führt. Im Zusammenhang damit werden in der Atomindustrie Zirkonlegierungen angewandt, auf denen eine festere Oxidschicht gebildet wird. Im Ausland wird sehr verbreitet die Legierung Zircaloy-2 verwendet. Diese Legierung enthält folgende Zusätze zum Zirkon: 1,2–1,7% Sn; 0,07–0,20% Fe; 0,05–0,15% Cr; 0,03–0,05% Ni; 0,01% N_2 (maximal); 0,17% O_2 [61]. In der UdSSR wurden Zirkonlegierungen mit Niob, Eisen und Nickel entwickelt [124].

Der Einfluß von Strahlung auf die Korrosionsbeständigkeit von Zirkon wurde von verschiedenen Forschern untersucht. Im Kapitel 4. wurden Angaben über die Umwandlung von Zirkondioxid von der monoklinen in die kubische Form unter Einwirkung von Neutronenstrahlung angeführt.

Die Fähigkeit der Oxidschicht auf Zirkon, ihre Struktur unter der Einwirkung von Neutronenstrahlung zu ändern, bildete die Grundlage der Ansicht, daß diese Schicht das Metall unter den Einsatzbedingungen im Reaktor nicht sicher schützen wird. Johnson schlug sogar als Gegenmittel gegen die genannte Gefahr vor, auf der Zirkonoberfläche von vornherein eine Oxidschicht des kubischen Typs zu formieren (siehe [84]). Diese Vorstellung von der ungenügenden Schutzwirkung der Oxidschicht auf Zirkon unter den Bedingungen der Neutronenbestrahlung veranlaßte Adam und Cox [85], die Gesetzmäßigkeiten des Einflusses von Neutronenstrahlung auf die verschiedenen Oxidtypen des Zirkons näher zu untersuchen. Die Ergebnisse ihrer Untersuchungen zeigten folgendes:

1. Spektralreines ZrO_2 ändert sich bei Bestrahlung nicht.

2. Strukturelle Umwandlungen von ZrO_2 unter der Einwirkung von Neutronenstrahlung finden nur bei Anwesenheit von Verunreinigungen im Metall statt (dabei wirken unterschiedliche Beimengungen verschieden, insbesondere zeigt Zircaloy-2 verhältnismäßig hohe Stabilität).

3. Das Vorhandensein der metastabilen tetragonalen Form verzögert den Umwandlungsprozeß der monoklinen Struktur.

4. Die kompakte Oxidschicht auf Metallproben zeigt einen höheren Umwandlungsgrad als Pulver (bei gleicher Bestrahlungsdosis).

Im Endergebnis gelangten die Autoren zu dem Schluß, daß die genannten Strukturänderungen zu keiner starken Verschlechterung der Korrosionseigenschaften von Zirkon führen.

In Kapitel 4. wurde weiterhin gezeigt, daß eine Bestrahlung mit schweren Teilchen auf Zirkon die Bildung einer Schicht erhöhter Dicke begünstigt, wie auch bei Aluminium festgestellt wurde. Der Mechanismus der Schichtverstärkung ist der gleiche wie bei Aluminium: Es findet eine gleichzeitige Wirkung der oxydativen Radiolysekomponente des Wassers und der Destruktion der Schicht durch die Strahlungsteilchen statt. Somit muß Zirkon, dessen Korrosionsbeständigkeit — wie auch die des Aluminiums — durch die Bildung der Oxidschicht bestimmt wird, bei Bestrahlung den gleichen Gesetzmäßigkeiten unterliegen wie Aluminium, d. h., der bestimmende Korrosionsfaktor muß die destruktive Strahlungswirkung sein. Folglich darf in der Mehrzahl der Fälle γ-Strahlung die Korrosion des Zirkons nicht beeinflussen.

Bei Betrachtung der Wirkung anderer Strahlungsarten muß man berücksichtigen, daß die Oxidschicht auf Zirkon viel fester und chemisch stabiler als Aluminiumoxid ist. Daraus folgt, daß für die Destruktion der Zirkonoxide eine höhere Strahlungsleistung erforderlich ist als bei Aluminium. Tatsächlich beschleunigt im Unterschied zu Aluminium nicht nur Elektronenstrahlung, sondern sogar eine ungenügend starke Neutronenbestrahlung[1]) die Korrosion von Zirkonlegierungen in siedendem Wasser nicht [125—127].

Eine Anzahl Arbeiten zeigt, daß zur Erzielung eindeutiger Ergebnisse die Intensität der Neutronenbestrahlung nicht geringer als 10^{13} Neutronen/cm^2 sec (schnelle Neutronen) sein darf. So erhöht Zircaloy-2 unter diesen Bedingungen nach den Angaben von Krenz [128] seine Korrosionsgeschwindigkeit in Wasser bei 280 °C um 70 bis 80%. In der Arbeit [2] wurde gezeigt, daß die Korrosionsgeschwindigkeit von Zircaloy-2 in überhitztem Dampf von 340 °C bei einer Bestrahlungsintensität von 10^{11} Neutronen/cm^2 sec nicht anwuchs, aber sich bei 10^{13} Neutronen/cm^2 sec um 30 bis 40% erhöhte. Darüber hinaus wurde in einer Reihe von Fällen bemerkt, daß sich bei der genannten Bestrahlung die Zeit bis zum Durchschlag (zur Zerstörung) der Oxidschicht verkürzt (obgleich sich der Durchschlag bei der gleichen Gewichtszunahme vollzog wie bei Abwesenheit von Strahlung) und sich die Korro-

[1]) Möglicherweise wird auch gerade dadurch das Fehlen eines Korrosionseffekts in den Versuchen von Adam und Cox [85] erklärt.

sionsgeschwindigkeit nach dem Durchschlag auf das Achtfache erhöhte [2]. Nach [129] beschleunigt ein Deuteronenstrom von 100 bis 200 μA/cm² die Korrosion von Zirkon in Wasser bei 315 °C zehnfach.

Ein sehr ähnliches Verhalten von Zircaloy-2 wurde an Uranylsulfatlösung beobachtet, die im homogenen Reaktor gleichzeitig Brennstoff, Moderator und Kühlmittel ist. Es wurde festgestellt, daß in inaktivem Uranylsulfat Zircaloy-2 absolut nicht korrodiert. Bei Vorhandensein eines Neutronenstroms aber, wenn das gelöste Uran als Brennstoff zu arbeiten beginnt, erreicht die Korrosion von Zircaloy-2 ein solches Ausmaß, daß sie zum Haupthindernis einer breiten Entwicklung des homogenen Reaktors wird, wie bereits in der „Einleitung" ausgeführt wurde.

Von Jenks [130—132] wurde festgestellt, daß die Korrosionsgeschwindigkeit von Zircaloy-2 in aktivem Uranylsulfat das Ergebnis der Bestrahlung der Metalloberfläche mit Spaltfragmenten des Urans ist. Von ihm wurde eine halbempirische Gleichung angegeben, die die Korrosionsgeschwindigkeit K_{korr} (mm/a) mit der absorbierten Dosisleistung P (W/cm³) in Beziehung setzt:

$$\frac{1}{K_{\text{korr}}} = \frac{K_1}{KP\alpha'} + \frac{1}{K}, \tag{5.1}$$

wobei K_1 (in W/cm³) und K (in mm/a) Konstanten für eine gegebene Temperatur und Lösung¹) darstellen und α' ein Faktor ist, der berücksichtigt, um wieviel die effektive Leistung der Strahlung auf der Schichtoberfläche (infolge Adsorption einer Uranschicht aus der Lösung) größer als die Leistung der Strahlung im Lösungsvolumen ist. Die Größe α' hängt vom Zustand der Lösung und von der Strömungsgeschwindigkeit des Korrosionsmediums ab und kann Werte bis 14 erreichen [131]. Unter Bedingungen, bei denen eine Uranadsorption fehlt, ist $\alpha' = 1$. Alle Faktoren, die eine Verminderung von α' begünstigen, z. B. die Erhöhung des Gehalts an freier Säure und die Erhöhung der Strömungsgeschwindigkeit, erniedrigen die Korrosionsgeschwindigkeit von Zircaloy-2 in Uranylsulfat.

Eine Vorstellung über die Korrosionsgeschwindigkeit von Zircaloy-2 in aktivem Uranylsulfat vermitteln die Kurven der Abb. 88 [132]. Es wurde bewiesen, daß die Verstärkung der Korrosion das Ergebnis einer Destruktion der Schicht durch die Spaltfragmente ist. Durch leichte Teilchen, z. B. Elektronen, wird sogar durch Strahlungsdichten bis 60 kW/l Lösung die Korrosion von Zircaloy-2 in Uranylsulfat nicht verstärkt [129], während in radioaktivem Uranylsulfat schon bei Dosisleistungen von 15—30 kW/l die Korrosionsgeschwindigkeit bis 0,5 mm/a ansteigt. Schwere Teilchen beschleunigen die Korrosion analog den Spaltfragmenten, wenn man ihre Dosis über die in der Schicht absorbierte Energie vergleicht.

¹) Für 225—330°C gilt $K = 4{,}44 \cdot 10^{10} \cdot e^{-22900/RT}$; das Verhältnis $\frac{K_1}{K} \sim 90{,}5 \frac{W \cdot a}{\text{cm}^3\,\text{mm}}$

Versuche, für den homogenen Reaktor anstelle Zircaloy-2 andere Zirkonlegierungen, z. B. mit Niob oder Titan, zu verwenden, ergaben keine befriedigenden Resultate. Er scheint, daß Nioboxid Uran 250mal besser adsorbiert als die Oxide

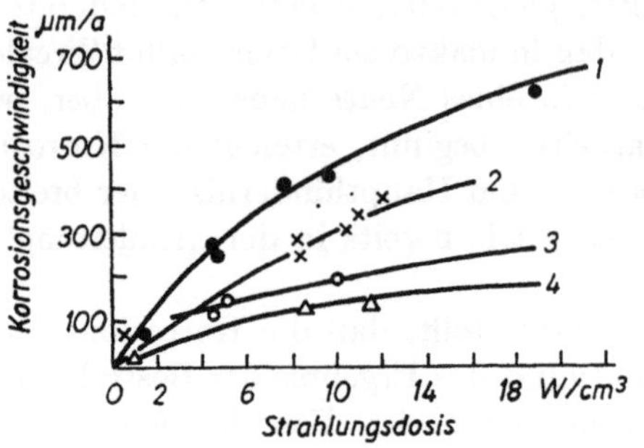

Abb. 88: Korrosionsgeschwindigkeit der Legierung Zircaloy-2 in bestrahltem 0,17 m Uranylsulfat mit unterschiedlichen Zusätzen an H_2SO_4 und $CuSO_4$ [130]
1 — 0,007—0,04 m $CuSO_4$, 280 °C;
2 — 0,04 m H_2SO_4 + 0,000 bis 0,04 m $CuSO_4$, 280 °C;
3 — 0,007 — 0,04 m $CuSO_4$, 250 °C;
4 — 0,04 m H_2SO_4 + 0,000 bis 0,04 m $CuSO_4$, 250 °C

von Zirkon und Titan. Im Ergebnis dessen werden die guten Korrosionseigenschaften dieser Legierungen verschlechtert. Titan besitzt einen hohen Neutroneneinfangquerschnitt.

Es gibt auch noch andere Beispiele für die korrosive Einwirkung der Strahlung auf Zirkon. So stellten Ziv und Ėfros [39] fest, daß in HBr-Lösungen die Korrosionsgeschwindigkeit von Zirkon bei der Einwirkung von α-Strahlung (^{210}Po) einer Aktivität von 0,3—1,0 Ci/cm³ auf das Hundertfache wächst. In ihren Versuchen wurden Proben aus Zirkonfolien untersucht. Die Korrosionsgeschwindigkeit dieser Proben in 41%iger HBr-Lösung betrug bei Zimmertemperatur ohne Bestrahlung 0,010—0,034 g/m² · h, wobei die Versuchsdauer 810 h erreichte, von denen während 16 h die Lösungstemperatur t = 127 °C betrug. Bei Einwirkung von α-Strahlung (0,3 Ci/cm³) betrug die Korrosionsgeschwindigkeit 2,5—3,0 g/m² · h während der ersten 20 Stunden des Versuchs. Nach Ablauf von 10 Tagen waren die Proben vollständig zerstört. Das war das Ergebnis eines starken destruktiven Effekts der α-Strahlung, deren Wirkung auf die schützende Schicht gemeinsam mit der aggressiven Wirkung der Radiolyseprodukte des Korrosionsmediums (atomares Brom) zu dieser starken Erhöhung der Korrosion führte.

5.3. Titan

Titan wird wegen seines hohen Neutroneneinfangquerschnitts im Reaktorbau praktisch wenig angewandt. Deshalb gibt es auch sehr wenig Angaben über den Einfluß der Strahlung auf die Korrosion des Titan.

Auf die Korrosion von Titan müssen in der Hauptsache schwere Teilchen Einfluß ausüben, da Titan wie Zirkon und Aluminium zur Klasse der infolge Bildung einer dichten und ziemlich starken oberflächlichen Oxidschicht leicht passivierbaren Metalle gehört.

Tatsächlich zeigt die Untersuchung von Titanproben im homogenen Reaktor [2, 129], daß in aktivem Uranylsulfat bei einer Temperatur der Lösung von 250—280 °C die Korrosionsgeschwindigkeit des Titans wächst und bei 1 kW/l 0,03—0,05 mm/a beträgt. Bei 20 kW/l erreicht sie 0,12 mm/a, während sie in inaktiver Lösung ~0,01 mm/a ausmacht. Die angeführten Werte zeigen, daß die Korrosionsbeständigkeit von Titan gegenüber Spaltfragmenten im Vergleich zu Zirkon und nichtrostendem Stahl bedeutend höher ist, so daß dieses Metall als universelles Konstruktionsmaterial für den homogenen Reaktor dienen könnte, wenn es keinen so hohen Neutroneneinfangquerschnitt hätte. Interessanterweise erhöhte sich (wieder im Unterschied zu Zirkon und nichtrostendem Stahl) die Korrosionsgeschwindigkeit von Titan bei Bestrahlung mit Elektronen. Das hängt offenbar mit Besonderheiten im Bau der Oxidschicht auf Titan zusammen und erfordert für eine richtige Deutung noch eingehendere Untersuchungen.

5.4. Eisen

Eisen wird beim Bau von Reaktorausrüstungen im allgemeinen als Material für Hilfskonstruktionen eingesetzt, die der Einwirkung sekundärer γ- und β-Strahlung unterliegen.

Die sich auf Eisen in neutralen Lösungen bildende Oxidschicht besitzt wegen ihrer Porosität keine guten schützenden Eigenschaften. Deshalb kann die destruktive Strahlenwirkung keine merklichen Effekte geben. Jedoch kann man eine

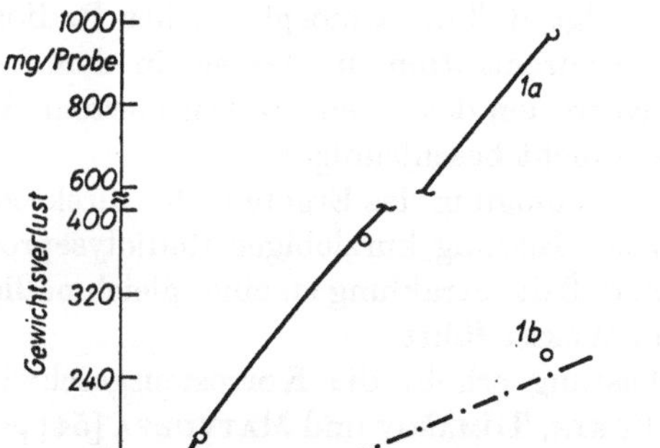

Abb. 89: Korrosions-Zeit-Kurven für den Stahl St 3 mit (*a*) und ohne (*b*) γ-Bestrahlung, sowie bei Anwesenheit von Radiolyseprodukten der Atmosphäre (*c*)

1 — in 0,01 n H_2SO_4;
2 — in 3%iger NaCl;
3 — in destilliertem Wasser

bedeutende Verstärkung der Korrosion des Eisens unter Bestrahlung infolge Katalysierung des katodischen Prozesses durch Fe^{3+}-Ionen erwarten, die im Ergebnis der Oxydation von Korrosionsprodukten durch die kurzlebigen Radiolyseprodukte des Wassers in der Lösung erscheinen, wie bereits früher ausgeführt wurde.

Von uns wurden Langzeitkorrosionsversuche (1000 Stunden) zur Bestimmung des Einflusses von γ-Strahlung auf die Korrosion von Stahl St 3 in destilliertem Wasser, in 3%iger NaCl-Lösung und in 0,01 n H_2SO_4-Lösung bei Zimmertemperatur ausgeführt. Die Versuche wurden nach dem in Abb. 34 dargestellten Schema durchgeführt. Die absorbierte Dosisleistung betrug für die Lösung $4{,}0 \cdot 10^{15}$ eV/cm³ sec. Aus den in Abb. 89 dargestellten Kurven ist ersichtlich, daß γ-Strahlung die Korrosionsgeschwindigkeit merklich erhöht (siehe Tab. 18), ohne den Charakter der Abhängigkeit Korrosion — Zeit prinzipiell zu verändern.

Tabelle 18

Einfluß von γ-Strahlung auf die Korrosion von Stahl St 3 in verschiedenen Elektrolyten (Versuchsdauer 1000 h) bei 20 °C (absorbierte Dosisleistung $4{,}0 \cdot 10^{15}$ eV/cm³ sec)

Korrosionslösung	Korrosionsgeschwindigkeit, g/m² · h			K_2/K_1
	ohne Bestrahlung K_1	in Anwesenheit atmosphärischer Radiolyseprodukte	unter Bestrahlung K_2	
Destilliertes Wasser	0,0713	0,0793	0,1259	1,6
0,5 n NaCl	0,0743	0,0689	0,1298	1,8
0,01 n H_2SO_4	0,2565	—	1,0352	4,0

Aus Abb. 89 und auch Tab. 18 folgt, daß die atmosphärischen Radiolyseprodukte Ozon, Stickoxide usw. in der Konzentration, in der sie in dem beschriebenen Versuch gebildet werden, die Korrosion des Eisens in destilliertem Wasser und in Natriumchloridlösung praktisch nicht beschleunigen.

Somit ist die registrierte Beschleunigung das Ergebnis der direkten Strahlungswirkung, die im Elektrolyten zur Bildung kurzlebiger Radiolyseprodukte führt. Es muß auch vermerkt werden, daß die Strahlung zu einer gleichmäßigeren Korrosion des Eisens in destilliertem Wasser führt.

Eine Erhöhung der Dosisleistung erhöht die Korrosionsgeschwindigkeit des Eisens, wie in der Arbeit von Fokin, Tomašov und Matveeva [54] gezeigt wurde. Diese Autoren stellten fest, daß unter der Wirkung von Elektronenstrahlung (Energie der Elektronen 1 MeV) bei Bedingungen, unter denen die Dosisleistung der im Elektolyten absorbierten Energie an der Probenoberfläche $6{,}6 \cdot 10^{19}$ eV/cm³ sec betrug, die Korrosion von Armco-Eisen in Wasser und neutralen Chloridlösungen etwas erhöht wird, wie aus den Angaben der Tab. 19 ersichtlich ist.

Sehr eingehend wurde von Janduškin [74] die Korrosion von Armco-Eisen und Stahl St 2 in destilliertem Wasser untersucht. Wie schon früher ausgeführt, wurde die Strahlung bei diesen Untersuchungen von den Proben selbst durch den Zerfall des radioaktiven Isotops ^{59}Fe geliefert, das durch vorhergehende Neutronenbestrahlung der Proben erhalten worden war. Die Anfangsaktivität betrug 6 μCi pro Probe.

Dabei wurde die Korrosion des Eisens um das Doppelte erhöht und verringerte sich mit der Zeit entsprechend dem Abklingen der Probenaktivität. JANDUŠKIN zeigte, daß die Korrosionsgeschwindigkeit proportional zur Erhöhung der Probenaktivität wächst und durch folgende Formel ausgedrückt werden kann:

$$K_{Str} = K_0 + kA\,, \tag{5.2}$$

wo K_{Str} — die Korrosionsgeschwindigkeit der aktiven Probe in g/m² · d; K_0 — die Korrosionsgeschwindigkeit gewöhnlicher Poben in g/m² · d; A — die spezifische Probenaktivität in μCi/g und k — einen Koeffizienten bedeutet.

Tabelle 19

Enfluß von Elektronenstrahlung auf die Korrosion von Armco-Eisen in destilliertem Wasser und Natriumchloridlösungen unterschiedlicher Konzentration

Korrosions-lösung	Korrosionsgeschwindigkeit, g/m² · h		K_2/K_1
	unter Wirkung von Elektronenbestrahlung (K_2)	ohne Bestrah-lung bei 50 °C (K_1)	
Destilliertes Wasser	3,5	0,96	3,6
NaCl-Lösung, %:			
0,001	3,5	1,04	3,3
0,01	3,5	1,13	2,9
0,1	7,4	1,13	6,1
1,0	9,6	1,13	7,9
3,0	11,3	1,13	10,0
10,0	12,2	0,96	12,7

Man kann annehmen, daß Strahlung jeder Art die Korrosion von Eisen in wäßrigen Lösungen in der Hauptsache infolge Katalysierung der katodischen Reaktion beschleunigt. Dabei erhöht sich die Korrosionsgeschwindigkeit in der Regel um das Zwei- bis Vierfache. Es können jedoch auch höhere Korrosionsgeschwindigkeiten beobachtet werden.

5.5. Nichtrostender Stahl

Austenitische nichtrostende Stähle des Typs 18% Cr—8% Ni werden in großem Umfang zur Anfertigung verschiedener Reaktorteile und sogar für Brennelementhüllen verwendet, wobei auf den verhältnismäßig hohen Einfangquerschnitt für thermische Neutronen keine Rücksicht genommen wird [116]. Der Hauptvorteil des nichtrostenden Stahls besteht in seiner hohen Korrosionsbeständigkeit in einer Reihe technologischer Medien, die in der Atomindustrie angewandt werden

Namentlich dadurch erklärt sich der Einsatz von nichtrostendem Stahl als Hauptkonstruktionsmaterial in Anlagen zur chemischen Aufarbeitung von Kernbrennstoff.

Die Korrosionsbeständigkeit der nichtrostenden Stähle erklärt sich aus ihrer Neigung zur anodischen Passivität im Ergebnis der Bildung einer sehr dünnen Oxidschicht auf der Metalloberfläche, deren wichtigster Bestandteil Chromoxide sind. Nach den Vorstellungen von Akimov [133] und Batrakov [134] befinden sich unter der Oxidschicht und in ihren Poren Sauerstoffatome oder -ionen, die fest an die Metalloberfläche adsorbiert sind. Die Kombination der dünnen, elastischen und festen Oxidschicht mit dem adsorbierten Sauerstoff oder einem anderen Oxydationsmittel garantiert eine sehr starke Hemmung des anodischen Prozesses, was dem Stahl eine hohe Korrosionsbeständigkeit in oxydativen Medien verleiht.

Ein solcher adsorptiv-phasenartiger Aufbau der Schutzschicht muß den nichtrostenden Stahl wenig empfindlich gegen die destruktive Wirkung der Bestrahlung machen. Davon zeugen insbesondere die Ergebnisse über das Verhalten von nichtrostendem Stahl unter Neutronenbestrahlung in einem Strom heißen Wassers (285 °C). Unter diesen Bedingungen betrug die Gewichtszunahme von Proben aus diesem Stahl bei einer Dosis von 10^{19} Neutronen/cm^2 10 mg/dm^2, d. h. eine außer ordentlich geringe Größe (siehe Tab. 14). Für Zirkonlegierungen ist die Gewichtszunahme unter gleichen Bedingungen bedeutend größer, wie aus Tab. 14 ersichtlich ist, und beträgt 200 mg/dm^2 (ohne Bestrahlung — 7 mg/dm^2). Das ist leicht zu erklären, wenn man annimmt, daß bei Zirkon und seinen Legierungen die hauptsächliche Schutzwirkung von der Phasenoxidschicht ausgeht, deren Dicke im Ergebnis der destruktiven Strahlungswirkung bedeutend erhöht wird, während bei nichtrostendem Stahl eine sehr große Rolle eine adsorbierte Schicht des Oxydationsmittels spielt, bei der sich die Wirkung der Strahlung offenbar nur in einer Änderung ihres Zustandes äußern kann. Somit gibt es keinen Grund, ein bedeutendes Anwachsen der Schicht bei der Einwirkung von Strahlung auf nichtrostenden Stahl zu erwarten.

Folglich müssen für nichtrostenden Stahl zwei Faktoren die Hauptrolle spielen: Die passivierende Wirkung der Radiolyseprodukte und Änderungen in der Adsorptionsschicht.

Der erste Faktor begünstigt die Korrosionsbeständigkeit des Stahls in einer Reihe von Medien. Kolotyrkin, Bune und Tjurikov [111] stellten fest, daß ^{60}Co-γ-Strahlung einer Dosisleistung von $1{,}5 \cdot 10^{15}$ eV/cm^3 sec bei Zimmertemperatur die Korrosion des Stahls 18% Cr—8% Ni im 1,0 n H_2SO_4 annähernd um zwei Größenordnungen verlangsamt (die Korrosionsstromdichte betrug 10^{-7} A/cm^2 anstatt 10^{-5} A/cm^2 ohne Bestrahlung). Weiter oben (siehe Seite 122) führten wir Angaben aus den Arbeiten von Cartledge [112] und Clark [68] an, aus denen ebenfalls folgte, daß γ-Strahlung die Passivierung von nichtrostendem Stahl in 1 n, auf 85 °C erhitzter H_2SO_4 begünstigt. Außerdem wurden Ergebnisse von Gerasimov und Aleksandrova (Seite 77) angegeben, die davon zeugen, daß unter der Wirkung von Reaktorstrahlung der anodische Prozeß an dem Stahl 1Ch18N9T in 0,01 n NaCl gehemmt wird.

Eine sehr deutliche passivierende Strahlungswirkung ergab sich in den von uns durchgeführten Langzeitversuchen (1200 Stunden), die der Untersuchung des Einflusses von γ-Strahlung auf die Korrosion des Stahls 1 Ch 13 in 3%iger NaCl-Lösung gewidmet waren. Als γ-Strahler wurde die gleiche Kobaltquelle eingesetzt (Dosisleistung $4{,}0 \cdot 10^{15}$ eV/cm^3 sec), die auch bei den methodischen Langzeitversuchen (siehe Abb. 34) verwendet wurde. In den ausgeführten Versuchen wurde eingehend der Strahlungseinfluß auf die Intensität des Prozesses der Spaltkorrosion geprüft.

Den Mechanismus der Spaltkorrosion von Eisen und nichtrostendem Stahl in neutralen Chloridlösungen kann man sich auf folgende Weise vorstellen [135, 136]. Im Ergebnis einer ungleichmäßigen Belüftung der Lösung im Volumen und in dem Spalt entsteht ein Aktiv-Passiv-Element, wobei die im Lösungsvolumen befindliche Metalloberfläche Katode ist und das durch ungenügende Sauerstoffkonzentration in dem Spalt aktivierte Metall als Anode dient. Im weiteren Verlauf hydrolysieren die in dem Spalt verbleibenden Chloridprodukte der anodischen Metallauflösung, wobei sie den pH der Lösung gegenüber dem pH im Elektrolytvolumen erniedrigen, was zu einer weiteren Verschiebung des Potentials der in dem Spalt befindlichen Metalloberfläche nach der negativen Seite zu führt. Es entsteht ein stabiles Konzentrationselement, bei dem das im Spalt befindliche Metall Anode und das Metall im Elektrolytvolumen Katode ist. Das Ergebnis der Arbeit dieses Elements ist die in der Praxis oft beobachtete Zerstörung metallischer Konstruktionen an Stellen enger Zwischenräume und Spalten.

Obwohl im Endeffekt die Intensität der Spaltkorrosion durch die Arbeit des Konzentrationselements bestimmt wird, so ist doch die Grundursache ihres Entstehens eine ungleichmäßige Belüftung, d. h. ein Mangel an Sauerstoff in dem Zwischenraum und als Folge dessen eine Aufhebung des passiven Zustandes des Stahls. Daraus wurde logisch geschlußfolgert, daß Strahlung, die die Passivität des Stahls im Ergebnis der Erzeugung effektiverer Oxydationsmittel in der Lösung begünstigt, die Entstehung von Korrosion in Spalten hemmen muß. Zur Prüfung dieser Annahme wurden auch die Versuche mit dem gegenüber Spaltkorrosion überaus empfindlichen Stahl 1 Ch 13 ausgeführt.

Das Schema der Versuchsanordnung und die Konstruktion der Proben sind in Abb. 90 dargestellt. Die Prüfungen wurden an Proben ausgeführt, die sich frei im Elektrolytvolumen befanden — sogenannte „freie" Proben (*A* und *B*), wie auch an Proben mit einem Spalt von 0,1 mm, der entweder durch die Polystyrolhalterung (Konstruktion V) oder durch Befestigung zweier Metallscheiben geschaffen wurde. Im letzten Fall wurden zwischen die Metallscheiben an den Ecken Glimmerstückchen einer Dicke von 0,1 mm eingelegt, so daß außer dem Zwischenraum Metall—Metall (0,1 mm) noch der viel engere Zwischenraum Metall—Glimmer entstand. Zur Prüfung des Einflusses der Eintauchtiefe wurden die Proben sowohl an der Elektrolytoberfläche (obere Proben), wie auch auf dem Grund des Bades (untere Proben) angebracht. Außer reinen Korrosionsmessungen wurde bei den verschiedenen Proben eine Bestimmung der Potentialverschiebung vorgenommen. Es wurde auch der Einfluß des Kontaktes einer freien Probe mit einer im

Zwischenraum befindlichen Probe auf das Potential und die Korrosion untersucht. Dazu wurden Paare von Proben des Typs *B* und des Typs *V* zusammengestellt, die während der gesamten Betriebszeit über ein Mikroampéremeter mit niedrigem innerem Widerstand verbunden waren. Die Gewichtsverluste der untersuchten Proben sind in Tab. 20 angegeben.

Die Angaben von Tab. 20 zeigen, daß in allen Fällen die Einwirkung von Strahlung die Größe der Korrosionsverluste erniedrigt. Für die Anordnung *V* (ohne Kontakt) ist der Unterschied im Verlust von Gewicht zwischen bestrahlten und

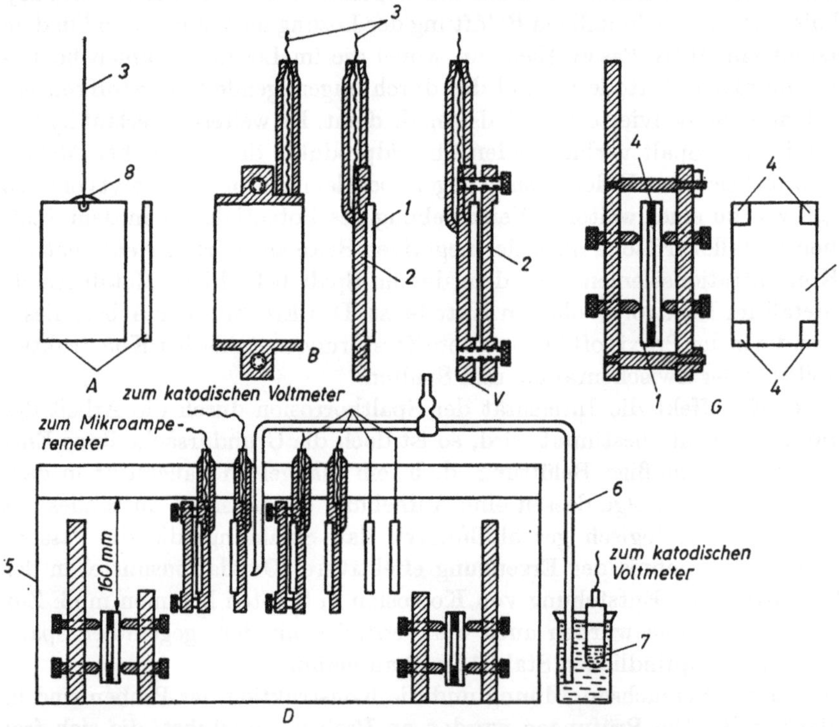

Abb. 90: Schema der Versuchsanordnung zur Untersuchung des Einflusses von γ-Strahlung auf die Spaltkorrosion des Stahls 1 Ch 13 in 3%iger NaCl-Lösung

A — Probe, die nicht von Polystyrol berührt wird (freie Probe);
B — in Polystyrol gefaßte Probe mit einer freien Seite;
V — Probe in einem Zwischenraum von 0,1 mm, der durch die Polystyrolhalterung gebildet wird;
G — Konstruktion mit einem Zwischenraum von 0,1 mm, der durch die Metallproben gebildet wird;
D — Versuchsanordnung in der Zusammenstellung
1 — Metallprobe; *2* — Polystyrolhalterung; *3* — Kontaktierungsleitung;
4 — Glimmerzwischenlage; 0,1 mm dick; *5* — Glasthermostat; *6* — Elektrolytschlüssel;
7 — Kalomelelektrode; *8* — Epoxidharz (Isolator)

unbestrahlten Proben sehr klein, doch kann man das von unserem Standpunkt aus damit erklären, daß der untersuchte Zwischenraum auch ohne Bestrahlung relativ gut belüftet wurde, da sich die Proben ganz an der Elektrolytoberfläche

Tabelle 20

Einfluß von Bestrahlung auf die Korrosion des Stahls 1 Ch 13 in 3%iger NaCl-Lösung bei 25 °C

Probe	Gewichtsverlust nach 1250 Stunden, mg/cm²			
	in Kontakt (Probe *B* und *V*)		ohne Kontakt	
	ohne Bestrahlung	unter Bestrahlung	ohne Bestrahlung	unter Bestrahlung
Frei (ohne Zwischenraum):				
Typ A*)	—	—	siehe Anmerkg.	1,53
Typ B*)	6,24	1,37	6,79	1,82
Mit Zwischenraum 0,1 mm:				
Typ V*) (oben)	2,41	1,53	1,30	1,15
Typ G*) (unten)	—	—	5,13	2,60

*) siehe Abb. 90

Anmerkung: Bei den Proben war die Kontaktierungsleitung an der Lötstelle lange vor Versuchsende abgerissen.

befanden. Eine visuelle und mikroskopische Betrachtung der Proben zeigte, daß die hohen Gewichtsverluste der „freien" Proben des Typs *B* bei den Versuchen ohne Bestrahlung durch das Vorhandensein grober Zerstörungen an den Berührungsstellen des Metalls mit dem Polystyrol erklärt werden können. Diese Stellen, an denen sich die Schicht des Polystyrolklebers infolge schlechter Haftung von dem Metall ablöste, bildeten lokale, spaltförmige Zwischenräume. Auch an den bestrahlten Proben des Typs *B* gab es solche Stellen, doch verhinderte die Bestrahlung das Auftreten des Spalteffekts.

Die Richtigkeit der dargelegten Vorstellung wird durch das Auftreten von Schäden unter den Glimmerzwischenstücken an den unbestrahlten Proben des Typs *G* unterstützt. An bestrahlten Proben wurden unter dem Glimmer solche Schäden nicht beobachtet. Offenbar kann das Abreißen der Kontaktierungsleitungen von den Proben *A* (siehe Tab. 20), das von uns an einer Charge ohne Bestrahlung untersuchter Proben bemerkt wurde, leicht durch das Eindringen von Elektrolyt unter die Schutzschicht aus Epoxidharz und anschließende Entstehung von Spaltkorrosion an dieser Stelle erklärt werden. Es ist charakteristisch, daß unter Bestrahlung nicht ein einziger Fall solchen Abreißens bemerkt wurde. Das Verhalten der Proben vom Typ *G* bekräftigt die Ansicht über die schützende Wirkung der Strahlung bei Spaltkorrosion. Sowohl mit wie auch ohne Bestrahlung behielten die Oberflächen von Proben, die der Wirkung des Elektrolytvolumens ausgesetzt waren, ihr ursprüngliches Aussehen. Die Oberflächen von Proben, die sich im Zwischenraum befunden hatten, waren sämtlich mit Schäden bedeckt, die besonders große Ausmaße an der Berührungsgrenze des Glimmers mit dem Metall erreichten. Bestrahlung verhinderte das Auftreten von Schäden an Proben des Stahls 1 Ch 13, die sich in einem Zwischenraum befanden, nicht, verlangsamte aber ihre Entwicklung stark. Man muß berücksichtigen, daß die Bestrahlungsintensität in den genannten Versuchen verhältnismäßig gering war und höhere Intensitäten offensichtlich größere Effekte geben können. In allen Fällen bezeugen die erhaltenen Ergebnisse eine hemmende Wirkung der Strahlung auf die Entstehung der Spaltkorrosion bei nichtrostenden Stählen.

Die ermittelte Hemmung der Spaltkorrosion kann, wie oben ausgeführt, durch die Entstehung einer ausreichenden Menge Oxydationsmittel in dem Zwischenraum infolge Strahlungswirkung erklärt werden. Eine große Rolle spielen dabei die kurzlebigen Korrosionsprodukte, da sie die sich in dem Spalt bei fortschreitender Korrosion anreichernden Metallionen wechselnder Wertigkeit oxydieren

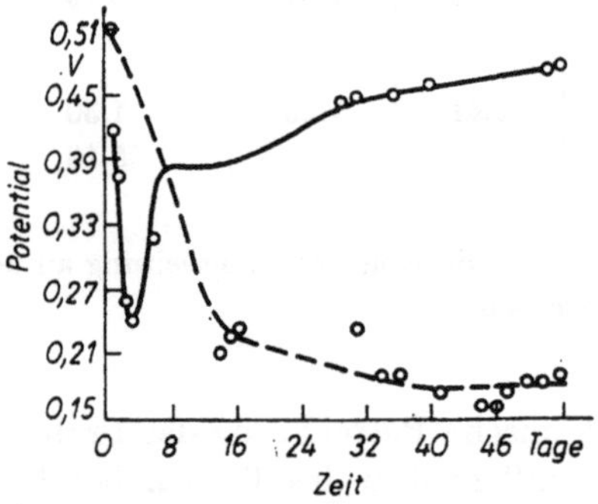

Abb. 91: Zeitliche Änderung des Potentials bestrahlter (———) und unbestrahlter (— — — —) Proben des Stahls 1 Ch 13 in einem Zwischenraum von 0,1 mm (3%ige NaCl)

(z. B. $Fe^{2+} + OH \rightarrow Fe^{3+} + OH^-$). Die gebildeten dreiwertigen Eisen- und sechswertigen Chromionen, die wirkungsvolle Oxydationsmittel darstellen, ersetzen den fehlenden Sauerstoff. Die Richtigkeit der gemachten Annahme wird durch den Charakter der Potentialverschiebung von Proben im Zwischenraum mit und ohne Bestrahlung unterstützt.

Wie aus den Kurven der Abb. 91 ersichtlich ist, ändert die bestrahlte Probe ihr Potential innerhalb der ersten vier Tage analog der unbestrahlten. Wenn sich aber dann im Spalt eine ausreichende Menge Korrosionsprodukte angereichert hat, vollzieht sich eine umgekehrte Verschiebung des Potentials der bestrahlten Probe bis zu seinem Ausgangswert.

Die beschriebenen Versuche demonstrieren die schützende Wirkung der Strahlung auf nichtrostenden Stahl unter den Bedingungen der Korrosion in Schwefelsäure und in Natriumchloridlösungen. Interessant sind die Resultate von Langzeitkorrosionsversuchen mit Stahl 1 Ch 18 N 9 T, die nach der in Kapitel 2. beschriebenen Methode (siehe Abb. 34), ausgeführt wurden. Die Experimente zur Untersuchung der Einwirkung von γ-Strahlung auf die Korrosion des Stahls 1 Ch 18 N 9 T in 3%iger NaCl zeigten, daß bei Zimmertemperatur und einer absorbierten Strahlungsdosis von $4{,}0 \cdot 10^{15}$ eV/cm³sec die Korrosionsgeschwindigkeit des Stahls praktisch nicht erhöht wird (die Korrosionsverluste an Proben der Abmessungen $20 \times 20 \times 3$ mm betrugen nach 1000 Stunden ohne Bestrahlung 0,0002 g und mit Bestrahlung 0,0005 g).

Analoge Ergebnisse ergaben Korrosionsversuche mit Stahl der gleichen Marke in 1 n H_2SO_4-Lösung bei Zimmertemperatur. Nach 1000 Stunden hatten Proben mit einer Fläche von 8 mm² ohne Bestrahlung insgesamt 0,0003 g und bei einer absorbierten γ-Strahlungsdosis von $4{,}0 \cdot 10^{15}$ eV/cm³sec 0,0006 g an Gewicht verloren. Es wurde also kein schützender Effekt der Strahlung festgestellt, doch wird das verständlich, wenn man die Geringfügigkeit der Korrosionsverluste des Stahls unter den vorliegenden Bedingungen berücksichtigt.

Wie CLARK zeigte (siehe Abb. 74), äußert sich die schützende Wirkung der Strahlung nur bei solchen Proben aus nichtrostendem Stahl merklich, bei denen die Festigkeit der Passivschicht leicht gestört wird (z. B. beim Vorhandensein mechanischer Defekte). In unseren Untersuchungen wurden Proben mit gut vorbehandelter Oberfläche und, wie die Ergebnisse zeigen, mit ausreichend fester Passivschicht geprüft.

Interessante Angaben über die schützende, antikorrosive Wirkung der Strahlung auf nichtrostenden Stahl unter praktischen Bedingungen macht MCINTOSH [40]. Er teilt mit, daß bei der Prüfung von Konstruktionsmaterialien für die Atomindustrie unter Laborbedingungen eine starke Korrosion von nichtrostendem Stahl in kochender, 70%iger HNO_3 dann festgestellt wurde, wenn die Säure während des Prüfprozesses nicht ausgetauscht wurde. Dieses Verhalten wurde der Wirkung von sechswertigen Chromionen zugeschrieben, die in der Lösung im Ergebnis der Oxydation von dreiwertigem Chrom, einem Korrosionsprodukt des nichtrostenden Stahls, durch Salpetersäure gebildet werden. Das Auftreten eines neuen, kräftigen Oxydationsmittels führte dazu, daß der Stahl in das Transpassivgebiet überging und zerstört wurde. Eine analoge Wirkung erzeugten Zusätze von Ce^{4+}-, Ru^{8+}-, V^{5+}-, Au^{3+}-, J^{7+}- (JO_4^-)- und in geringerem Maße von Pd^{4+}-Ionen. Gleichzeitig wurde festgestellt, daß unter Industriebedingungen der bemerkte Effekt nicht zu beobachten war. Das wurde mit der inhibierenden Wirkung der radioaktiven Spaltprodukte erklärt. Tatsächlich wurde die Korrosion des Stahls 18% Cr—8% Ni unterbrochen, wenn zu der sechswertige Chromionen enthaltenden 70%igen HNO_3-Lösung ^{137}Cs zugesetzt wurde. Die Zugabe einer gleichen Menge inaktiven Cäsiums verzögerte die Korrosion des Stahls nicht. Der Mechanismus der Hemmung des Transpassivierungsprozesses wurde in Kapitel 4. erklärt. Diese Interpretation wird durch die Ergebnisse der Untersuchungen MCINTOSHs unterstützt, die von ihm gemeinsam mit EVANS zur Ermittlung der inhibierenden Strahlungswirkung ausgeführt wurden. In Medien mit ausreichend hohem Oxydationspotential werden die Radiolyseprodukte des Wassers Reduktionsmittel sein, und sie können unter Verschiebung des Potentials des Mediums das Korrosionssystem aus dem Transpassiv- in den Passivbereich überführen, was offensichtlich in dem beschriebenen Fall eintrat.

Neben Beispielen einer schützenden Wirkung der Strahlung gibt es solche, die darauf hinweisen, daß Strahlung auch die Korrosion von nichtrostendem Stahl unter bestimmten Bedingungen beschleunigen kann. Davon zeugen z. B. unsere Langzeitversuche mit dem Stahl 1 Ch 18 N 9 T in Salzsäure. Die Versuche wurden unter den gleichen Bedingungen ausgeführt, wie oben bei 3% NaCl und 1 n H_2SO_4 beschrieben. Die Dosisleistung betrug ebenfalls $4{,}0 \cdot 10^{15}$ eV/cm³ sec. Aus den Kurven der Abb. 92 ist ersichtlich, daß γ-Strahlung der angegebenen Dosisleistung

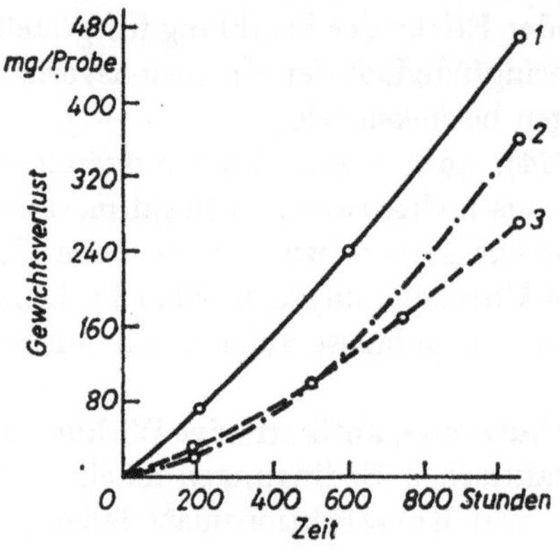

Abb. 92: Einfluß von γ-Strahlung auf die Korrosion des Stahls 1 Ch 18 N 9 T in 1 n HCl bei 25 °C
1 — unter Bestrahlung; *2* — ohne Bestrahlung; *3* — bei Anwesenheit atmosphärischer Radiolyseprodukte

die Korrosion des Stahls 1 Ch 18 N 9 T in 1 n HCl-Lösung beschleunigt, wobei diese Beschleunigung etwa 500 Stunden andauert, während dann die Korrosionsgeschwindigkeit des Stahls ohne Bestrahlung gleich der Korrosionsgeschwindigkeit unter Bestrahlung wird, wie aus einem Vergleich der Kurvenneigungen hervorgeht.

Es ist interessant festzustellen, daß die Abhängigkeit Korrosion—Zeit in erster Näherung einer Geradengleichung $K_{\text{korr}} = k_1 t$ gehorcht, wobei k_1 — ein Koeffizient und t — die Zeit ist. Die Anwesenheit von Oxydationsmitteln in der Atmosphäre, die im Ergebnis der Radiolyse gebildet werden, führt auch sehr schnell (innerhalb 50—100 Stunden) zu einer analogen geradlinigen Abhängigkeit, jedoch mit einem anderen Koeffizienten k_1'. Bei Abwesenheit von Strahlung vollzieht sich der Übergang zur normalen Abhängigkeit mit $k_2 = k_1$ viel später (nach 500—550 Stunden). Im Ergebnis wird die Korrosion der Probe, auf die die Radiolyseprodukte der Atmosphäre einwirken, geringer als die Korrosion der Kontrollprobe (unter normalen Bedingungen). Die Ursachen dieses eigentümlichen Verhaltens des Stahls 1 Ch 18 N 9 T erklären sich einfach, wenn man voraussetzt, daß die Strahlung den Zustand der adsorbierten Teilchen der Passivschicht beeinflußt. Rozenfel'd und Maksimčuk [137, 138] zeigten überzeugend die Bedeutung der konkurrierenden Adsorption für nichtrostenden Stahl am Beispiel der Ionen SO_4^{2-} und Cl^-. Ausgehend vom Adsorptionsstandpunkt kann man annehmen, daß die Strahlung das Adsorptionsgleichgewicht verschiebt.

In Salzsäure (siehe Abb. 92) verläuft bei Einwirkung von Strahlung der Ersatz von adsorbiertem Sauerstoff durch Chloridionen sehr schnell, und der Korrosionsprozeß unterliegt einer direkten Zeitabhängigkeit, die die Zerstörung des Stahls bei vollständig umgebildeter Adsorptionsschicht charakterisiert. Bei Abwesenheit von Strahlung (Kurve 2) dauert der Umbildungsprozeß der Adsorptionsschicht — der Ersatz von Sauerstoff durch Chloridionen — auf den Kontrollproben lange Zeit (500—600 Stunden). Danach erlangt der Schichtaufbau die gleiche Gestalt, wie auch unter Bestrahlung, und die Zerstörung des Stahls verläuft nach dem gleichen Gesetz und sogar mit der gleichen Geschwindigkeit, wie aus der Gleichung $k_2 = k_1$ folgt. In dem Fall, wenn keine Strahlung einwirkt, aber eine ausreichende Menge Oxydationsmittel in Form atmosphärischer Radiolyseprodukte anwesend ist, welche das Adsorptionsgleichgewicht nach der Seite der Sauerstoffkomponenten verschiebt, ist es offensichtlich, daß der Prozeß der Stahlzerstörung gehemmt werden muß, was auch am Verlauf der Kurve 3 zu sehen ist. Ein Umstand, der die Verdrängung des Sauerstoffs durch die Chloridionen aus der Adsorptionsschicht erleichtert, ist unter den gegebenen Bedingungen der niedrige pH-Wert des Mediums. In neutralen Lösungen bei Normaltemperatur äußert sich — wie unsere Versuche mit Natriumchlorid zeigen — die ungünstige, desorptive Wirkung der Strahlung praktisch nicht: Dazu ist es erforderlich, die Lösungstemperatur oder die Chloridionenkonzentration zu erhöhen. Im allgemeinen ist der Effekt der Korrosionsverstärkung durch die Strahlung unter allen diesen Bedingungen gering.

Es muß noch vermerkt werden, daß in 1 n HCl Strahlung die Korrosion des Stahls 1Ch18N9T unbedeutend verstärkt: Insgesamt um 30—40%, wobei sich der Unterschied mit zunehmender Versuchsdauer verringern muß, wie aus dem Verlauf der Kurven 1 und 2 in Abb. 92 hervorgeht.

In Anbetracht obiger Darlegungen kann man sagen, daß Strahlung in den meisten wäßrigen Lösungen den Korrosionsprozeß von nichtrostendem Stahl praktisch wenig beeinflußt und sogar in einigen Fällen als eigentümlicher Inhibitor diesen Prozeß hemmt.

Jedoch kann die Strahlung unter verschiedenen Bedingungen die Korrosion von nichtrostendem Stahl merklich verstärken. Das wurde z. B., wie auch bei Zirkon, im homogenen Reaktor mit Uranylsulfatlösung beobachtet. Es wurde festgestellt, daß nichtrostender Stahl in Lösungen mit Konzentrationen 0,04—0,17 m an Uranylsulfat stark korrodierte, wenn Spaltfragmente direkt an der Stahloberfläche gebildet wurden [139]. Bei einer Strömungsgeschwindigkeit der Lösung von $\sim$14 m/sec und einer Temperatur von 250 bis 280 °C wurde der Fall beobachtet, daß der Stahl mit einer Geschwindigkeit von mehr als 4 mm/a bei einer Dosisleistung von 5 kW/l korrodierte. Tatsächlich war die Streuung der Werte sehr groß (von 0,002 bis $>$4 mm/a). Die Beschleunigung der Korrosion hängt offenbar mit der destruktiven Strahlungswirkung zusammen, die bei Spaltfragmenten so bedeutend sein kann, daß sogar die adsorptiv-phasenartige Oxidschicht auf nichtrostendem Stahl zerstört wird. Wir unterstreichen, daß zur Erreichung des genannten Effekts eine entsprechende Dosisleistung erforderlich ist. Nach der gleichen Quelle [139] beträgt die Korrosionsgeschwindigkeit von nichtrostendem

Stahl bei Dosisleistungen kleiner als 2 kW/l weniger als 0,05 mm/a. Es ist interessant, daß in der Regel die Korrosionsgeschwindigkeit des Stahls bei 250 °C etwas höher war als bei 280 °C.

Als Schlußfolgerung muß vermerkt werden, daß nichtrostender Stahl eines der beständigsten Materialien gegenüber der korrosiven Einwirkung von Strahlung ist, was offensichtlich mit dem eigentümlichen adsorptiv-phasenartigen Bau der Passivschicht auf seiner Oberfläche zusammenhängt.

5.6. Kupfer, Nickel und ihre Legierungen

Kupfer und Nickel sind keine im Reaktorbau häufig angewandten Konstruktionsmaterialien, doch dienen sie als Hauptlegierungskomponenten für Aluminiumlegierungen, die zur Herstellung von Brennelementhüllen und zu anderen Zwecken verwendet werden.

Deshalb verdient ihre Korrosionsbeständigkeit unter Bestrahlung zweifellos Interesse. Das Elektrodenpotential von Kupfer ist sogar in Säuren mit Konzentrationen kleiner als 5 n positiver als das Potential der reversiblen Wasserstoffelektrode. Deshalb tritt in der Regel die katodische Reaktion der Reduktion von Wasserstoffionen unter diesen Bedingungen nicht ein, und die Korrosionsbeständigkeit des Kupfers, das sich im gegebenen Fall im Gebiet der aktiven Auflösung befindet, wird durch die Geschwindigkeit des Reduktionsprozesses von Sauerstoff oder eines anderen katodischen Depolarisators bestimmt. Aus allgemeinen, in Kapitel 4. dargelegten Betrachtungen folgt, daß eine beliebige Strahlungsart die Korrosion von Kupfer unter den betrachteten Bedingungen infolge Katalysierung des katodischen Prozesses durch Radiolyseprodukte verstärken muß.

Tatsächlich zeigte ein von uns durchgeführter Versuch, daß γ-Strahlung die Korrosion von Kupfer in Salzsäure merklich verstärkt. Dazu wurden Proben aus Elektrolytkupfer in Form von Scheiben mit einem Durchmesser von 15 mm in das in Abb. 33 dargestellte Gerät mit 1 n HCl eingebracht. Die Bestrahlung erfolgte von unten. Eine der Proben befand sich in der Zone der Röntgenstrahlung, während die zweite im oberen Teil der bestrahlten Lösung untergebracht wurde, so daß die Röntgenstrahlen sie praktisch nicht erreichten. Außerdem wurde der Versuch in dem in Abb. 93 dargestellten Gerät wiederholt, bei dem die Röntgenstrahlung von oben in einer Weise einfiel, daß sich die obere Probe in der Zone der Röntgenstrahlung befand. In beiden Fällen korrodierte die in der Bestrahlungszone befindliche Probe stärker. Die in der Lösung absorbierte Energiedosis betrug $0{,}37 \cdot 10^{16}$ eV/cm³.

Die Gewichtsverluste nach 10 Stunden betrugen (in g pro Probe):

In der Zone des Röntgenstrahls	—0,0078,
in der bestrahlten Lösung	—0,0058,
ohne Bestrahlung	—0,0013.

Gleichzeitig wurden Kontrollproben in Salzsäure der gleichen Konzentration, aber ohne Bestrahlung, geprüft.

Analoge Ergebnisse werden in der Arbeit [139] angegeben, wo festgestellt wurde, daß sich unter der Wirkung der γ-Strahlung von ^{60}Co ($50 \cdot 10^6$ Röntgen) die Korrosion von Kupfer in 2 n HCl um mehr als das Zehnfache erhöhte (0,419 g pro Probe gegenüber 0,039 g pro Probe).

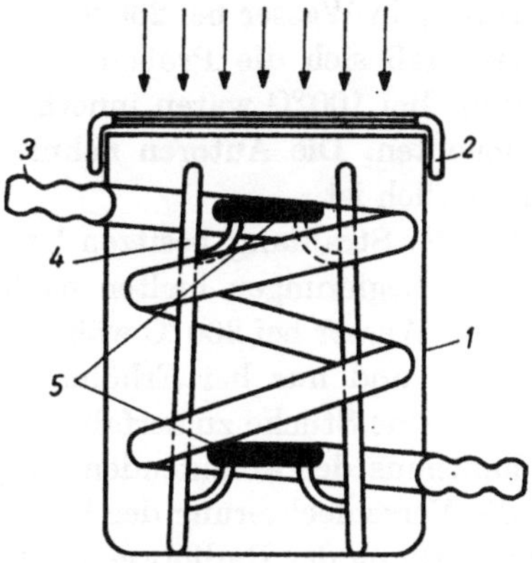

Abb. 93: Thermostatierte Glaszelle zur Bestrahlung von Metallproben
1 — Zellkörper; *2* — Deckel mit Glasmembran; *3* — Glasschlange; *4* — Glasständer; *5* — Proben

Pestrakov [140] stellte fest, daß sich unter Einwirkung von Röntgenstrahlung (30 kV) die Auflösung von Kupfer in 0,2—0,1 n KCN-Lösung um nicht weniger als 30% erhöhte.

Über Nickel gibt es nur Angaben von Kolotyrkin und Mitarbeitern [111]. Nach diesen Angaben verschiebt sich das Potential der Nickelelektrode unter der Wirkung von γ-Strahlung (Dosisleistung $1{,}5 \cdot 10^{15}$ eV/cm^{3}sec) um 30—40 mV nach der positiven Seite und die Korrosionsgeschwindigkeit erhöht sich 2—3fach.

Von uns wurden Untersuchungen über den Einfluß der γ-Strahlung auf die Korrosion von Monelmetall in 40%iger HF-Lösung ausgeführt. Die Versuche wurden ganz analog den Versuchen mit Kupfer durchgeführt, nur wurde anstatt einer Glasapparatur ein Gerät aus Polystyrol verwendet.

Die Versuche der Gewichtsverlustbestimmungen (in g pro Probe) lieferten folgende Ergebnisse:

Ohne Bestrahlung	0,2508
unter Bestrahlung	
in der Zone des Röntgenstrahls	0,4988
in der bestrahlten Lösung	0,3970.

Somit ist deutlich die intensivierende Wirkung der Bestrahlung auf die Korrosion von Monelmetall in Flußsäure zu sehen, obgleich die Effekte der Strahlungswirkung im gegebenen Fall schwächer hervortreten als bei Kupfer.

5.7. Uran und seine Legierungen

Greenberg und Draley stellten fest [141], daß Bestrahlung die Korrosionsbeständigkeit von Uran und seinen Legierungen in Wasser hoher Temperatur (~260 °C) stark verschlechtert. Das bezieht sich besonders auf die metastabile α-Legierung, die Zirkon (5,0—5,4%) und Niob (1,6—3,0%) enthält. Diese Legierungen wurden nach der Bestrahlung im Reaktor (bis zu einem Ausbrand von 0,16 bis 0,5%) einer Korrosionsprüfung in Wasser bei 260 °C unterzogen. Die Korrosion verlief dabei derart intensiv, daß sich die Proben nach weniger als 72 Stunden in Pulver verwandelt hatten. Bei 100 °C waren innerhalb dieser Zeit keine merklichen Änderungen zu beobachten. Die Autoren nehmen an, daß in diesem Fall ein höherer Ausbrand erforderlich ist.

Eine erhöhte Beständigkeit bezüglich der Strahlung besitzen Uranlegierungen mit Silizium (3,8%) [141]. Proben dieser Legierungen hielten nach einem Ausbrand bis zu 0,5 Atom-% einer Prüfung in Wasser bei 260 °C während 60 Stunden ohne merkliche korrosive Schäden stand, und nur bei Erhöhung der Wassertemperatur auf 290 °C begannen sie in einzelne Stücke zu zerfallen.

Die Autoren bestimmten den Mechanismus der ablaufenden Vorgänge nicht, sprachen aber die Annahme aus, daß die Verschlechterung der Korrosionsbeständigkeit von Uranlegierungen unter der Wirkung der Radiolyse mit Strukturänderungen zusammenhängt, die zum Auftreten starker innerer Spannungen in dem Metall führen.

Simnad [62] unterstreicht ebenfalls die katastrophale Wirkung der Strahlung auf die Korrosionsbeständigkeit von Uranlegierungen, welche bei Abwesenheit von Strahlung zufriedenstellende Ergebnisse lieferten (Tab. 21). Annähernd

Tabelle 21

Wirkung von Reaktorstrahlung auf die Korrosionsbeständigkeit von Uranlegierungen in Wasser [62]

Legierungszusammensetzung und Vorbehandlung	Atomprozent Ausbrand	Korrosionsbeständigkeit
U + 3% Nb (mit Abschreckung aus dem γ-Zustand)	0	keine Zerstörungen (nach 2000 h bei 260 °C); Gewichtsverlust 4,3 mg/cm² · d
	0,1	die Probe zerfiel (nach 1 h bei 260 °C)
U + 5% Zn + 1,5% Nb (mit Abschreckung aus dem γ-Zustand)	0	keine Zerstörungen (nach 360 Tagen bei 365 °C); Gewichtsverlust 2,7 mg/cm² · d
	0,04	die Proben wurden durch Rißbildung zerstört (nach 63 Tagen bei 265 °C); Gewichtsverlust 23 mg/cm² · d

gleiche Ergebnisse wurden für das vollständig homogenisierte System U—Si und für Uranlegierungen mit 9% Mo erhalten. Der Autor bemerkt, daß von allen untersuchten Legierungszusätzen Molybdän die besten Ergebnisse zeigte.

Die Korrosionsempfindlichkeit der Uranlegierungen gegenüber Strahlung ist ein sehr wichtiger Faktor, der offenbar zum Haupthindernis bei der Entwicklung korrosionsbeständiger Innenteile der Brennelemente wird.

Wenn man nach dem Charakter der beschriebenen Zerstörungen urteilt (Rißbildung, Spaltung), so sind sie das Ergebnis von Spannungsrißkorrosion. Wie aus den beschriebenen Versuchen folgt, verstärkt das Vorhandensein der Strahlung offensichtlich die Neigung des Urans und seiner Legierungen zur Spannungsrißkorrosion infolge des Auftretens bedeutender innerer Spannungen, die das Ergebnis struktureller Umwandlungen im Volumen des bestrahlten Metalls sind.

5.8. Allgemeine Charakteristik der Strahlungswirkung auf die Metallkorrosion in wäßrigen Lösungen

Die oben angeführten Beispiele zeigen, daß Strahlung unbedingt einen Einfluß auf den Verlauf der Korrosionsprozesse ausübt, wobei sie in vielen Fällen die Korrosion beschleunigt und in einigen hemmend wirkt. In der Mehrzahl der betrachteten Beispiele kann das Verhalten des Metalls auf der Grundlage des dargelegten Wirkungsmechanismus der Strahlung (siehe Kapitel 4.) vorausgesagt und erklärt werden. Ergänzende Faktoren, die nicht in Kapitel 4. analysiert wurden, sind die Strahlungswirkung auf die Adsorptionsschicht (nichtrostender Stahl) und die Möglichkeit des Auftretens von Spannungsrißkorrosion (Uranlegierungen).

Von den betrachteten Metallen und Legierungen besitzt der nichtrostende Stahl die geringste Empfindlichkeit gegenüber Strahlung, und in einer Reihe von Fällen ergibt bei ihm die Einwirkung von Strahlung sogar einen zusätzlichen Schutzeffekt. Das wird durch den eigentümlichen adsorptiv-phasenartigen Aufbau der Schutzschicht auf dem Stahl verursacht, der ihn unempfindlich gegen die destruktive Strahlungswirkung macht.

Eine besondere Gruppe bilden Aluminium, Titan und Zirkon. Ihre Empfindlichkeit gegenüber der Strahlungswirkung wird durch Änderungen des Charakters der Phasenoxidschicht im Ergebnis des destruktiven Strahlungseffekts bestimmt. Deshalb muß die größte Beschleunigung der korrosiven Zerstörung unter Bestrahlung bei einem gegenüber dem Schichtmaterial aggressiven Korrosionsmedium und beim Vorhandensein schwerer Strahlungsteilchen befürchtet werden (Zirkon im homogenen Reaktor, Aluminium unter Neutronenbestrahlung in einem Strom siedenden Wassers).

Zu einer weiteren Gruppe gehören Eisen und Kupfer, bei denen die Hauptrolle die depolarisierende Wirkung der Radiolyseprodukte in den katodischen Prozessen spielt. Bei diesen Metallen kann die Strahlung die Korrosion um eine ganze Größenordnung verstärken (Kupfer in Salzsäure, Eisen in siedender Natriumchloridlösung).

Auf Uran und seine Legierungen wirkt die Strahlung katastrophal und führt zu einer starken Erhöhung der Empfindlichkeit der genannten Materialien gegenüber Spannungsrißkorrosion.

Alle dargelegten Gesetzmäßigkeiten beziehen sich auf Fälle, bei denen das Korrosionsmedium keine Komponenten enthält, deren Radiolyseprodukte gegenüber den untersuchten Materialien aggressiven Charakter besitzen. Die Anwesenheit solcher Komponenten führt zu einer markanten Verstärkung der Korrosion (Zirkon in Bromwasserstoffsäure u. a.).

6. Korrosion der Metalle bei atmosphärischen Bedingungen unter Bestrahlung

In einer seiner ersten, den Problemen der Strahlenwirkung auf Materie gewidmeten Arbeiten, schrieb ALLEN [142], daß die Korrosion in Gasen unter Bestrahlung noch nirgends der Gegenstand von Untersuchungen war. Indem er auf das Fehlen von Korrosionseffekten an Fenstern von Katodenröhren und Zyklotronen nach Langzeitbetrieb unter Bestrahlungsbedingungen verwies, äußerte er zugleich Zweifel daran, daß man unter atmosphärischen Bedingungen eine Verstärkung der Metallkorrosion erwarten kann. Jedoch bereits 1955 wurde von ihm festgestellt, daß Armco-Eisen-Proben in Luft mit einer relativen Feuchtigkeit von $\sim 98\%$ bei Einwirkung ionisierender Strahlung merklich schneller korrodierten. Auch in der Literatur wurde auf die Möglichkeit einer Verstärkung der Metallkorrosion in der Atmosphäre unter Bestrahlung verwiesen.

Die in Abb. 94 wiedergegebenen Werte von CABRERA [143] zeigen, daß Bestrahlung mit UV-Licht einer Quecksilberlampe die Bildung dickerer Oxidschichten auf Aluminium begünstigt. Diese Angaben bestätigen die Richtigkeit der Annahme von einer intensivierenden Wirkung der Strahlung auf den atmosphärischen Korro-

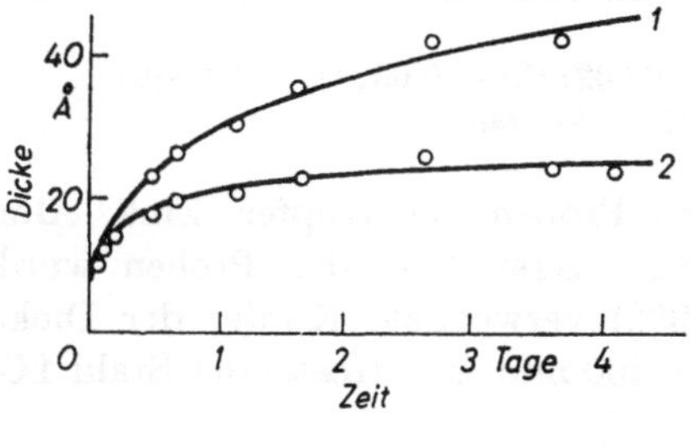

Abb. 94: Einfluß von UV-Strahlung ($h\nu \approx 4$ eV, Intensität $\sim 10^5$ erg/cm²) auf die Oxydation von Aluminium in Luft bei Zimmertemperatur [143]
1 — Bei UV-Bestrahlung; *2* — ohne UV-Bestrahlung

sionsprozeß. Die heute vorliegenden Veröffentlichungen [74, 144—147] beweisen einhellig den großen Einfluß der Strahlung auf die atmosphärische Metallkorrosion. Ein klares Beispiel der korrosiven Strahlungswirkung unter atmosphärischen Bedingungen wird in der Arbeit von LINTNER, NACHTIGALL und SCHMID [3] angeführt, in der eine intensive Korrosion stählerner Konstruktionen und Maschinen, die in einem radioaktiven Stollen aufgestellt waren (Österreich), beschrieben wird. Nach eingehenden Untersuchungen kamen die Autoren zu der Schlußfolgerung, daß die Ursache dieser verstärkten Korrosion die radioaktive Strahlung der in dem Stollen befindlichen Radiumemanation war.

6.1. Einfluß von Strahlung auf die atmosphärische Korrosion verschiedener Metalle

Wir legen die Ergebnisse der von uns durchgeführten Untersuchungen vor. Die Arbeiten wurden in einer Glasapparatur mit zwei Kolben (siehe Abb. 35) durchgeführt. Das Gerät wurde in einem Wasserthermostaten auf konstanter Tempera-

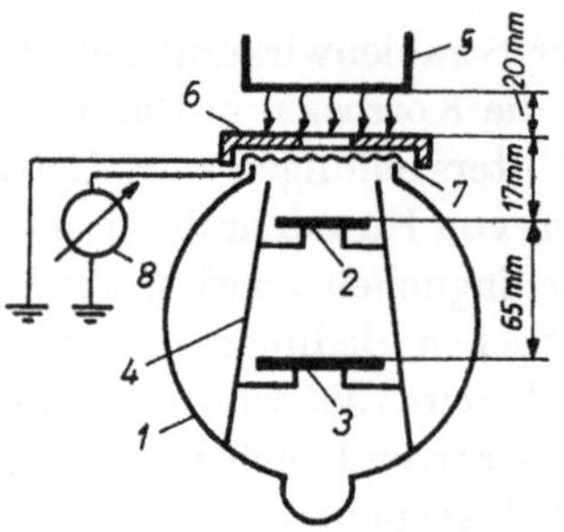

Abb. 95: Schema der Apparatur mit Proben unter einem Elektronenrohr
1 — Glaskolben; *2, 3* — Proben; *4* — Glasgestell; *5* — Fenster des Elektronenrohrs; *6* — Eisendeckel; *7* — Aluminiumfolie (60 μm); *8* — Mikroampéremeter

tur gehalten. Gewöhnlich wurden in der Apparatur auf dem Glasgestell zwei Proben untergebracht: Eine oben und eine unten (siehe Abb. 95). Die Proben waren in Form von Scheiben einheitlicher Abmessungen (⌀ 32 mm) gefertigt worden. Der Hauptteil der Prüfungen erfolgte an Proben aus katlgewalzter Armco-Eisen-Folie mit einer Dicke von 0,2 mm.

Das Eisen hatte folgende chemische Zusammensetzung (in Gewichts-%):

C — 0,15; Mn — 0,98; S — 0,013; P — 0,002; Cu — 0,03; O_2 — 0,0366;
H_2 — 0,000187; N_2 — 0,0064; Al, Si, Ni — Spuren.

Außer den Eisenproben wurden Proben aus Kupfer, Zink, Aluminium und nichtrostendem Stahl geprüft. Zur Herstellung der Proben wurden folgende Folienmaterialien (Reinheit 99,99%) verwendet: Kupfer der Dicke 0,250 mm, Zink — 0,058 mm, Aluminium — 0,400 mm, nichtrostender Stahl 1Ch18N9T — 0,115 mm.

Vor der Prüfung wurden die Proben mit Aceton in einer Soxhlet-Apparatur entfettet und dann für einige Tage im Exsikkator aufbewahrt.

Angaben über die bei den Untersuchungen verwendete Strahlungsquelle und die Werte der absorbierten Energie sind in Tab. 22 angeführt.

In den Abb. 9, 13 und 95 ist das Schema der Anordnung der Apparatur unter den verschiedenen Strahlungsquellen angegeben.

Der absorbierte Energiebetrag wurde auf folgende Weise bestimmt. Bei Bestrahlung mit der Röntgenröhre — nach den Ergebnissen der chemischen Dosimetrie (Oxydation von Eisensulfat); bei Bestrahlung mit dem ^{60}Co-Präparat — nach der auf Seite 38 ausgeführten Berechnung; bei Bestrahlung mit einem Elektronenbündel — auf der Grundlage der dosimetrischen Bestimmung der in den Proben abgebremsten Elektronenmenge und nach der Kurve des Intensitätsabfalls der absorbierten Energie (siehe Abb. 17)[1]).

Tabelle 22

Werte der in verschiedenen Teilen des bestrahlten Systems absorbierten Energie in Abhängigkeit vom Typ der Strahlungsquelle

Strahlungsquelle	Quellenparameter	Absorbierte Dosisleistung		
		in der oberen Probe	in der unteren Probe	in der Atmosphäre des Gefäßes eV/*l*sec
		eV/cm³ sec		
Elektronenbeschleuniger	4,1 μA; 800 kV,	$1{,}9 \cdot 10^{19}$	$6{,}8 \cdot 10^{17}$	$3{,}71 \cdot 10^{17}$
Röntgenröhre TRB-3	200 mA, 50 kV	$2{,}7 \cdot 10^{18}$	$5{,}3 \cdot 10^{16}$	$1{,}74 \cdot 10^{16}$
Präparat ^{60}Co (GOP-400)	400 g — Äquival. Ra	$2{,}6 \cdot 10^{15}$	$1{,}2 \cdot 10^{15}$	$1{,}85 \cdot 10^{14}$

Die Bestimmung der Korrosionsmenge wurde gravimetrisch nach der Gewichtszunahme der Proben vorgenommen, da die sich bildenden Korrosionsprodukte fest an dem Metall hafteten. Von einzelnen Proben gelang es, die Korrosionsprodukte abzutrennen. Umfangreiches, für Proben aus Armco-Eisen ermitteltes, statistisches Material gestattete, einen Umrechnungskoeffizienten von 1,8 zu bestimmen, mit dem die Gewichtszunahme der Proben multipliziert werden muß, um den Wert des Gewichtsverlustes zu erhalten. Die Entfernung der Korrosionsprodukte von den Eisenproben wurde mit 20%iger H_2SO_4-Lösung mit einem Zusatz von 0,2% Arseniksäureanhydrid innerhalb von 1—2 Minuten bei 70°C ausgeführt (bis zur vollständigen Abtrennung der Korrosionsprodukte). Unter den bearbeiteten Proben befand sich immer eine Kontrollprobe.

Die ausgeführten Versuche, deren Ergebnisse in Tab. 23 angegeben sind, zeigen, daß Strahlung verschiedener Art die Korrosion von Eisen, Kupfer, Zink und Aluminium in feuchter Atmosphäre verstärkt (die Metalle sind in der Reihenfolge abnehmender Effektivität der korrosiven Strahlungswirkung aufgezählt). Am wenigsten effektiv ist die Strahlungswirkung auf solche Metalle, die zur Bildung von festen Passivschichten auf ihrer Oberfläche fähig sind, wie z. B. Aluminium und nichtrostender Stahl, deren Korrosion praktisch nicht verstärkt wird.

Von Šatalov und Nikitina wurde die Arbeit [61] ausgeführt, die der Untersuchung der Korrosion von Kupfer, Aluminium, nichtrostendem Stahl und Eisen an feuchter Luft bei Einwirkung der α-Strahlung von ^{210}Po einer Aktivität von 0,15, 0,75 und 1,5 Curie gewidmet war (das Volumen des Gefäßes, in dem die Prüfungen durchgeführt wurden, betrug 375 cm³). Das Schema der von diesen

[1]) Eine ähnliche Darstellung der Bestimmung der absorbierten Dosis wird in Kapitel 2. gegeben.

Autoren verwendeten Apparatur ist in Abb. 39 angegeben. Es wurde festgestellt, daß fast alle geprüften Metalle ihre Korrosion unter der Einwirkung der Strahlung bedeutend verstärken. Eine Ausnahme bildete wieder der nichtrostende Stahl, der absolut nicht korrodierte. Folglich wirkt die α-Strahlung analog der β- und γ-Strahlung.

Tabelle 23

Einfluß von Strahlung auf die Korrosion verschiedener Metalle an Luft mit einer relativen Feuchtigkeit von 98% bei 20 °C*)

Bestrahltes Metall	Strahlungsquelle	Bestrahlungszeit h	Äußeres Aussehen der Proben nach der Bestrahlung	Gewichtszunahme g/dm²	Korrosionsgeschwindigkeit**) g/m² · h
Eisen	Elektronenbeschleuniger (4,1 µA, 800 kV)	16	kompakte rötlichbraune Korrosionsprodukte	0,1545	1,74
	Röntgenröhre TRB-3	30	desgleichen	0,1033	0,62
	^{60}Co-Präparat (GOP-400)	100	punktförmige Korrosionsschäden	0,0252	0,045
Kupfer	Elektronenbeschleuniger (4,1 µA, 800 kV)	16	am Rand — olivfarbige Streifen, in der Mitte — ziegelrote Korrosionsprodukte	0,0750	
Aluminium	dgl.	16	weißliche Korrosionsflecken	0,0144	
Stahl 1Ch18N9T	dgl.	16	ohne sichtbare Korrosionsspuren	0	
Zink	Elektronenbeschleuniger (4,1 µA, 400 kV)	16	weißliche Korrosionsprodukte	0,0333	

*) In allen Fällen wird die Korrosion der unteren Probe betrachtet.

**) Für alle geprüften Metalle wurden Parallelversuche unter den gleichen Bedingungen, aber ohne Bestrahlung ausgeführt. In allen Fällen behielten die Metalle ihr anfängliches Aussehen und zeigten keinerlei Veränderungen.

Janduškin [74] zeigte, daß radioaktiver Stahl St 2 und Armco-Eisen (6 mCi/g) an feuchter Atmosphäre 14- bzw. 21mal stärker korrodierten als gewöhnlicher (inaktiver) Stahl und gewöhnliches Eisen. Primak und Fuchs [146] bemerkten eine merkliche Verstärkung der Korrosion verschiedener Metalle, die der feuchten

Reaktoratmosphäre ausgesetzt worden waren. Besonders stark korrodierte Blei; eine Verstärkung der Korrosion wurde bei Aluminium, Kobalt, Kupfer, Nickel und der Legierung „Niconel“ festgestellt. Nur Gold und nichtrostender Stahl zeigten keinerlei Korrosionsmerkmale. Somit zeigen alle ausgeführten Untersuchungen einhellig, daß ionisierende Strahlung die Korrosion einer Reihe von Metallen unter atmosphärischen Bedingungen bedeutend beschleunigt.

Wir wollen nun betrachten, wie verschiedene Parameter des Korrosionsmediums und der Bestrahlung die Intensität der Metallkorrosion an der Atmosphäre beeinflussen.

6.2. Einfluß der Strahlungsintensität und der absorbierten Dosis

Wie aus den Kurven der Abb. 96 und den in Tab. 24 angeführten Angaben folgt, vergrößert eine Erhöhung der Strahlungsintensität im allgemeinen die Korrosionsgeschwindigkeit von Eisen.

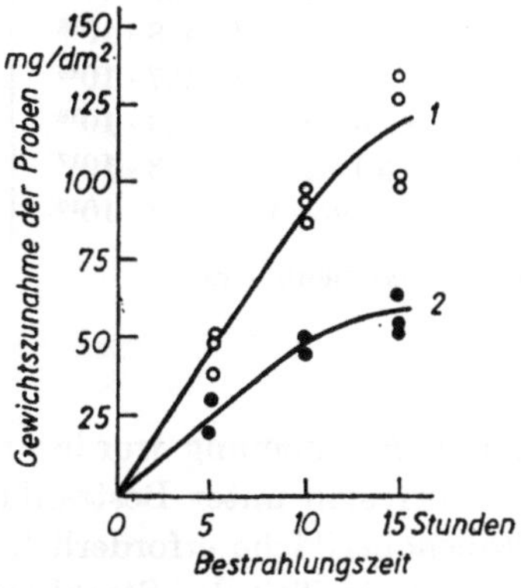

Abb. 96: Abhängigkeit der Korrosionsgeschwindigkeit von Proben aus Armco-Eisen von der Intensität der Elektronenbestrahlung (untere Probe)
1 — 4,1 μA, 800 kV; *2* — 1,0 μA, 800 kV

Von einer Verstärkung der atmosphärischen Korrosion mit ansteigender Strahlungsintensität zeugen auch die in Abb. 97 dargestellten Werte der Arbeit [61]. Gleichzeitig führt eine aufmerksame Betrachtung der Angaben in Tab. 24 zur

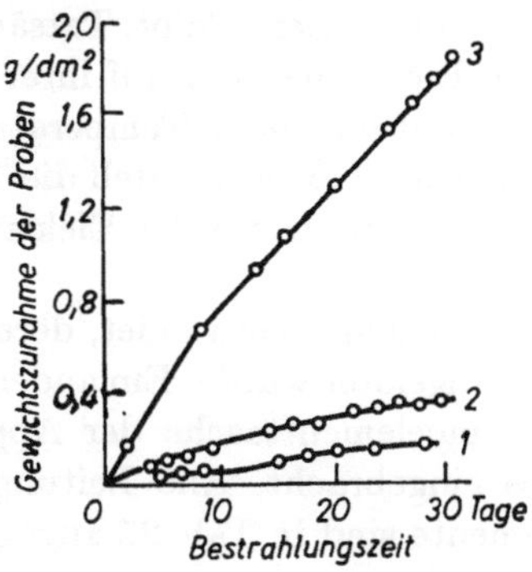

Abb. 97: Einfluß der Leistung einer α-Quelle auf die Korrosion von Kupfer an Luft mit einer relativen Feuchtigkeit von 73% [61]
1 — 0,15 Ci; *2* — 0,75 Ci; *3* — 1,5 Ci

Feststellung einer völlig unerwarteten Tatsache: Die obere Probe, die mit einem Elektronenstrom von 4,1 μA bestrahlt worden war und den höchsten Energiebetrag absorbiert hatte ($1{,}9 \cdot 10^{19}$ eV/cm³ sec), war vollständig unkorrodiert.

Tabelle 24

Einfluß der Strahlungsintensität auf die Korrosion von Armco-Eisen an der Atmosphäre bei einer relativen Feuchtigkeit von 98% (Versuchsdauer 10 Stunden, Temperatur 25 °C)

Strahlungsquelle	Stromstärke	Probe	Absorbierte Dosisleistung eV/cm³ sec	Gewichtszunahme g pro Probe
Elektronen-beschleuniger (800 kV)	4,1 μA*)	1 (obere)	$1{,}9 \cdot 10^{19}$	0,0000
		2 (untere)	$6{,}8 \cdot 10^{17}$	0,0133
	1,0 μA*)	3 (obere)	$4{,}7 \cdot 10^{18}$	0,0060
		4 (untere)	$1{,}7 \cdot 10^{17}$	0,0061
	0,4 μA*)	5 (obere)	$1{,}9 \cdot 10^{18}$	0,0043
		6 (untere)	$6{,}8 \cdot 10^{16}$	0,0021
Röhre 11 BChVZ-80	200 mA**)	7 (obere)	$2{,}7 \cdot 10^{18}$	0,0050
		8 (untere)	$5{,}3 \cdot 10^{16}$	0,0018
	50 mA**)	9 (obere)	$6{,}8 \cdot 10^{17}$	0,0006
		10 (untere)	$1{,}3 \cdot 10^{16}$	0,0000

*) Elektronenstrahl am Ausgang des Beschleunigers
**) Strom an der Röhre

Zur Erklärung der Ursache der genannten Erscheinung wurde angenommen, daß für den Ablauf der atmosphärischen Korrosion unter Bestrahlung die Existenz eines Feuchtigkeitsfilms auf der Probenoberfläche erforderlich ist. Bei der Absorption der Energie durch die Probe wird ein Teil der Strahlungsenergie in Wärme umgewandelt, und die Probe erwärmt sich. Wenn der absorbierte Energiebetrag sehr klein ist, so daß sich die Temperatur der Probe nicht merklich ändert, so wird sich das nicht auf die Existenz des Kondensationsfilms auswirken. Bei sehr großen absorbierten Energiebeträgen kann sich die Probe derart erwärmen, daß die Feuchtigkeit im großen und ganzen nicht kondensiert bleibt. Tatsächlich hatte die obere Probe bei den Versuchen mit dem Elektronenrohr auf ihrer Oberfläche Anlauffarben, die davon zeugen, daß sie sich auf sehr hohe Temperaturen erhitzt hatte. Zur Prüfung der gemachten Annahme wurde experimentell die Temperatur bestimmt, auf die sich die Eisenproben bei einer Intensität des Elektronenstrahls von 4,1 μA ($\sim$0,5 μA/cm²) erwärmten.

Dazu wurden Kupfer-Konstantan-Thermoelemente verwendet, deren eine Lötstelle mit Zinn an die Unterseite der Proben angelötet wurde. Ein anderes Thermoelement wurde in die mit Öl gefüllte Thermoelementtasche der Apparatur zur Messung der Temperatur des Luftraumes eingebracht. Alle Leitungen wurden abgeschirmt. Die Anzeigen der Thermoelemente sind in Tab. 25 angegeben.

Tabelle 25

Anzeigen der Thermoelemente (in °C) der in Abb. 95 dargestellten Anordnung bei Bestrahlung der Proben 1 und 2 (siehe Tab. 24)

	Bis zu Versuchsbeginn	Zeit seit Beginn des Versuchs, min									
		1	2	3	4	6	10	25	40	55	60
Atmosphäre in der Apparatur	19	19		21			25	25	25	25	25
Probe 1	19	50	100	150	162	175	Das Zinn schmolz, das Thermoelement fiel ab				
Probe 2	19	24		28			29	31	31	31	31

Aus den Werten von Tab. 25 ist ersichtlich, daß sich die obere Probe sehr schnell auf Temperaturen nahe 232 °C (die Schmelztemperatur des Zinns) erhitzte, was zum Abfallen des Thermoelements führte, während die Temperatur der unteren Probe einen konstanten Wert von 31 °C erreichte. Somit bestätigt der Versuch die Unmöglichkeit der Existenz eines Kondensationsfilms auf der Oberfläche der oberen Probe bei einer absorbierten Dosisleistung von $2 \cdot 10^{19}$ eV/cm³sec.

Tatsächlich war es bei Kühlung der oberen Probe unter den gleichen Bestrahlungsbedingungen möglich zu erreichen, daß die Probe korrodierte.

So gab die obere Probe bei Luftkühlung (von unten) in 8 Stunden eine Gewichtszunahme von 0,0025 g. Auf der Probe waren deutlich Korrosionsschäden zu sehen. Ein noch stärkerer Effekt wurde erhalten, wenn eine Wasserdurchlaufkühlung der Proben angewandt wurde, wie es in Abb. 98 gezeigt ist. Die unter Bestrahlung

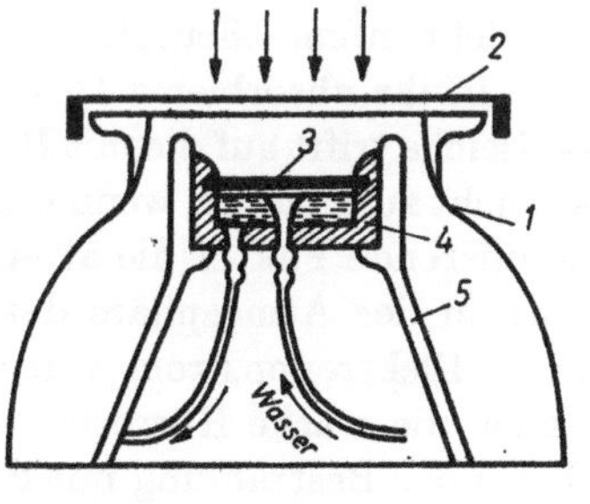

Abb. 98: Schema der Probenanordnung bei Wasserkühlung

1 — Glaskolben; *2* — Deckel; *3* — Probe; *4* — Zelle; *5* — Gestell

insgesamt 5 Stunden geprüfte Probe überzog sich von oben mit einer kompakten Schicht rötlich-violetter Korrosionsprodukte, während die Kontrollprobe (ohne Bestrahlung) ohne merkliche Veränderungen blieb. Die Gewichtserhöhung der bestrahlten Probe betrug 0,0099 g.

Auf diese Weise wird die Annahme bekräftigt, daß die Strahlungswirkung auf die Korrosion eines Metalls an der Atmosphäre stark von den Bedingungen der Feuchtigkeitskondensation auf der Oberfläche der Metallteile abhängt. Je günstiger diese Bedingungen für die Bildung eines Feuchtigkeitsfilms sind, desto intensiver verläuft die Korrosion, die ihren elektrochemischen Charakter ähnlich der gewöhnlichen atmosphärischen Korrosion beibehält.

Die Bestrahlung der Proben mit einem ^{60}Co-Präparat, das in den Proben eine absorbierte Energiedosis von 2,6—1,2 · 10^{15} eV/cm^{3}sec und in der Atmosphäre von 1,85 · 10^{14} eV/$l$sec (siehe Tab. 22) ergab, zeigte, daß die Bestrahlung mit einer solchen Intensität die Korrosion unbedeutend beschleunigt. Wurden die Bestrahlungsobjekte in einer solchen Entfernung von der Quelle angebracht, daß die Absorption in der Atmosphäre weniger als 10^{14} eV/l sec wurde, konnte praktisch keine Verstärkung der Korrosion mehr beobachtet werden.

Folglich ist eine absorbierte β- oder γ-Strahlungsdosis von 10^{14} eV/l sec in der Atmosphäre und von 10^{15} eV/cm^3 sec im Metall praktisch der Minimalwert, bei dem eine Bestrahlung die Korrosion von Eisen merklich beschleunigt. Die maximale Dosisleistung wird durch die Energie bestimmt, die in der Probe absorbiert wird und zu ihrer Erhitzung führt. Unter gewöhnlichen Bedingungen, wenn keinerlei zusätzliche Kühlung des Metalls erfolgt, entspricht der Grenzwert der absorbierten Dosisleistung 10^{19} eV/cm^{3}sec (für Eisenbleche).

Möglicherweise wird auch durch das Auftreten der Erwärmung, durch die die Bildung eines Feuchtigkeitsfilms verhindert wird, das von Allen [142] bemerkte Fehlen der Korrosion an den Austrittsfenstern von Zyklotronen und Katodenröhren erklärt. Die Annahme wird dadurch unterstützt, daß Allen Veränderungen an den Fenstern erwähnt, die durch lokale Erhitzungen hervorgerufen wurden. Aus der Analyse der Werte in Tab. 24 folgt, daß die in den oberen Proben absorbierten Dosisleistungen unabhängig von der Strahlungsart annähernd der korrodierten Menge dieser Proben entsprechen (siehe Tab. 24, Probe 3, 5 und 7). Das gestattet, als Schlußfolgerung eine identische Wirkung von γ- und β-Strahlung anzunehmen. Gleichzeitig zeigt ein Vergleich dieser Werte für die oberen und unteren Proben, daß sich die korrodierten Mengen und die Dosisleistungen — sogar im Grenzfall gleicher Strahlungsarten — nicht entsprechen. Probe 2 korrodierte bedeutend stärker als Probe 3, obgleich die in ihr absorbierte Dosisleistung um fast eine Größenordnung geringer war. Das Gleiche trifft auf die mit Röntgenstrahlung bestrahlten Proben 8 und 9 zu. Das ist leicht zu erklären, wenn man annimmt, daß der hauptsächliche, die Korrosion stimulierende Faktor die atmosphärischen Radiolyseprodukte sind. Tatsächlich ist der in der Atmosphäre des Reaktionsgefäßes absorbierte Energiebetrag bei einem Elektronenstrom von 4,1 μA viermal größer als bei 1,0 μA. Das bestimmt auch die starke Korrosion von Probe 2 gegenüber Probe 3. Ebenso verhält es sich bei der Bestrahlung mit der Röntgenröhre. Die Proportionalität zwischen dem absorbierten Energiebetrag und der korrodierten Menge für die oberen Proben (3, 5 und 7) zeigt, daß sich die Intensität der auf die Proben einfallenden Strahlungsenergie auch in der korrodierten Menge äußert.

Die angeführten Tatsachen zeugen von der großen Bedeutung der Radiolyseprodukte der Atmosphäre im Prozeß der atmosphärischen Korrosion. Darauf weist außer dem bereits Angeführten noch Folgendes hin. Wenn man die korrodierte Menge der Eisenproben als Funktion der in der Probe absorbierten Dosis darstellt, so erhält man ein unerwartetes Ergebnis. Aus den in Abb. 99 dargestellten Kurven folgt, daß bei gleichen integralen Dosen die Korrosion um so größer ist, je kleiner die Bestrahlungsintensität war. Das wird dadurch erklärt, daß bei

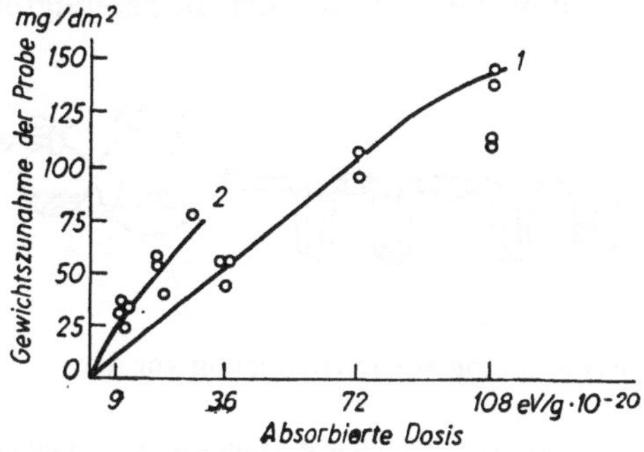

Abb. 99: Abhängigkeit der Korrosion von Armco-Eisen-Proben von der Bestrahlungsdosis bei verschiedenen Stromstärken des Elektronenrohres *1* — 4,1 μA; *2* — 0,41 μA

kleinen Bestrahlungsintensitäten die Proben länger in dem Korrosionsmedium bleiben müssen, um eine Dosis der gleichen Größe zu erhalten. Auf diese Weise wird nochmals die große Rolle unterstrichen, die die Radiolyseprodukte der Atmosphäre bei der Intensivierung des Korrosionsprozesses spielen.

Aus Abb. 96, 97 und 99 folgt, daß für eine gegebene Intensität die korrodierte Menge der Dosis proportional ist. Bei hohen Dosen ist eine Verlangsamung der Korrosion festzustellen, doch ist sie nicht sehr bedeutend.

Die ermittelte Rolle der Radiolyseprodukte bedingt die Notwendigkeit, den Einfluß des Zustandes der Atmosphäre auf die Korrosion der Metalle unter Bestrahlung näher zu betrachten.

6.3. Einfluß der Atmosphärenkomponenten auf die unter Bestrahlung korrodierte Menge der Metalle

6.3.1. Anwesenheit von Beimengungen

Wie bekannt ist [34], hängt die Geschwindigkeit der atmosphärischen Korrosion sehr stark von der Verunreinigung der Atmosphäre mit verschiedenen Stoffen — Schwefeldioxid, Chlor usw. — ab. Sogar die Anwesenheit von Staub beeinflußt den Verlauf der Korrosionsprozesse. Zur Unterbindung dieses Einflusses wurde die in den Versuchen verwendete Luft einer besonderen Reinigung unterworfen.

Das Schema der Luftreinigung ist in Abb. 100 gezeigt. Folgende Stoffe wurden verwendet: Eine Lösung von BERTHOLETschen Salz zur Absorption von Schwefeldioxid [147]; eine Methylorangelösung mit Kaliumbromid zur Absorption von Chlorspuren [148]; eine Kaliumhydroxidlösung zur Beseitigung von Stickoxiden [147] und Säuredämpfen; Calciumchlorid zur Verhinderung des Eintritts von Wasserdämpfen in die folgenden Gefäße; Natronkalk zur Beseitigung von Kohlensäure [149]; Aktivkohle zur Absorption von Kohlenwasserstoffdämpfen und anderen organischen Stoffen [150] und zum Schluß Glaswolle zur Beseitigung von Staub [149].

Zur Kontrolle wurden einige Parallelversuche mit ungereinigter Luft ausgeführt. Die Ergebnisse der Versuche zeigten, daß es bei Einwirkung von Strahlung keine Unterschiede im Korrosionsverhalten der Metallproben in gereinigter und unge-

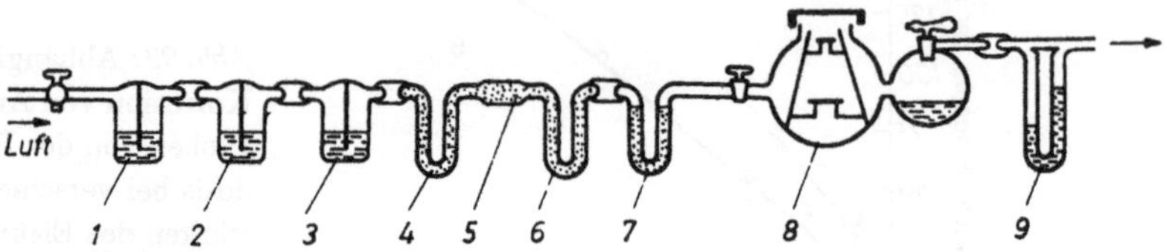

Abb. 100: Schema der Anordnung zur Luftreinigung vor den Korrosionsprüfungen

1 — 5 g $KClO_3$ + 100 cm^3 H_2O; *2* — 0,02 g Methylorange + 0,025 g KBr + 1 cm^3 C_2H_5OH + H_2O (bis 1 *l*); *3* — 0,1 n KOH; *4* — $CaCl_2$ (kalziniert); 5 — Natronkalk (kalziniert); *6* — Aktivkohle; *7* — Glaswolle; *8* — Gerät (siehe Abb. 106); *9* — Rheometer

reinigter Luft gibt. Das zeugt erstens davon, daß der Korrosionseffekt der Strahlung den Einfluß der in der Luft anwesenden geringen Mengen CO_2, SO_2, Cl_2, Staub und organischer Stoffe beträchtlich übersteigt, und zweitens davon, daß der von der Strahlung auf die Metallkorrosion unter atmosphärischen Bedingungen ausgeübte Einfluß nicht mit der Wirkung der Strahlung auf die genannten Beimengungen zusammenhängt.

6.3.2. Feuchtigkeit

Zur Bestimmung des Einflusses der atmosphärischen Feuchtigkeit wurde ein Versuchszyklus bei verschiedenen relativen Luftfeuchtigkeiten ausgeführt, die im Reaktionsgefäß mit Hilfe gesättigter Lösungen verschiedener Salze in Analogie zu Arbeit [151] aufrechterhalten wurden. Es wurden folgende Salze zur Einstellung relativer Feuchtigkeiten verwendet [152]: $CaSO_4 \cdot 5H_2O$ für eine Feuchtigkeit von 98%; $Ca(NO_3)_2 \cdot 4H_2O$ für 56—51%; $CaCl_2 \cdot 6H_2O$ für 31% und $LiCl \cdot H_2O$ für 15%.

Zur Feuchtigkeitsbeseitigung wurde als Trockenmittel Phosphorpentoxid verwendet, das die Menge an Wasserdampf in der Luft bis auf $2 \cdot 10^{-5}$ g/cm^3 [152] herabsetzt.

Es wurde festgestellt, daß atmosphärische Korrosion unter Bestrahlung nur bei Anwesenheit von Feuchtigkeit stattfindet. In trockener Atmosphäre wurden unter beliebigen Bestrahlungsbedingungen keinerlei Korrosionsspuren entdeckt.

Dieses Ergebnis wird in der Arbeit [61] bestätigt. Interessante Ergebnisse wurden bei der Untersuchung der Korrosion unter Bestrahlung bei verschiedenen Feuchtigkeitsgehalten der Atmosphäre erhalten. Wie aus Abb. 101 folgt, existiert, wie auch unter den Bedingungen der normalen atmosphärischen Korrosion, ein kri-

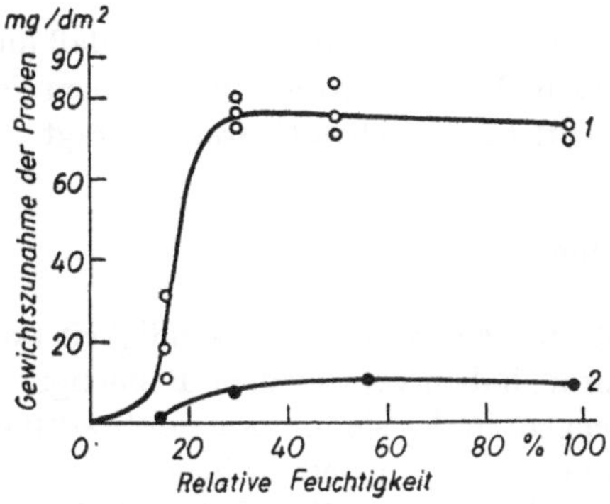

Abb. 101: Abhängigkeit der Korrosion von Armco-Eisen von der relativen Luftfeuchtigkeit für verschiedene Strahlungsarten
1 — Elektronenbündel (2 μA, 800 kV, 12 h); *2* — Kobaltquelle GOP-400 (70 h)

tischer Feuchtigkeitsgehalt. Jedoch wird dieser durch die Bestrahlung in die Gegend von 15—20% gegenüber 60—70% für gewöhnliche Bedingungen verschoben [153]. Das Ausmaß der Verschiebung hängt von der Dosisleistung der Bestrahlung ab. Das Fehlen von Änderungen in der Korrosionsgeschwindigkeit bei Erhöhung der relativen Feuchtigkeit über 30% hinaus wird offenbar durch die geringe Versuchsdauer (12 Stunden für das Elektronenrohr und 70 Stunden für ^{60}Co) verursacht, die von uns im Interesse einer genaueren Ermittlung der kritischen Feuchtigkeit gewählt wurde. Aus Abb. 102 ist ersichtlich, daß sich bei Ver-

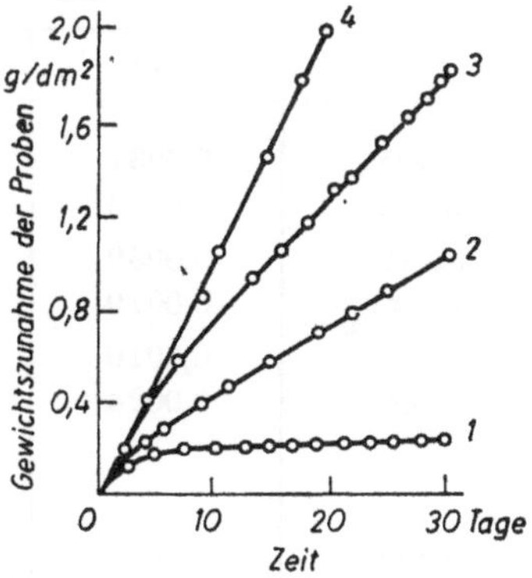

Abb. 102: Einfluß der relativen Luftfeuchtigkeit auf die Korrosion von Kupfer bei Bestrahlung mit einer α-Quelle (1,5 Curie) [61]
1 — 9%; *2* — 44%; *3* — 73%; *4* — 100%

längerung der Versuchsdauer die Korrosionsgeschwindigkeit mit Zunahme der relativen Feuchtigkeit erhöht. Gleichzeitig ist zu sehen, daß in den Anfangsstadien des Prozesses die Korrosionsgeschwindigkeit praktisch einheitlich ist, wobei die Dauer dieses Stadiums mit Erhöhung des Feuchtigkeitsgehaltes zunimmt (siehe Kurven für 73 und 100% relative Feuchtigkeit). Die Autoren der Arbeit [61] verweisen darauf, daß sich der Charakter der Abhängigkeit Korrosion/Zeit mit Änderung der Feuchtigkeit ebenfalls ändert: Für 100% Feuchtigkeit gehorcht sie einer Geradengleichung, für 73 und 44% — Parabelgleichungen mit unterschiedlichen Exponenten ($n > 2$) und bei 9% Feuchtigkeit stellt sich eine logarithmische Abhängigkeit ein.

Die Notwendigkeit der Anwesenheit von Wasserdampf zeigt, daß unter Bestrahlungsbedingungen die atmosphärische Metallkorrosion unter einem Feuchtigkeitsfilm verläuft und offensichtlich elektrochemischen Charakter trägt.

6.3.3. Gasförmige Bestandteile

Dieser Faktor beeinflußt ebenfalls die Korrosionsgeschwindigkeit unter Bestrahlung. Wie weiter oben gezeigt wurde, haben verschiedene Beimengungen (SO_2, Cl_2 usw.) in solch unbedeutenden Mengen, in der sie in normaler Stadtluft vorhanden sind, unter Bestrahlungsbedingungen keine grundsätzliche Bedeutung. Was die zwei Hauptkomponenten der Luft, den Sauerstoff und den Stickstoff, anbetrifft, so kann man ihren Einfluß auf die Korrosion nach den in unseren Versuchen erzielten und in Tab. 26 dargestellten Ergebnissen beurteilen. Die Versuche wurden

Tabelle 26

Korrosion von Armco-Eisen innerhalb 10 Stunden in unterschiedlich zusammengesetzter Atmosphäre bei einer relativen Luftfeuchtigkeit von 98% und Bestrahlung mit einem Elektronenbeschleuniger (800 kV)

Atmosphäre	Probe	Gewichtszunahme der Proben, g	
		Strahlstromstärke	
		2 μA	4,1 μA
Reiner Sauerstoff	obere	0,0031	—
	untere	0,0019	0,0034
Stickstoff (80%) + Sauerstoff (20%)	obere	0,0059	—
	untere	0,0079	0,0126
Argon (80%) + Sauerstoff (20%)	obere	0,0010	—
	untere	0,0024	0,0080
Reiner Stickstoff nach vorhergehender Spülung:			
8 Stunden	obere	—	—
	untere	—	0,0022
48 Stunden	obere	0,0001	—
	untere	0,0002	0,0002
Luft	obere	—	—
	untere	—	0,0133

in Luft durchgeführt, die in der in Abb. 100 dargestellten Apparatur gereinigt worden war. Wenn das Gefäß anstatt mit Luft mit Stickstoff gefüllt wurde, so erfolgte die Reinigung des aus einer Druckflasche entnommenen Stickstoffs in einer besonderen Reinigungsapparatur [154]. Bei Füllung des Gefäßes mit Sauerstoff wurde dieser von CO_2 gereinigt, indem er durch 2 n KOH-Lösung hindurchgeleitet wurde.

Die Versuche wurden sowohl unter statischen Bedingungen, wobei das Gefäß keine Verbindung mit der äußeren Atmosphäre hatte, wie auch unter kontinuierlichem Durchleiten von Luft durch das Gefäß während der gesamten Versuchsdauer ausgeführt.

Die Werte der Tab. 26 zeigen, daß die Anwesenheit von Sauerstoff in der Atmosphäre eine notwendige Bedingung für den Ablauf der atmosphärischen Korrosion unter Bestrahlung darstellt. Primak und Fuchs [146] teilen mit, daß sich in feuchtem Sauerstoff auf Nickel unter dem Einfluß von Reaktorstrahlung schwarze Korrosionsprodukte bildeten. Beim Einschmelzen des gleichen Nickels in Ampullen, die vorher evakuiert und anschließend mit Wasserdampf gefüllt worden waren — d. h. bei Abwesenheit von Sauerstoff und Stickstoff —, war nach der Bestrahlung keinerlei Korrosion der Proben zu beobachten.

Aus den Angaben der Tab. 26 ist weiterhin ersichtlich, daß das Vorhandensein von Stickstoff in der Atmosphäre die Korrosion des Eisens unter Bestrahlung verstärkt. Der Ersatz des Stickstoffs durch Argon setzt die Korrosion der Eisenproben herab. Das ist ein charakteristisches Beispiel dafür, daß Strahlung unter bestimmten Bedingungen korrosionsinerte Stoffe in korrosionsaktive verwandeln kann. Korrosionsaktiv wird Stickstoff jedoch nur bei Anwesenheit von Sauerstoff. Im reinen Stickstoff korrodieren Eisenproben fast nicht. Es muß noch vermerkt werden, daß es in den durchgeführten Versuchen nicht zu erreichen war, daß das Eisen in Stickstoffatmosphäre überhaupt nicht korrodierte. Sehr geringfügig, aber in allen Fällen, nahm das Gewicht der Proben zu, wobei sie sich leicht trübten. Wir erklären das mit dem Vorhandensein von Wasserdampf, der im Ergebnis der Radiolyse ein Lieferant von oxydativen Agentien (z. B. OH) in der Atmosphäre ist, die den Sauerstoff beim Verlauf der Korrosionsprozesse ersetzen.

Die Reinigung des Stickstoffs von Sauerstoff muß sehr sorgfältig sein. Geringe Sauerstoffspuren äußern sich merklich in einer Verstärkung des Korrosionsprozesses. Wie aus Tab. 26 ersichtlich ist, findet nach einer vorhergehenden, achtstündigen Spülung des Geräts mit Stickstoff bei der Bestrahlung eine merkliche Korrosion der Eisenproben statt, und erst die Verlängerung der Spülzeit auf zwei Tage ergab eine Herabsetzung der Korrosion nahezu auf Null. Die Erhöhung der Sauerstoffkonzentration verstärkt die Korrosion des Eisens in feuchter Atmosphäre unter Bestrahlung nicht merklich. In reinem Sauerstoff wird die Korrosion sogar verlangsamt. Offenbar hängt das mit der passivierenden Wirkung des Oxydationsmittels — den Produkten der Strahlungsumwandlung des Sauerstoffs — zusammen, die in großer Menge gebildet werden.

Die ausgeführten Versuche zeigen die große Bedeutung, die die Produkte der Strahlungsumwandlung des Sauerstoffs, des Stickstoffs und der Wasserdämpfe bei der Intensivierung der Prozesse der atmosphärischen Metallkorrosion unter Bestrahlung besitzen.

Wir wollen jetzt betrachten, was diese Produkte darstellen. Schon 1911 stellte Chlopin fest, daß unter der Wirkung ultravioletter Strahlen in feuchter Luft Ozon, Wasserstoffperoxid und Salpetrigsäureanhydrid gebildet wird [155]. Die Bildungsreaktionen des Ozons und der Stickoxide unter Wirkung von β- und γ-Strahlung sind heute gut bekannt [156]. Es wurde gezeigt, daß der Mechanismus der ablaufenden Reaktionen der gleiche ist, wie im Falle von UV-Bestrahlung. Es ist offensichtlich, daß auch in unseren Versuchen die Bildung all dieser Verbindungen erwartet werden kann. Wir führten eine Analyse der in dem Gefäß bestrahlten Luft durch[1]). Es erwies sich, daß in der Hauptsache Ozon gebildet wurde. Die Ozonkonzentration (nach dem Gewicht) betrug: Bei Bestrahlung am Elektronenbeschleuniger (800 kV) bei 3–4 μA 0,2–0,4%, bei 0,3–0,4 μA 0,08–0,1%. In Sauerstoffatmosphäre (bei 3 μA) betrug die Ozonkonzentration 0,5%. Bei Hindurchleiten des Sauerstoffs durch das System mit einer Geschwindigkeit von 1,5 l/min erreichte die Ozonkonzentration nach 3 Stunden einen stationären Wert (0,001%). Bei Bestrahlung mit der Röntgenröhre TRB-3 betrug die Ozonkonzentration 0,02–0,07%.

Bei Versuchen, bei denen die Strahlungsquelle ^{60}Co war, wurde eine sehr geringe Ozonmenge gebildet. Es muß gesagt werden, daß die Ozonanalysen große Streuungen ergaben und die angeführten Zahlen das Ergebnis einer statistischen Auswertung einer großen Menge von Werten sind.

Die Menge an Stickoxiden betrug bei den Versuchen mit dem Elektronenbeschleuniger bei 4,1 μA nach Umrechnung auf NO_3 0,08%. Wasserstoffperoxid wurde nicht nachgewiesen. Offenbar wurde es in vernachlässigbaren Mengen gebildet. Außer den genannten langlebigen Radiolyseprodukten müssen sich in der Atmosphäre unter Bestrahlung noch viele kurzlebige Produkte mit Radikalcharakter, wie O, OH, HO_2, NO_3 [157], aber auch Molekül- und Atomionen, wie O_2^-, O_2^+, O^-, O^+, N_2^-, N_2^+, befinden. Außerdem muß das Vorhandensein angeregter Moleküle und Atome berücksichtigt werden, denen zahlreiche Autoren die Hauptrolle in der Aktivierung der ablaufenden chemischen Prozesse zuschreiben [158].

6.4. Mechanismus der atmosphärischen Metallkorrosion unter Bestrahlung

Die Mehrzahl der Autoren, die den Einfluß der Strahlung auf die atmosphärische Korrosion untersucht hat, nimmt an, daß die beobachtete Beschleunigung der Korrosion durch die Wirkung der atmosphärischen Radiolyseprodukte verursacht wird. Es gibt jedoch keine einheitliche Meinung über die Rolle der einzelnen

[1]) Zur Durchführung der Analyse wurde in das Untersuchungsgefäß eine Absorptionslösung eingefüllt: 2n KJ für Ozon und 0,05 n H_2SO_4 für Salpetersäure und Wasserstoffperoxid. Ozon wurde durch Titration der Absorptionslösung mit Hyposulfit, HNO_3 und H_2O_2 wurden kolorimetrisch aus der Gelbfärbung von ammoniakalischer Phenolsulfonsäurelösung (für HNO_3) und von Titansulfatlösung (für H_2O_2) bestimmt.

Komponenten. PRIMAK und FUCHS [146] führen alle Effekte ausschließlich auf die Wirkung der in der Luft gebildeten Stickoxide zurück, die unter Auflösung im Feuchtigkeitsfilm Salpetersäure ergeben. Die Autoren gründen ihre Ansicht darauf, daß alle von ihnen geprüften Metalle, die unter Bestrahlung verstärkt korrodierten (Co, Cu, Al, Ni und Niconellegierung), in Salpetersäure korrodieren, während sich Gold und nichtrostender Stahl, die in HNO_3 beständig sind, auch als stabil unter der Einwirkung von Strahlung erwiesen. Die Analyse der Korrosionsprodukte des Nickels zeigte, daß diese Produkte tatsächlich Nickelnitrate sind: Anfangs wird $Ni(NO_3)_2 \cdot 6H_2O$ gebildet, welches dann in $Ni(NO_3)_2 \cdot 3H_2O$ übergeht.

Auch die Zerstörung einer Hochdruckschleife [189] zeugt davon, daß in Luftatmosphäre unter der Wirkung von Strahlung Stickoxide gebildet werden, die unter bestimmten Bedingungen zu sehr starker Korrosion von Metallteilen führen können. Die Schleife war aus nichtrostendem Stahlrohr (16–18% Cr, 10–14% Ni, 1,75–2,50% Mo) mit einer Wandstärke von 7,5 mm gefertigt worden. Dieses Rohr war von einem zweiten, dünnwandigen (1,8 mm) Rohr umgeben, daß mit dem ersten einen ringförmigen Luftspalt bildete. Die Schleife arbeitete bei einem Druck von 150 at und einer Temperatur von 135 °C. Nach drei Betriebsmonaten zeigte das Rohr ein Loch. Die Besichtigung ergab, daß das innere Rohr von der Außenseite her im Mittel um 5 mm durch Korrosion geschwächt worden war. Der Ringspalt war dabei teilweise mit Flüssigkeit gefüllt, die sich nach der chemischen Analyse als rauchende Salpetersäure mit Beimengungen von Kupferionen erwies. Es zeigte sich, daß das defekte Rohr einen mikroskopischen Riß hatte, durch den das Reaktorwasser in den Ringspalt eindrang und sich in seinem Unterteil sammelte, wo es in Kontakt mit dem Hochdruckrohr stand. Die Salpetersäure wurde durch Umwandlung von Luftstickstoff gebildet; das Kupfer stammte aus Verstärkungsteilen, die aus Monelmetall gefertigt waren.

ŠATALOV und NIKITINA [61] stellten fest, daß unter der Wirkung von α-Strahlung auf Kupfer $Cu(NO_3)_2 \cdot 3H_2O$ gebildet wird, doch bei der Analyse von Eisen-Korrosionsprodukten entdeckten sie, daß neben basischen Nitraten [Typ $Fe(OH)_x(NO_3)_y$] unlösliches Hydroxid vorliegt. In unseren Versuchen wurde festgestellt, daß im Gegensatz zu Kupfer, wo in der Hauptsache Nitrate gebildet werden, auf Eisen der Hauptteil der Korrosionsprodukte aus Hydroxiden besteht.

Die ausgeführte Röntgenstrukturanalyse[1]) der Korrosionsprodukte, die auf Eisen in feuchter Atmosphäre (98% relative Feuchtigkeit) bei Röntgen- und Elektronenbestrahlung entstanden waren, zeigte, daß unter Bestrahlung sowohl γ-FeOOH (γ-$Fe_2O_3 \cdot H_2O$), wie auch α-FeOOH erhalten wird. Es wurden auch die Korrosionsprodukte von Kupfer untersucht. Durch Röntgenanalyse wurde die Abwesenheit jeder klar ausgebildeten Phase nachgewiesen. Das erklärt sich daraus, daß die Korrosionsprodukte ein Gemisch verschiedener Phasen darstellen. Wie schon oben bemerkt, zeigte die chemische Analyse, daß der Hauptteil dieser Produkte Nitrate sind, deren genaue Zusammensetzung nicht bestimmt werden

[1]) Die Arbeit wurde von N. A. ŠIŠAKOV erledigt.

konnte. Die Analysenergebnisse erlauben, auch die Anwesenheit einer gewissen Menge Kupferhydroxid anzunehmen. Daraus folgt, daß sich die Zusammensetzung der Korrosionsprodukte in Abhängigkeit von der Natur der bestrahlten Metalle ändert, was offensichtlich durch die spezifische Empfindlichkeit des betreffenden Metalls gegenüber diesem oder jenem atmosphärischen Radiolyseprodukt bestimmt wird.

Es ist auch möglich, daß bei Bestrahlung der Luft mit schweren Teilchen bevorzugt Stickoxide gebildet werden, während — nach den Ergebnissen unserer Analyse der Atmosphäre — bei Einwirkung leichter Teilchen in der Hauptsache Ozon[1]) gebildet wird. Für diese Annahme spricht, daß bei Bestrahlung mit α-Teilchen [61] Kupfer und sogar Aluminium sehr viel stärker als Eisen korrodierten (entsprechend 0,454 bzw. 0,300 $g/m^2 \cdot h$ gegenüber 0,170 $g/m^2 \cdot h$ bei einer Quellstärke von 1,5 Ci und 100% relativer Luftfeuchtigkeit), während umgekehrt in unseren Versuchen (bei Bestrahlung mit Elektronen) die Korrosion des Eisens die des Kupfers um das Doppelte und die des Aluminiums um das Zehnfache überstieg (siehe Tab. 23).

Die Ergebnisse der Analysen zeigen auch, daß die Wirkung der Radiolyseprodukte nicht nur auf eine Wirkung der Stickoxide hinausläuft. Eine nicht unbedeutende Rolle müssen die Produkte der radiolytischen Umwandlung von Wasserdämpfen und Sauerstoff spielen, darunter insbesondere Ozon, das, wie schon bemerkt, in bedeutender Menge gebildet wird. Auf die Bedeutung dieser Produkte weisen die Versuche hin, die zeigten, daß in dem Medium Argon und Sauerstoff bei völliger Abwesenheit von Stickstoff eine merkliche Korrosion von Eisenproben zu beobachten war (siehe Tab. 26). PRIMAK und FUCHS entdeckten ebenfalls — wie schon früher bemerkt —, daß Nickel in feuchtem Sauerstoff (bei Abwesenheit von Stickstoff) korrodierte. Nach Literaturangaben oxydiert feuchtes Ozon tatsächlich alle Metalle mit Ausnahme von Gold und den Metallen der Platingruppe [160]. Dabei wirkt das trockene Gas nicht, d. h., für die Oxydation ist immer Feuchtigkeit nötig. Zum Beispiel wies BARANNIK [161] daraufhin, daß Aluminium in feuchtem Ozon nicht, dagegen in dem trockenen Gas beständig ist. TOMAŠOV und VALIULINA [162] erhielten bei der Untersuchung der Korrosion verschiedener Metalle in ozonhaltigem Sauerstoff über 0,5 n NaCl während 45 Tagen folgende Ergebnisse: Nichtrostender Stahl und Aluminium ergaben keinerlei Korrosionsverluste; der Verlust von Nickel betrug 0,496 g/m^2; von Eisen 0,357 g/m^2; von Kupfer 0,250 g/cm^2; von Zink 0,121 g/m^2. Die Autoren stellten fest, daß die Beschleunigung der Korrosion infolge der energischen Wirkung des Ozons als katodischer Depolarisator eintritt. In schwachalkalischen Lösungen ergibt Ozon unter Zersetzung an der Katode eine Übersättigung der Lösung mit Sauerstoff und erhöht den Diffusionsgrenzstrom. In saurem Medium wird Ozon selbst reduziert.

[1]) Nach den Angaben von PŠEŽECKIJ [156] beginnt die Bildungsreaktion des Ozons bei Elektronenenergien von $\sim$6 eV; die Stickstoffoxydation bei etwa 16 eV. Sie wird im Intervall 22—24 eV stark beschleunigt.

Zur Ermittlung der Rolle des Ozons wurden Kontrollversuche zur Bestimmung der Korrosionsgeschwindigkeit von Armco-Eisen in einem Strom feuchten Ozons ausgeführt. Die Prüfungen wurden an völlig gleichen Proben wie bei den Versuchen mit Bestrahlung vorgenommen. Die Anordnung, in der die Versuche ausgeführt wurden, ist in Abb. 103 dargestellt. Der zentrale Teil der Anordnung ist der Ozonisator, der aus dem doppelwandigen Glasgefäß *1* und dem Piacrylmantel *2*

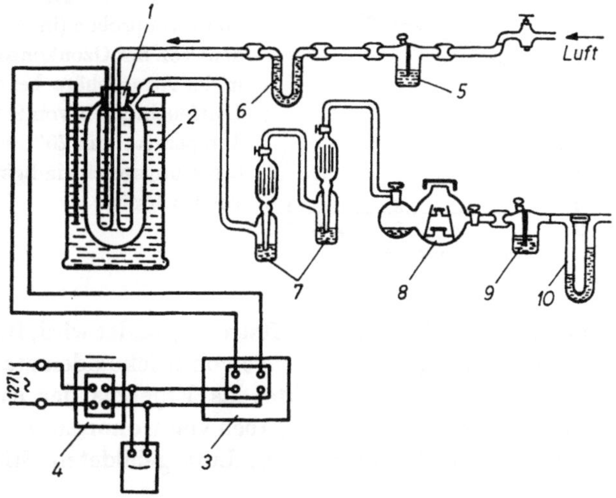

Abb. 103: Schema einer Anordnung für Korrosionsprüfungen im Ozonstrom
1 — Glasgefäß des Ozonisators; *2* — Piacrylmantel; *3* — 1400 V-Transformator; *4* — Autotransformator; *5* — Waschflasche mit konzentrierter H_2SO_4; *6* — $CaCl_2$-Rohr; *7* — Gefäße zur Einstellung des Feuchtigkeitsgehaltes; *8* — Reaktionsgefäß; *9* — Waschflasche mit KJ-Lösung; *10* — Rheometer.

besteht, in dem mit Hilfe von Piacrylhalterungen das Gefäß *1* befestigt ist. In das Innere von Gefäß *1* und des Mantels *2* wird 8 n H_2SO_4-Lösung gefüllt, in die Kupferelektroden eintauchen. Der Strom wird in die Elektroden von dem auf 1400 V hochtransformierenden Transformator *3* eingespeist. Die erforderliche Spannung wird mit Hilfe des Spannungsteilers *4* eingestellt. Die in den Ozonisator eingeleitete Luft wird gereinigt, indem sie die Waschflasche *5* mit konzentrierter Schwefelsäure und das Calziumchloridrohr *6* durchströmt. Zur Beseitigung von Staub wurde das Ende des Rohres *6* mit Glaswolle verstopft. Wenn anstatt Luft Sauerstoff eingeleitet wurde, so wurde vor *5* eine zusätzliche Waschflasche mit Natronlauge zur Entfernung von CO_2 angebracht. Die aus dem Ozonisator austretende Luft durchlief nacheinander die mit Wasser gefüllten Gefäße zur Sättigung mit Feuchtigkeit *7*, das Reaktionsgefäß mit den Proben *8*, die Waschflasche mit Kaliumjodidlösung *9* zur Entfernung des Ozons und schließlich das Rheometer *10*, mit dessen Hilfe die Geschwindigkeit des bei allen Versuchen auf 0,10 *l*/min gehaltenen Gasstroms gemessen wurde.

Die Ergebnisse der Korrosionsprüfungen sind in Abb. 104 angegeben. Der einer Ozonkonzentration von 4,8% entsprechende Punkt wurde in Sauerstoffatmosphäre gemessen, die übrigen in Luft.

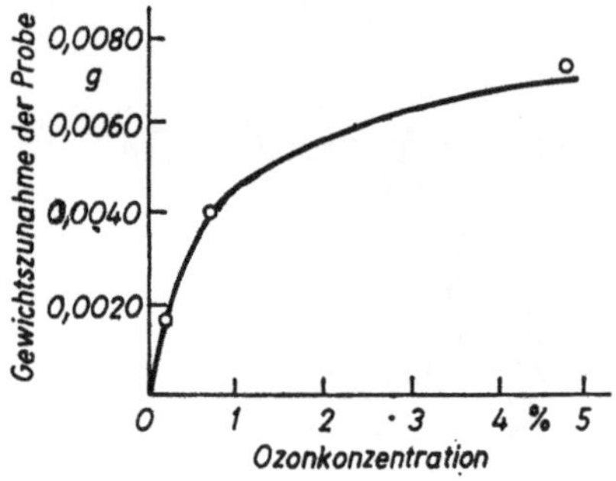

Abb. 104: Abhängigkeit der Korrosion von Eisenproben (innerhalb 10 Stunden) von der Ozonkonzentration in der Atmosphäre bei einer relativen Luftfeuchtigkeit von 98%, einer Temperatur von 20 °C und einer Strömungsgeschwindigkeit des Gases von 0,1 *l*/min

Da Ozon durch elektrische Entladung im Luftstrom gebildet wird, findet zweifellos gleichzeitig die Bildung einer gewissen Menge von Stickoxiden statt, und folglich sind die beobachteten Korrosionseffekte das Ergebnis der summarischen Wirkung beider Komponenten. Nach den Angaben von Gorodeckij [163] beträgt das Verhältnis der bei stillen Entladungen in Luft gebildeten Stickoxid- und Ozonmengen

$$N_2O : O_3 = 0{,}02^{1)}. \tag{5.1}$$

Bei Elektronenbestrahlung war dieses Verhältnis eine Größenordnung höher. Die geringe Menge an Stickoxiden bei den beschriebenen Versuchen mit stillen Entladungen erlaubt anzunehmen, daß der erzielte Korrosionseffekt vor allem als Ergebnis der Wirkung des Ozons erhalten wurde, was auch durch die in Sauerstoffatmosphäre durchgeführten Versuche bekräftigt wird.

Wenn man die Ergebnisse der Versuche im Ozonmedium mit denen bei Bestrahlung vergleicht, kann man folgendes festhalten:

1. Die Korrosionsgeschwindigkeit steigt mit Zunahme der Ozonkonzentration in der Atmosphäre (siehe Abb. 104), aber sogar bei Konzentrationen, die den Ozongehalt im Falle der Bestrahlung am Elektronenbeschleuniger um ein Vielfaches übersteigen, erreicht die Korrosion nicht den gleichen Wert. Bei einer Konzentration von 0,4% beträgt die korrodierte Menge in einem Strom ozonhaltiger Luft ~30% des Wertes bei Elektronenbestrahlung unter gleichen Bedingungen (Tab. 27).

2. Eine Atmosphäre von ozonisiertem Sauerstoff erniedrigt die Korrosionsgeschwindigkeit des Eisens nicht merklich, wie es bei Bestrahlung eintritt.

[1]) Natürlich bezieht sich das nicht auf den Fall der Ozondarstellung in Sauerstoff, wo Stickoxide fehlen.

Tabelle 27

Korrosionswirkung von Strahlung und ozonisierter Luft auf Armco-Eisen (relative Feuchtigkeit 98%; Temperatur 25 °C; Strömungsgeschwindigkeit der Luft durch das Reaktionsgefäß 0,10 *l*/min)

Einwirkungsmethode auf die Luft	Gewichtszunahme der Proben in 10 Stunden mg/dm²	Konzentration des gebildeten Ozons, Gewichts-%
Bestrahlung mit einem Elektronenbündel (3 μA, 800 kV)	60	0,4
Stille Entladung	17,5	0,4

3. Die Korrosionsprodukte tragen bei Bestrahlung den gleichen Charakter und besitzen die gleiche Farbe wie im Falle der Einwirkung einer ozonisierten Atmosphäre, obgleich sie bei Bestrahlung lokalisierter sind.

Es wurden von uns Versuche zur Bestimmung des Einflusses von Ozon und von Elektronenbestrahlung (3,0 μA, 800 kV) auf die Korrosion an der Wasserlinie durchgeführt. Die Probe wurde im Reaktionsgefäß so angebracht, daß sie zur Hälfte in Wasser eintauchte (Abb. 105).

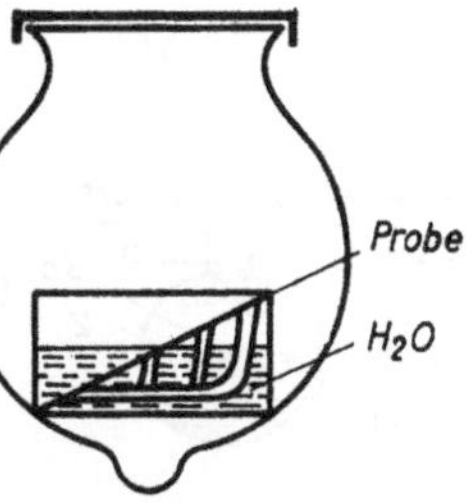

Abb. 105: Schema der Probenanordnung in Versuchen zur Bestimmung des Einflusses von Strahlung und von Ozon auf die Korrosion an der Wasserlinie

Nach der Bestrahlung bildete sich längs der gesamten Wasserlinie ein Streifen von Korrosionsprodukten rötlicher Farbe. Der Probenteil, der sich oberhalb dieser Linie befunden hatte, war mit schwärzlich-rötlichen Korrosionsprodukten bedeckt. Der Probenteil, der sich im Wasser befand, ließ keine Korrosionsprodukte erkennen. Er war nur stark getrübt, und auf ihm zeigten sich einzelne dunkle Punkte. Die Probe, die unter gleichen Bedingungen der Einwirkung von Ozon unterworfen worden war, hatte ebenfalls einen gelben Streifen an der Stelle der Wasserlinie, dunkle Korrosionsprodukte auf dem oberen Probenteil und einen sauberen Unterteil mit einigen Flecken. Jedoch war alles weniger deutlich ausgeprägt.

Die beschriebenen Versuche zeigen die bedeutende Rolle des Ozons bei der Beschleunigung der Korrosion unter Bestrahlung. Der Charakter der korrosiven Einwirkung der Strahlung ähnelt in vielen Punkten dem Charakter der Wirkung von ozonisierter Luft. In beiden Fällen verläuft die Korrosion nur in Anwesenheit von

Feuchtigkeit, und die Korrosionsprodukte haben das gleiche Aussehen. Jedoch wirkt die Strahlung viel intensiver: Bei der gleichen Ozonkonzentration verläuft die Korrosion unter Bestrahlung drei- bis viermal schneller als ohne Bestrahlung. Eine solche Beschleunigung könnte mit einer Konzentrationserhöhung der bei Bestrahlung von Luft gebildeten Stickoxide erklärt werden, jedoch zeigen die ausgeführten Versuche, daß es unmöglich ist, Korrosionseffekte der Strahlung allein mit der Wirkung der langlebigen Korrosionsprodukte zu deuten. Von uns wurde festgestellt, daß besonders stark die Proben korrodieren, die sich unmittelbar in der Sphäre des Stroms der Bestrahlungsteilchen befanden.

In Abb. 106 ist das Schema angegeben, und in Tab. 28 sind die Versuchsergebnisse zusammengestellt, auf Grund deren die genannten Gesetzmäßigkeiten festgestellt wurden. Als erstes wurde der in Abb. 106*a* (Tab. 28, Versuch 1) dargestellte Versuch durchgeführt. Dabei wurde festgestellt, daß die Probe, die sich für die Dauer

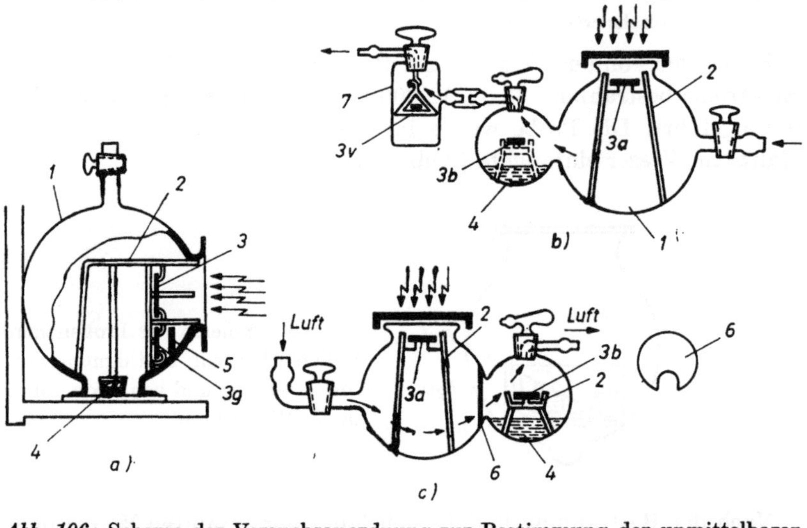

Abb. 106: Schema der Versuchsanordnung zur Bestimmung der unmittelbaren Strahlungswirkung (siehe Tab. 28)

1 — Reaktionsgefäß; *2* — Glasgestell für die Proben; *3*, *3a*—*3g* — Proben; *4* — gesättigte Salzlösung ($CaSO_4 \cdot 5H_2O$) zur Aufrechterhaltung einer relativen Feuchtigkeit von 98%; *5* — Bleitrennwand der Dicke 5 mm; *6* — Bleischeibe der Dicke 5 mm mit Einschnitt; *7* — kommunizierendes Gefäß

ϟ — Strahlung; ↓ — Richtung der Luftströmung

von 30 Stunden im bestrahlten Gefäß hinter der Bleitrennwand befunden hatte, nicht korrodiert war, während die der unmittelbaren Einwirkung der Röntgenstrahlen zugängliche Probe vollständig mit Korrosionsprodukten bedeckt war. Dann wurde eine Reihe Versuche mit zwangsweiser Umwälzung der bestrahlten Luft durchgeführt, bei denen die Weglänge dieser Luft bis zur unbestrahlten Probe künstlich geändert wurde. Die Angaben in Tab. 28 zeigen, daß in allen Fällen die Proben stärker korrodierten, die sich unmittelbar in der Bestrahlungszone befanden.

Das tritt besonders klar in Erscheinung, wenn die Dosisleistung gering (Tab. 28, Versuche 8 und 9) und die unbestrahlte Probe genügend weit entfernt von der Bestrahlungszone angeordnet ist (Versuch 4). Sehr deutlich war die direkte Strahlungswirkung in dem Versuch zu erkennen, der im Folgenden beschrieben wird.

Tabelle 28

Einfluß von Strahlung auf die Korrosion in Abhängigkeit von der Probenanordnung (Proben 3 und 3*a* — unter Bestrahlung; 3*b*, 3*v* und 3*g* — ohne Bestrahlung)

Versuchs-nummer	Strahlungs-quelle	Dosis-leistung*) eV/*l* sec	Probenanordnung (s. Abb. 106) und Versuchsbedingungen	Bestrah-lungs-dauer h	Probe	Gewichts-zunahme der Probe g
1	Röntgenröhre TRB-3	$2 \cdot 10^{16}$	*a*	30	3	0,0033
					3g	0,0000
2	Elektronen-beschleuniger	$4 \cdot 10^{17}$	*b* (ohne Probe 3b; Durchleitung von Luft)	8	3a	0,0026
					3v	0,0003
3	dgl.					
4	dgl.	$4 \cdot 10^{17}$	*b* (Durchleitung von Luft**)	11	3a	0,0096
					3b	0,0026
					3v	0,0002
5	dgl.	$4 \cdot 10^{17}$	*c* (ohne Bleitrenn-wand, Durchleitung von Luft)	11	3a	0,0091
					3b	0,0033
6	dgl.	$4 \cdot 10^{17}$	*c* (Durchleitung von Luft)	12,5	3a	0,0093
					3b	0,0019
7	dgl.	$3 \cdot 10^{15}$	dgl.	15	3a	0,0010
					3b	0,0004
8	^{60}Co-Präparat (GOP-400)	$2 \cdot 10^{14}$	*b* (ohne Durch-leitung)	110	3a	0,0036
					3b	0,0000
					3v	0,0000
9	dgl.	$2 \cdot 10^{14}$	*b* (ohne Probe 3*b*; ohne Durchleitung)	96	3a	0,0033
					3v	0,0000

*) In 1 *l* Atmosphäre des Bestrahlungsgefäßes absorbierte Dosisleistung

**) Durchleitungsgeschwindigkeit 0,1 *l*/sec.

Der Versuch wurde unter einem Elektronenstrahl und an einer Röntgenröhre ausgeführt. In beiden Fällen wurden gleiche Ergebnisse erhalten. Über einer Standard-Eisenprobe wurde in einer Höhe von 6 mm eine halbkreisförmige Bleischeibe angebracht, die die Probe zur Hälfte vor der Strahlung schützte. Dabei bedeckte sich der Probenteil, der sich unter unmittelbarer Strahlungseinwirkung befand, ganz mit Korrosionsprodukten, während der durch Blei geschützte Teil mit Ausnahme einiger einzelner Punkte von der Korrosion unberührt blieb. In einem anderen Versuch wurde die Probe genauso mit einer halbkreisförmigen Bleischeibe vor der unmittelbaren Strahlungswirkung geschützt und außerdem belüftet. Der Luftstrom wurde so gerichtet, daß er unter die Bleischeibe eintrat. Die unter direkter Strahlungseinwirkung gewesene Probenhälfte war nach Beendigung des Versuchs zwar stärker korrodiert, jedoch waren auch auf der durch Blei geschützten Hälfte eine ziemlich große Menge an Korrosionsprodukten zu erkennen, die in der Strömungsrichtung der Luft angeordnet waren. Als völlig unberührt von der Korrosion erwies sich die Stelle der Lufteinleitung.

Interessanterweise hatten die Korrosionsprodukte auf den belüfteten Proben eine dichtere Struktur, und sie waren in einer kompakteren Schicht angeordnet als auf den unbelüfteten Proben.

Wie schon bemerkt wurde, zeigen alle Versuche, daß eine besonders starke Korrosion dann beobachtet wird, wenn sich die Proben in der Zone der unmittelbaren Strahlungswirkung befinden. Daraus folgt, daß die langlebigen Radiolyseprodukte — obgleich sie auch Korrosion verursachen — nicht der hauptsächliche, die Korrosionseffektivität der Strahlung bestimmende Faktor sind, weil sich ihre Wirkung in Abhängigkeit von der Lage der Proben bezüglich des Flusses der Bestrahlungsteilchen nicht stark ändern kann, d. h., daß die Konzentration dieser Produkte im geschlossenen Volumen überall annähernd gleich sein muß. Die ermittelte Korrosionsverstärkung in der Strahlungszone kann entweder mit der Wirkung der kurzlebigen Radiolyseprodukte oder durch Änderungen erklärt werden, die in der Oberflächenschicht des Metalls im Ergebnis der Wechselwirkung mit den Bestrahlungsteilchen hervorgerufen werden. Insbesondere unterstützen LINTNER und Mitarbeiter [3] diesen Standpunkt, indem sie den von ihnen beobachteten Strahlungseinfluß auf die Korrosion mit einer Zerstörung der schützenden Oxidschicht und der Bildung lokaler Korrosionselemente auf der Metalloberfläche im Ergebnis örtlicher, durch den Beschuß mit α-Teilchen hervorgerufener Überhitzungen erklären. Irgendwelche experimentellen Beweise der dargelegten Hypothese führen die Autoren nicht an.

Es wurde folgender Versuch ausgeführt, um zu bestimmen, ob die Verstärkung der Korrosion das Ergebnis einer korrosiven Strahlungswirkung infolge Änderung des Oberflächenzustandes der Proben ist, oder ob das Auftreten kurzlebiger Radiolyseprodukte in der Atmosphäre die Hauptrolle spielt. In dem Reaktionsgefäß wurden in das obere Fach des Glasgestelles anstatt einer zwei Armco-Eisenproben mit einer Zwischenlage von 5 mm Blei gelegt (Abb. 107). Die Bestrahlung erfolgte mit einer Röntgenröhre, wobei in der oberen Probe $2{,}8 \cdot 10^{16}$ eV/sec (an der Probe) und in der unteren nichts absorbiert wurde (wenn man den geringfügigen Einfluß der gestreuten Strahlung vernachlässigt). Nach 10 Stunden wurde die Apparatur entladen, die Proben wurden untersucht und gewogen. Es wurde gefunden, daß jede der Proben nur von einer Seite — der äußeren — korrodiert war. Die inneren Oberflächen, mit denen die Proben die Zwischenlage berührten, waren von der

Korrosion nicht erfaßt. Die Gewichtszunahme war bei beiden Proben etwa gleich — 0,0088 g bei der oberen und 0,0075 g bei der unteren Probe. Bei Wiederholung des Versuchs korrodierten die Proben ebenfalls nur von der äußeren Seite. Die Gewichtszunahme jeder Probe betrug 0,0058 g.

In dem durchgeführten Versuch war die in der Atmosphäre absorbierte Strahlungsdosis an der oberen und unteren Probe praktisch gleich (wenn das gesamte Volumen der bestrahlten Luft in dem Reaktionsgefäß berücksichtigt wird) im Unterschied zu den im Metall selbst absorbierten Dosen, die für die

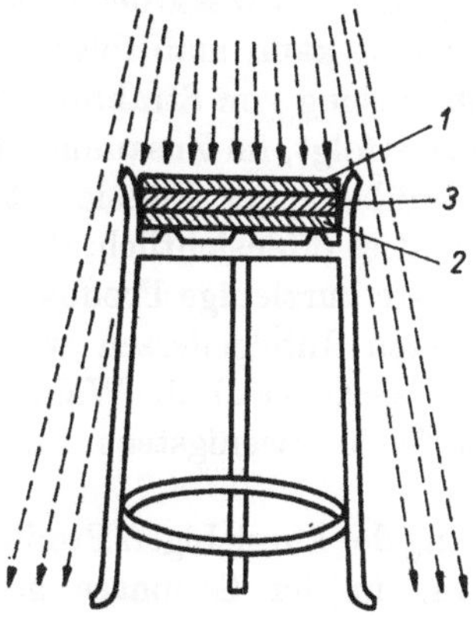

Abb. 107: Bestrahlung von Probenpaaren
1, 2 — Probe; *3* — 5 mm -Bleizwischenlage zwischen den Proben; Die Pfeile geben die Strömungsrichtung der Luft an.

geprüften Proben verschieden waren. Folglich kann der gleiche Korrosionseffekt bei diesen Proben nur durch die Wirkung der atmosphärischen Radiolyseprodukte erklärt werden, deren Konzentration an der Oberfläche beider Proben annähernd gleich sein muß. Da oben gezeigt worden war, daß die langlebigen Radiolyseprodukte nicht den gesamten Korrosionseffekt der Strahlung verursachen, kommt man im betrachteten Fall logisch zu dem Schluß, daß die kurzlebigen Produkte der radiolytischen Umwandlung der Atmosphärenkomponenten (Sauerstoff, Stickstoff) einen bestimmenden Einfluß ausüben.

Wenn man von der Hypothese der bestimmenden Rolle der kurzlebigen Radiolyseprodukte ausgeht, kann man die in Tab. 28 angeführten Versuchsergebnisse und auch das oben erwähnte Fehlen der Korrosion an der Stelle der Luftzuleitung zu der belüfteten Probe sehr leicht erklären. Offensichtlich ist an dieser Stelle, wo die frische Luft eintritt, die Konzentration an atmosphärischen Radiolyseprodukten sehr gering. Auf diese Weise zeigen die ausgeführten Versuche, daß die Verstärkung der atmosphärischen Metallkorrosion unter der Wirkung der Bestrahlung in der Hauptsache das Ergebnis der Änderung des Atmosphärenzustandes ist, also des Auftretens kurz- und langlebiger Radiolyseprodukte in der Atmosphäre. Besonders intensiv wirken die kurzlebigen Radiolyseprodukte. Der Wirkungsmechanismus der Radiolyseprodukte besteht nach unserer Ansicht darin, daß sowohl die langlebigen (O_3, NO) wie auch die kurzlebigen Produkte (O, OH, HO_2, NO_3) als aktive katodische Depolarisatoren den Ablauf des katodischen Prozesses katalysieren, indem sie die auf der Oberfläche der geprüften Metalle befindlichen Korrosionsmikroelemente zu einer verstärkten Arbeit befähigen. Gleichzeitig wird bei einer Reihe von Metallen, die zur anodischen Passivität neigen, durch die Erhöhung der Effektivität der Mikrokatoden die Korrosion nicht verstärkt, sondern unter bestimmten Bedingungen gehemmt. Diese Erscheinung kann bei der atmosphärischen Korrosion eintreten [164], was auch durch das Beispiel des Verhaltens von nichtrostendem Stahl in unseren Versuchen bekräftigt wird[1]).

Es kann die Frage gestellt werden, warum die kurzlebigen Radiolyseprodukte, die bei den Korrosionsprozessen der Metalle im Elektrolytvolumen eine unbedeutende Rolle spielen, eine so starke Einwirkung auf die Prozesse der atmosphärischen Korrosion aufweisen. Nach unserem Standpunkt kann man folgende Erklärung geben. Erstens sind — wie bekannt — bei Abbremsung von Strahlung mit niedriger Ionisationsdichte, wie sie in der Atmosphäre erfolgt, im Zusammenhang mit der geringen spezifischen Energieabsorption gegenüber einer Flüssigkeit die Hauptprodukte der Radiolyse Radikale. Zweitens ist es offensichtlich, daß in der gasförmigen Atmosphäre freie Radikale und andere kurzlebige Produkte infolge der großen Verdünnung der Gase länger existieren. Infolgedessen wird die Wahrscheinlichkeit eines Stoßes zwischen Radikalen geringer als die Wahrscheinlichkeit ihres Zusammenstoßes mit der Metalloberfläche (wenigstens für die an das Metall angrenzende Luftschicht).

Offenbar wird durch die zusätzliche Wirkung der kurzlebigen Produkte auch der bedeutendere Effekt der Strahlungswirkung in der Gasphase gegenüber der Flüssigkeit erklärt.

6.5. Allgemeine Charakteristik der Strahlungswirkung auf die atmosphärische Metallkorrosion

Durch die ausgeführten Untersuchungen wurde gezeigt, daß radioaktive Strahlung bei der Mehrzahl der Metalle den Prozeß der atmosphärischen Korrosion vielfach verstärkt. Auf experimentellem Weg wurde eine starke Korrosion in feuchter Atmosphäre (unter Strahlung) bei solchen Metallen wie Blei, Eisen, Kupfer, Nickel, Kobalt, Zink und Aluminium festgestellt. Sehr hohe Korrosionsbeständigkeit zeigten Gold und nichtrostender Stahl.

Die kritische Feuchtigkeit der Atmosphäre verschiebt sich unter Bestrahlung in das Gebiet von 15—30% relativer Feuchtigkeit und hängt von der absorbierten Dosisleistung ab.

Im allgemeinen erhöht sich die Korrosionsintensität mit zunehmender Bestrahlungsintensität. Wenn aber die im Metall absorbierte Energiedosis so groß ist, daß es zu einer Erwärmung des Metalls und damit zu einer Verhinderung der Bildung eines kondensierten Feuchtigkeitsfilms auf der Metalloberfläche kommt, so wird keine Verstärkung der Korrosion beobachtet. Diese kritische Dosis beträgt für

[1]) Die Gründe für die Katalysierung des katodischen Prozesses und der Mechanismus dieser Erscheinung werden in Kapitel 4. betrachtet.

Bleche aus Eisenmaterialien 10^{19} eV/cm^{3}sec. Die minimale Dosis an β- und γ-Strahlung, die eine merkliche Beschleunigung der Korrosion ergibt, ist 10^{14}eV/sec pro Liter Atmosphäre.

Die Auswertung der durchgeführten Untersuchungen gestattet, folgenden Mechanismus der Strahlungswirkung auf die Metallkorrosion unter atmosphärischen Bedingungen anzunehmen: Die Strahlung ändert im Prinzip den Mechanismus der atmosphärischen Korrosion nicht, die elektrochemischen Charakter trägt und auf der Metalloberfläche in einem dünnen, kondensierten oder adsorbierten Feuchtigkeitsfilm abläuft. Eine Verstärkung des Korrosionsprozesses unter Bestrahlung tritt infolge Bildung einer Reihe von Produkten strahlenchemischer Umwandlungen von Sauerstoff, Wasser und Stickstoff in der Atmosphäre ein. Diese sind in erster Linie kräftige Oxydationsmittel und starke katodische Depolarisatoren. Besonders starke Wirkung zeigen die kurzlebigen Radiolyseprodukte der Atmosphäre.

7. Einfluß der Strahlung auf die Metallkorrosion in halogen-organischen Systemen

Bei der Betrachtung der Strahlungswirkung auf die Metallkorrosion in wäßrigen Lösungen anorganischer Stoffe und unter den Bedingungen einer feuchten Atmosphäre wurde der große und oft bestimmende Einfluß aufgezeigt, den die Radiolyseprodukte des Korrosionsmediums auf den Verlauf der Korrosionsprozesse ausüben. Deshalb muß auch dann ein bedeutender Korrosionseffekt erwartet werden, wenn das Korrosionsmedium aus organischen Verbindungen besteht, die bei ihrer Radiolyse verschiedene, gegenüber den Metallen aggressive Stoffe bilden.

Im einzelnen ist bekannt, daß alle organischen Materialien bei Bestrahlung freie Radikale bilden, die zerstörenden Einfluß auf niedrigschmelzende Metalle, wie Blei, Zinn, Wismut und Antimon, ausüben. Natürlich kann man auf Grund der kurzen Lebensdauer der Radikale annehmen, daß nur ein geringer Teil von ihnen die Metalloberfläche erreicht und folglich von ihrer Einwirkung kein starker Korrosionseffekt zu erwarten ist. Tatsächlich wurde bei der Bestrahlung des Systems Blei—Kohlenwasserstoff mit schnellen Elektronen gefunden, daß weniger als 0,01% der Menge an flüchtigen Bleiverbindungen gebildet wurden, die bei Teilnahme aller Radikale an der Reaktion hätte erwartet werden müssen [2]. Ein anderer allgemeiner Effekt ist die Abscheidung von molekularem Wasserstoff mit einer Ausbeute von $G = 0{,}001 - 0{,}1$ für aromatische und $G = 1 - 5$ für aliphatische Verbindungen. Der abgeschiedene Wasserstoff kann zur Zerstörung von Zirkon infolge Hydridbildung und zur Bildung von Uranhydriden unter Bestrahlung führen. In Anbetracht dieser Gefahr wird die Verwendung von Zirkon und Uran in direktem Kontakt mit organischen Materialien (Kohlenwasserstoff) als unzulässig angesehen, obgleich die Experimente keine Beweise dafür geben, daß Strahlung die Reaktionsgeschwindigkeit der Hydrierung im Vergleich zum Einfluß der Erwärmung oder der Feuchtigkeit merklich erhöht [165]. Ester ergeben unter Bestrahlung Kohlensäure mit einer Ausbeute von $G = 3$, was auch für Kohlenwasserstoffe in Anwesenheit von Sauerstoff zutrifft.

Schließlich sind bei weitem nicht in allen Fällen irgendwelche bedeutenden Effekte zu erwarten. Kline und Mitautoren [166] berichten zum Beispiel, daß bei der Prüfung einer Reihe von Metallen in einer Reaktorschleife in Diphenyl, Isopropyldiphenyl und Ortho-meta-Terphenyl bei 360 °C keine bedeutende Wirkung der Strahlung auf die Korrosion der geprüften Metalle zu bemerken war (die Dosis der Bestrahlung mit schnellen Neutronen betrug $3{,}55 \cdot 10^{18}$ Neutronen/cm^2 und mit thermischen $7{,}10 \cdot 10^{19}$ Neutronen/cm^2).

Am gefährlichsten bezüglich der Korrosion sind bei Einwirkung von Strahlung verschiedene halogenhaltige organische Systeme. PERROT [167] verweist auf die Verstärkung der Metallkorrosion in Atomanlagen, in denen die Verwendung von Polytetrafluorätylen versucht wurde, das sich unter der Wirkung der Strahlung zersetzte und Flußsäure bildete, die die Metallkonstruktionen zerstörte. Unter Strahlungsbedingungen darf kein Freon (CCl_3F) als Kühlmittel verwendet werden. Versuche zeigten, daß sich in Freon die Oberfläche von nichtrostendem Stahl und von Kupfer bei einer Bestrahlungsdosis von $2{,}63 \cdot 10^{21}$ eV/cm^3 (schnelle Elektronen) mit einer Schicht von Salzen der Halogenwasserstoffsäuren überzog. Bei einer γ-Bestrahlungsdosis von $\sim 3{,}4 \cdot 10^8$ Röntgen korrodierten Aluminium und nichtrostender Stahl, die mit Vinylfarbe gestrichen waren. Dabei wurde der Anstrich offenbar durch die Wirkung von gebildetem Chlor und Salzsäure zerstört [2].

Die Gesetzmäßigkeiten der korrosiven Wirkung bei Bestrahlung halogenhaltiger organischer Stoffe werden nachfolgend am Beispiel des in unserem Labor untersuchten Tetrachlorkohlenstoffs dargelegt.

7.1. Einfluß der Strahlung auf die Korrosion der Metalle in Tetrachlorkohlenstoff

Unter gewöhnlichen Bedingungen weist Tetrachlorkohlenstoff praktisch keine korrosive Einwirkung auf die Mehrzahl der Metalle auf, obgleich er sich nach Literaturangaben unter der Wirkung verschiedener Faktoren (Licht, Wärme, Feuchtigkeit) unter Abspaltung von Salzsäure zersetzen kann. Jedoch ist die Menge dieser Säure so unbedeutend, daß sie keine wesentliche Rolle spielt [168 bis 172].

Besonders muß das Korrosionsverhalten von Aluminium in chlorhaltigen organischen Systemen beachtet werden. Die Autoren der Arbeiten [173] und [174] stellten bei Aluminium eine Induktionsperiode fest, nach deren Ablauf eine plötzliche und rasche Korrosion eintreten kann. Die Dauer der Induktionsperiode hängt von der Reinheit des Metalls, dem Oberflächenzustand, dem Vorhandensein einer Schutzschicht und anderen Faktoren ab. Wenn die Korrosion schon begonnen hat, erniedrigt das Vorhandensein der Schutzschicht die Korrosionsgeschwindigkeit nicht. Somit ist die Verwendung von Aluminium als Konstruktionsmaterial in solchen Medien potentiell gefährlich.

Es ist bekannt [175—177], daß ionisierende Strahlung zu einer Zersetzung des Tetrachlorkohlenstoffs und zur Bildung von freiem Chlor, Chloriden, sowie bei Vorhandensein wasserhaltiger Stoffe zum Auftreten von Salzsäure führt. Diese Angaben bildeten die Grundlage für die Annahme, daß Strahlung einen intensivierenden Einfluß auf die Metallkorrosion in Tetrachlorkohlenstoff ausüben wird. Die ausgeführten Versuche bekräftigen diese Annahme [178]. Die Prüfungen wurden in einer thermostatierten Glaszelle (offen und verschlossen; siehe Abb. 33) durchgeführt. Das Elektrolytvolumen in der Zelle betrug 130 *ml*. Als Strahlungsquelle wurde eine Röntgenanlage verwendet. Die in der Zelle absorbierte Dosisleistung der Strahlung betrug $0{,}37 \cdot 10^{16}$ eV/cm^{3}sec.

Die in dem bestrahlten System während einer zehnstündigen Prüfperiode absorbierte Strahlungsdosis war gleich $0{,}22 \cdot 10^{19}$ eV/cm^3.

Durch Berechnungen wurde festgestellt, daß der Hauptteil der Strahlung (99%) in der auf der Probe befindlichen Flüssigkeitsschicht (Dicke 0,5 cm) absorbiert wurde, so daß die Strahlung auf die Probenoberfläche praktisch nicht einwirkte.

Für die Prüfungen wurden Metallproben in der Form von Scheiben mit einem Durchmesser von 16 mm und einer Dicke von 0,8 bis 2,8 mm verwendet. Die Proben wurden mit feinem Schmirgel geschliffen und mit einem Tuch und einer wäßrigen Aluminiumoxidaufschlämmung poliert. Vor der Prüfung wurden sie mit Aceton gewaschen. Nach Beendigung der Bestrahlung wurde im wäßrigen Auszug die Chloridmenge gravimetrisch (Ausfällung mit Silber) und nephelometrisch bestimmt. Weiterhin wurde qualitativ auf das Vorhandensein von Phosgen und Chloroform geprüft. Die nephelometrische Bestimmungsmethode für Chlorid gestattete den Gehalt mit einer Genauigkeit bis zu 0,0001 g/l zu erfassen. Die korrodierte Menge wurde aus dem Gewichtsverlust der geprüften Proben nach Entfernung der Korrosionsprodukte mit Wasser und einem weichen Roßhaarpinsel ermittelt. Die Proben wurden auf einer Mikrowaage mit einer Empfindlichkeit von 10^{-5} g gewogen. Die auf Kupfer gebildete und fest mit dem Metall verbundene Schicht von Korrosionsprodukten wurde durch Ätzen mit 10%iger H_2SO_4 entfernt. Alle Prüfungen wurden bei 25 °C durchgeführt; die Versuchsdauer betrug 10 Stunden.

In der verschlossenen Zelle wurden an verschiedenen Metallen in ungetrocknetem Tetrachlorkohlenstoff unter Bestrahlung folgende Korrosionsgeschwindigkeiten in g/m^2 · h) bestimmt:

Titan	0,0057	Monelmetall	1,045
Aluminium	0,424	Stahl St 3	1,54
Zirkon	0,032	Kupfer	2,35

Nichtrostender Stahl:

Ch18N12M3T	0,789
1Ch18N9T	0,90

Ohne Bestrahlung waren die Gewichtsverluste dieser Metalle während der gleichen Zeit gleich Null.

Die angeführten Werte zeigen, daß alle Metalle, die in Tetrachlorkohlenstoff praktisch nicht korrodieren, mit Ausnahme von Titan und Zirkon, deren Korrosion unbedeutend ist, bei Bestrahlung einer ziemlich intensiven Korrosion unterliegen.

Interessanterweise korrodiert unter Bestrahlungsbedingungen Kupfer stärker als Stahl St 3. Auf verschiedenen Metallen wurden unlösliche Korrosionsprodukte erhalten. Besonders deutlich trat das auf Kupfer in Erscheinung, von dessen

Oberfläche die Schicht der Korrosionsprodukte sogar in 10%iger H_2SO_4 mit Schwierigkeiten entfernt werden konnte.

Wie schon gesagt wurde, waren die Proben in den Versuchen so angeordnet, daß die Strahlung ihre Oberfläche praktisch nicht erreichen konnte. In Kontrollversuchen, in denen die Proben einen Teil der Strahlungsenergie absorbierten, war keine Beschleunigung des Korrosionsprozesses (im Vergleich mit den Standardversuchen) zu bemerken. Deshalb kann man behaupten, daß die Verstärkung der Metallkorrosion in Tetrachlorkohlenstoff bei Einwirkung von ionisierender Strahlung das Ergebnis einer Zustandsänderung des Korrosionsmediums infolge seiner Radiolyse ist. Es ist offensichtlich, daß korrosiv am gefährlichsten der starke Korrosionsaktivator, das Chloridion, ist, das bei Bestrahlung von Tetrachlorkohlenstoff gebildet wird. Im Zusammenhang damit wurde eine Reihe von Versuchen durchgeführt, in denen die korrodierte Metallmenge mit der Chloridkonzentration im Tetrachlorkohlenstoff verglichen wurde.

Als Standardmetall für die Untersuchung der Gesetzmäßigkeiten des Korrosionsprozesses diente der Stahl 1 Ch 18 N 9 T als am weitesten verbreitetes Konstruktionsmaterial. Als Korrosionsmedium wurde gewöhnlicher Tetrachlorkohlenstoff und Tetrachlorkohlenstoff mit speziellen Wasserzusätzen verwendet. Nachfolgend wird das erste wegen der Kürze als Einphasen- (obwohl das auch nicht ganz exakt ist) und das zweite als Zweiphasensystem bezeichnet. Die unter verschiedenen Durchmischungsbedingungen in der offenen Zelle erhaltenen Ergebnisse sind in Tab. 21 angeführt. Zum Vergleich werden unten Versuchsergebnisse angegeben, die in der gleichen Zelle, aber ohne Bestrahlung erhalten wurden.

In 60 *ml* CCl_4 wurden folgende Mengen Chloridionen (in mg/cm³) festgestellt:

Ohne Probe:

ohne Durchmischung	0,0005
bei intensiver Durchmischung	0,0009
bei Zusatz von 20 *ml* H_2O und intensiver Durchmischung	0,0006

Bei *Anwesenheit einer Probe* des Stahls 1 Ch 18 N 9 T:

ohne Durchmischung	0,0025
bei intensiver Durchmischung	0,0021
bei Zusatz von 20 *ml* H_2 und intensiver Durchmischung	0,0031

(Die Korrosion der Proben war gleich Null)

Wie aus den angeführten Werten ersichtlich ist, ist die Menge der in dem wäßrigen Extrakt des unbestrahlten Tetrachlorkohlenstoffs bestimmten Chloridionen vernachlässigbar klein. Die Durchmischung und der Kontakt mit Wasser (Zweiphasensystem) beschleunigen den Prozeß der Chloridbildung nicht. Die Anwesenheit einer Metallprobe übt eine gewisse katalytische Wirkung aus, und die Menge an Chlorid erhöht sich dabei um das Drei- bis Fünffache. Jedoch ist diese Menge noch so klein, daß sie sich bei 10-stündiger Prüfung nicht in der Korrosion des Stahls 1 Ch 18 N 9 T äußert.

Aus den Angaben der Tab. 29 ist ersichtlich, daß ionisierende Strahlung den Chloridgehalt in Tetrachlorkohlenstoff stark (um drei Größenordnungen) erhöht. Auch die Korrosion der Metallproben wird merklich verstärkt, wobei im Falle des Einphasensystems die Korrosionsgeschwindigkeit in bestrahltem CCl_4 dem Chloridgehalt entspricht.

Tabelle 29

Einfluß der gebildeten Chloridionen auf die Korrosionsgeschwindigkeit von nichtrostendem Stahl 1 Ch 18 N 9 T im Einphasen- (60 ml CCl_4) und Zweiphasensystem (60 ml CCl_4 + 20 ml H_2O)
(Die Versuche wurden in einer offenen Zelle durchgeführt, die Versuchsdauer betrug 10 Stunden)

Versuchsbedingungen	Menge an Chlorid in 1 ml CCl_4, mg		Korrosionsverluste			
			g		g/m² · h	
	CCl_4	$CCl_4 + H_2O$	CCl_4	$CCl_4 + H_2O$ ***)	CCl_4	$CCl_4 + H_2O$
Ohne Durchmischung	1,46	2,51	0,011	0,0015	2,06	0,27
Mäßige Durchmischung*)	2,02	3,51	0,029	0,0020	5,30	0,37
Intensive Durchmischung**)	1,03	2,98	0,008	0,0003	1,51	—
Mäßige Durchmischung*) (ohne Probe)	2,17	3,56	—	—	—	—

*) Durchmischung mit 300—400 Umdrehungen/min. Die unteren Schichten (unterhalb des Niveaus der Rührerflügel) werden bei der Umwälzung der Gesamtflüssigkeit praktisch nicht mitgerissen.

**) Intensive Durchmischung mit mehr als 1000 Umdrehungen/min. Die gesamte Flüssigkeit befindet sich in der Form einer einheitlichen Emulsion.

***) Die Korrosion ist für die Probe angegeben, die in CCl_4 eintauchte; die Korrosion der in Wasser befindlichen Probe war gleich Null.

Eine mäßige Durchmischung begünstigt die Bildung von Chlorid sowohl im Einphasen- wie auch im Zweiphasensystem, in dem sie die Abführung der Radiolyseprodukte aus der Bestrahlungszone erleichtert.

Etwas unerwartet erscheint die Erniedrigung der gebildeten Chloridmenge bei intensiver Durchmischung des Einphasen- und Zweiphasensystems. Für das Zweiphasensystem kann dieses damit erklärt werden, daß Wasser mit Tetrachlorkohlenstoff eine homogene Emulsion bildet und nach Eintritt in die Bestrahlungszone einen Teil der Röntgenstrahlenergie absorbiert. Der von Tetrachlorkohlenstoff absorbierte Energieanteil fällt in diesem Fall auf 82%, was entsprechend die Menge der gebildeten Chloridionen erniedrigt. Berechnungen bestätigen diese Situation vollständig. Tatsächlich ist aus den Angaben der Tab. 29 ersichtlich, daß die im Zweiphasensystem bei intensiver Durchmischung gebildete Chloridmenge 84,7% der bei mäßiger Durchmischung beobachteten Menge entspricht.

Die Erniedrigung der Chloridmenge bei intensiver Durchmischung des Einphasensystems hängt offenbar mit der erleichterten Entfernung der gasförmigen Radiolyseprodukte aus der Lösung zusammen. Darüber wird Näheres weiter unten ausgeführt.

Das Vorhandensein metallischer Proben in dem bestrahlten Tetrachlorkohlenstoff übt keine sichtbare katalytische Wirkung auf die Bildung von Chloridionen aus (siehe Tab. 29), was auch bei Abwesenheit von Strahlung beobachtet wurde. Das bedeutet jedoch nicht, daß bei Bestrahlung keine katalytische Wirkung auftritt, aber offensichtlich ist sie unbedeutend im Vergleich zu der Strahlungswirkung und äußert sich in den Versuchsergebnissen praktisch nicht.

Es ist interessant, daß die Korrosionsgeschwindigkeit von in die organische Phase (im Zweiphasensystem) eintauchenden Proben ungeachtet der allgemeinen Zunahme der Chloridmenge geringer ist als im Einphasensystem. Das erklärt sich aus der Konzentrationsabnahme der Chloridionen in der organischen Phase, weil ihr überwältigender Teil in die wäßrige Phase übergeht, die nach der Bestrahlung 9—10 g/l Chloridionen enthält. Proben des Stahls 1 Ch 18 N 9 T korrodieren in einer solchen wäßrigen Phase praktisch nicht (in 10 Stunden).

Eine Reihe von Beobachtungen zeigen, daß nicht nur der Zustand des organischen Mediums die Metallkorrosion in Tetrachlorkohlenstoff unter Bestrahlung beeinflußt, sondern auch die Zusammensetzung der Atmosphäre in dem Reaktionsgefäß. Die Ergebnisse der Versuche zur Aufklärung des Einflusses des Atmosphärenzustandes auf die Korrosion des Stahls 1 Ch 18 N 9 T sind in Tab. 30 angeführt. Diese Ergebnisse weisen auf den bestimmenden Einfluß des Wassers bei dem betrachteten Korrosionsprozeß hin. Bei Abwesenheit von Feuchtigkeit tritt keine

Tabelle 30

Strahlungswirkung auf die Bildung von Chlorid und auf die Korrosionsbeständigkeit des Stahls 1 Ch 18 N 9 T in Stickstoffatmosphäre und Luft unter verschiedenen Bedingungen
(Die Versuche wurden in der verschlossenen Zelle ohne Durchmischung der Lösung ausgeführt)

Versuchsbedingungen	Chloridmenge mg/ml	Korrosionsverluste	
		g	$g/m^2 \cdot h$
CCl_4 + feuchte Luft	1,46*)	0,011*)	2,06*)
	1,54	0,0048	0,90
CCl_4 + feuchter Stickstoff	—	0,0020	0,36
Trockenes CCl_4 + trockener Stickstoff	0,814	0,0004	—
Trockenes CCl_4 + trockene Luft	1,06	0,0004	—

*) Versuch wurde in der offenen Zelle durchgeführt.

Korrosion der Proben ein. Bei Anwesenheit von Feuchtigkeit ist die Korrosion um so stärker, je leichter der Sauerstoff Zugang zu den korrodierenden Proben hat. So korrodierten die Proben in dem offenen Gefäß stärker als in dem geschlossenen. Die Korrosion war minimal, wenn die Luft durch Stickstoff ersetzt worden war.

Die festgestellte Abhängigkeit der Korrosion des Stahls 1Ch18N9T von der Anwesenheit von Feuchtigkeit und Chlorid im bestrahlten System führt zu der Schlußfolgerung, daß der Metallkorrosionsprozeß in Tetrachlorkohlenstoff unter Bestrahlung elektrochemischen Charakter trägt und in der Schicht wäßriger Salzsäurelösung, die sich im Ergebnis der Bestrahlung bildet, abläuft. Von diesem Standpunkt aus wird die stimulierende Wirkung des Sauerstoffs verständlich, die offensichtlich mit einer Katalysierung des katodischen Prozesses erklärt werden kann. Bei Ersatz der Luft durch Stickstoff übernehmen die in feuchtem Tetrachlorkohlenstoff gebildeten, sauerstoffhaltigen Radiolyseprodukte (z. B. OH, HO_2 u. a.) die Rolle des katodischen Depolarisators. Durch dieBildung energischer katodischer Depolarisatoren kann offensichtlich auch die festgestellte Verstärkung der Kupferkorrosion erklärt werden, die, wie bekannt, sehr empfindlich gegenüber Oxydationsmitteln ist. In Kapitel 5. wurde gezeigt, daß die Kupferkorrosion in Salzsäure besonders infolge der oxydativen Radiolysekomponente anwächst.

Zur klareren Darstellung des Mechanismus der ablaufenden Vorgänge muß man eine vollständigere Vorstellung davon geben, was sich im Tetrachlorkohlenstoff unter der Strahlungswirkung ereignet.

In der Literatur [175—177] wird die Möglichkeit des Ablaufs folgender Reaktionen in Tetrachlorkohlenstoff unter der Wirkung von β- und γ-Strahlung angeführt:

$$CCl_4 + e \rightarrow CCl + Cl_2 + Cl^-, \tag{7.1}$$

$$CCl_4 \rightsquigarrow CCl_3 + Cl^*, \tag{7.2}$$

$$CCl_4 + Cl^* \rightarrow CCl_3 + Cl_2, \tag{7.3}$$

$$2\,CCl_3 \rightsquigarrow C_2Cl_6, \tag{7.4}$$

$$CCl_4 \rightarrow CCl_2 + Cl_2, \tag{7.5}$$

$$CCl_4 + e \rightarrow CCl_3 + Cl^-. \tag{7.6}$$

Außerdem können die Hydrolyse- und die Oxydationsreaktion des Tetrachlorkohlenstoffs, die auch ohne Strahlung ablaufen, intensiviert werden. So verläuft bei einer ausreichenden Feuchtigkeitsmenge die Reaktion der Bildung von Salzsäure und Kohlendioxid:

$$CCl_4 + 2\,H_2O \rightarrow CO_2 + 4\,HCl, \tag{7.7}$$

bei ungenügender Feuchtigkeit — die Bildung von Salzsäure und Phosgen:

$$CCl_4 + H_2O \rightarrow COCl_2 + 2\,HCl. \tag{7.8}$$

Bei Abwesenheit von Feuchtigkeit verläuft eine Reaktion unter Entwicklung von Phosgen und freiem Chlor:

$$2\,CCl_4 + O_2 \rightarrow 2\,COCl_2 + 2\,Cl_2. \tag{7.9}$$

Bei Kontakt des Tetrachlorkohlenstoffs mit Eisen ist die Bildung von metallorganischen Verbindungen möglich, die durch Wasser unter Chloroformbildung hydrolysiert werden:

$$CCl_4 + Fe \rightarrow Cl{-}Fe{-}CCl_3, \tag{7.10}$$

$$Cl{-}Fe{-}CCl_3 + H_2O \rightarrow CHCl_3 + Cl{-}Fe{-}OH. \tag{7.11}$$

Phosgen und Chloroform hydrolysieren bei Kontakt mit Wasser unter Bildung von Salzsäure:

$$CHCl_3 + H_2O \rightarrow 3\,HCl + CO, \tag{7.12}$$

$$COCl_2 + H_2O \rightarrow 2\,HCl + CO_2. \tag{7.13}$$

Schließlich können beim Vorhandensein von Feuchtigkeit Reaktionen zwischen den Radiolyseprodukten des Wassers und des Tetrachlorkohlenstoffs ablaufen, wie z. B.:

$$CCl_4 + 2\,OH \rightarrow COCl_2 + H_2O + Cl_2, \tag{7.14}$$

und anschließend kann das Phosgen nach der Reaktion (7.13) zerlegt werden. Salzsäure kann auch nach der Reaktion

$$H + Cl^* \rightarrow HCl \tag{7.15}$$

gebildet werden. In unseren Versuchen wurde kein Chloroform nachgewiesen. Phosgen wurde nur im Einphasensystem bei Anwesenheit von Feuchtigkeit oder Sauerstoff festgestellt. Im Zweiphasensystem wurde Phosgen offenbar momentan in der wäßrigen Phase absorbiert und zersetzt. Somit konnte unter Bestrahlung die Bildung von Chloroform und folglich auch das Eintreten von Reaktion (7.11) nicht bestätigt werden.

Durch die Versuche, deren Ergebnisse in Tab. 31 angeführt sind, wurde festgestellt, daß bei der Bestrahlung von Tetrachlorkohlenstoff nicht nur Phosgen gebildet wird, sondern auch andere Radiolyseprodukte entstehen, die durch Wasser zu Salzsäure hydrolysiert werden. Ein Teil dieser Produkte wurde in Form flüchtiger, gasförmiger Stoffe nachgewiesen, wobei ihre Zusammensetzung nicht festgestellt werden konnte.

Wie aus Tab. 31 ersichtlich, ändert sich das Verhältnis der gasförmigen und in Tetrachlorkohlenstoff löslichen Radiolyseprodukte, die mit Wasser unter Bildung von Chlorid hydrolysieren, bedeutend in Abhängigkeit von den Bedingungen des Mediums. So erreicht bei Abwesenheit von Sauerstoff und Feuchtigkeit die aus dem bestrahlten System in die Gasphase entweichende Chloridmenge 30,7% der gesamten, in dem System gebildeten Chloridmenge. Bei Bestrahlung von

Tabelle 31

Chloridmenge (in mg/cm³ CCl_4), die bei Bestrahlung einer Probe des Stahls 1Ch18N9T in trockenem Tetrachlorkohlenstoff gebildet wird
(Die Versuche wurden in der verschlossenen Zelle ohne Durchmischung ausgeführt)

Atmosphäre	Aus der Gasphase*)	In den Hydrolyseprodukten aus der organischen Phase	In den Korrosionsprodukten	Summe	Nach Hydrolyse der Gasphase, % der Gesamtmenge
Ungetrocknete Luft	0,0029	1,381	0,089	1,473	0,2
Trockener Stickstoff	0,251	0,555	0,0095	0,816	30,7
Feuchte Luft**)	0,0014	1,800	0,013	1,814	0,08

*) Die gasförmigen Radiolyseprodukte wurden nach dem Versuch mit einem Überschuß von CCl_4 in Wasser gedrückt, das dann auf den Cl^--Gehalt untersucht wurde. Die Chloridionen wurden auch in der flüssigen Phase bestimmt, d. h. in CCl_4 und $CCl_3 + H_2O$.

**) Die Versuche wurden in $CCl_4 + H_2O$ durchgeführt.

Tetrachlorkohlenstoff in Luft befindet sich die Hauptmenge der unter Bildung von Chlorid hydrolysierenden Radiolyseprodukte in der organischen Phase.

Aus dem Gesagten folgt, daß eine intensive Durchmischung des Tetrachlorkohlenstoffs bei Bestrahlung die Chloridmenge in dem bestrahlten Produkt sinken muß, da die gasförmigen Radiolyseprodukte aus der organischen Phase entfernt werden, bevor sie hydrolysieren können. Das wurde auch in den in Tab. 29 angeführten Versuchen bemerkt. Bei intensiver Durchmischung wurde insbesondere eine reichliche Abscheidung von Phosgen in die Gasphase beobachtet. Es muß noch vermerkt werden, daß die Chloridmenge in dem wäßrigen Auszug des bestrahlten Tetrachlorkohlenstoffs größer als die Menge Salzsäure ist, die in dem gegebenen Volumen Tetrachlorkohlenstoff gelöst werden kann.

Die von uns durchgeführten Versuche zur Sättigung von Tetrachlorkohlenstoff mit konzentrierter Salzsäure (unter Durchmischung) zeigten, daß nach der Trennung der Säure von der organischen Phase in letzterer 0,023 mg HCl in 1 m*l* CCl_4 enthalten sind.

Nach Ausschütteln der HCl aus bestrahltem CCl_4 mit Wasser erhielten wir im wäßrigen Extrakt 2,5–3,5 mg pro 1 m*l* CCl_4, was nach obigen Angaben die in Tetrachlorkohlenstoff lösliche Menge um mehr als zwei Größenordnungen übersteigt. Dieses Ergebnis wird dadurch erklärt, daß die Analysenwerte des wäßrigen

Auszugs nicht nur die im CCl_4 nach der Bestrahlung enthaltenen Chloridionen umfassen, sondern auch die Chloridionen, die durch Zersetzung schnell hydrolysierbarer Radiolyseprodukte des CCl_4 durch das Waschwasser, bzw. im Zweiphasensystem durch die wäßrige Phase, gebildet werden.

Es wurde weiterhin festgestellt, daß nach Beendigung der Strahlungseinwirkung in dem bestrahlten Tetrachlorkohlenstoff ein Bildungsprozeß von Verbindungen abläuft, die unter Entstehung von Salzsäure leicht hydrolysiert werden können. Ein analoger Nachwirkungseffekt der Strahlung wurde von verschiedenen Autoren [180—182] in Versuchen mit organischen Lösungsmitteln entdeckt. Der Nachwirkungseffekt der Strahlung auf die Bildung von Chlorid wurde von uns durch direkte Bestimmung des Chlorids in der bestrahlten Lösungsichergestellt.

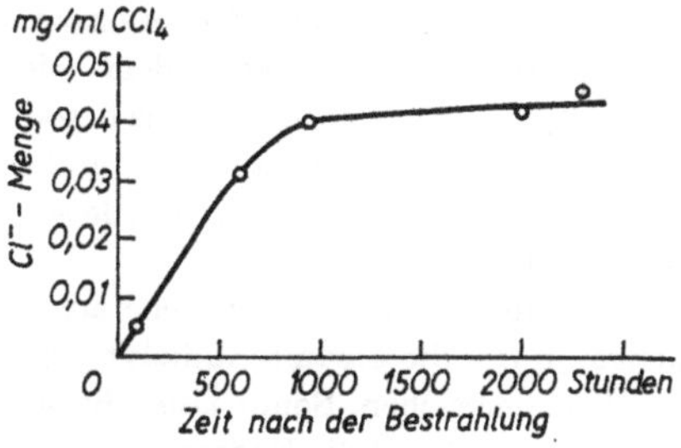

Abb. 108: Anreicherung von Chloridionen in CCl_4 nach der Bestrahlung

Dazu wurden aus bestrahltem Tetrachlorkohlenstoff durch fünfmaliges Waschen mit Wasser unter Durchmischung die Chloridionen und die leicht durch Wasser hydrolysierbaren Radiolyseprodukte entfernt. Der gewaschene Tetrachlorkohlenstoff wurde zusammen mit einer wäßrigen Fraktion aufbewahrt, aus der periodisch Proben zur Chloridbestimmung entnommen wurden. Die Versuchsergebnisse sind in Abb. 108 dargestellt. Aus ihnen geht hervor, daß der Strahlungsnachwirkungseffekt ziemlich andauernd ist, obwohl er doch mit der Zeit erlischt.

7.2. Allgemeine Charakteristik des Strahlungseinflusses auf die Metallkorrosion in tetrachlorkohlenstoffhaltigen Systemen

Unter Verallgemeinerung der obigen Darlegungen kann man die Gesetzmäßigkeiten des Korrosionsverhaltens der Metalle in bestrahltem Tetrachlorkohlenstoff auf folgende Weise charakterisieren.

1. Die Korrosion von verschiedenen Metallen in wäßrigen Systemen bei Anwesenheit von Tetrachlorkohlenstoff wird bei Einwirkung ionisierender Strahlung im Ergebnis der Wirkung von Radiolyseprodukten, von denen am aktivsten Salzsäure und verschiedene Arten von Oxydationsmitteln sind, bedeutend verstärkt.

2. Im Prozeß der Salzsäurebildung spielen die im Tetrachlorkohlenstoff unter Strahlungseinwirkung gebildeten, instabilen Radiolyseprodukte eine große Rolle.

Eines dieser Produkte ist Phosgen, dessen Anwesenheit nachgewiesen wurde. Gleichzeitig entsteht eine Reihe anderer Chloridbildner (deren Zustand nicht bestimmt werden konnte), die bei Einwirkung von Feuchtigkeit ebenfalls mit unterschiedlicher Geschwindigkeit unter Bildung von Salzsäure hydrolysieren.

3. Bestimmende Bedeutung für den Ablauf des Korrosionsprozesses hat die Anwesenheit von Feuchtigkeit in dem bestrahlten System. Dabei sind sogar solche geringen Mengen, wie sie in der Atmosphäre in der Form von Wasserdampf und in Tetrachlorkohlenstoff als Spuren vorliegen, ausreichend, um eine Korrosion von Metallproben unter Bestrahlung hervorzurufen. Bei Bestrahlung von feuchtem Tetrachlorkohlenstoff entsteht in ihm Salzsäure im Ergebnis der Hydrolyse instabiler, chloridbildender Radiolyseprodukte. Gleichzeitig ist auch die unmittelbare Reaktion zwischen den Radiolyseprodukten des Wassers und organischen Molekülen möglich, die zur Bildung von Chlorwasserstoff führt, der unter Reaktion mit den Wassermolekülen Salzsäure ergibt. Man kann annehmen, daß auf der Oberfläche des in den feuchten Tetrachlorkohlenstoff eintauchenden Metalls bevorzugt Wasser oder — wahrscheinlicher — Salzsäurelösung adsorbiert wird, wodurch die Bildung von Korrosionsprodukten begünstigt wird. Somit realisiert sich der Korrosionsprozeß nach dem elektrochemischen Mechanismus in einem dünnen Wasserfilm auf der Metalloberfläche. Als katodischer Depolarisator wirkt unter diesen Bedingungen außer Wasserstoff der Sauerstoff und seine Radiolyseprodukte. Tatsächlich beschleunigt der Luftsauerstoff — wie gezeigt wurde — die Metallkorrosion in Tetrachlorkohlenstoff unter Bestrahlung.

4. Die Konzentration der Salzsäure in der auf der Metalloberfläche adsorbierten Schicht kann auf Grund der geringen Wassermenge, in der die gesamte radiolytisch gebildete Chlorwasserstoffmenge gelöst wird, sehr hohe Werte erreichen. Somit läuft die Metallkorrosion in bestrahltem Tetrachlorkohlenstoff ihrem Wesen nach auf die Korrosion der Metalle in gut belüfteter Salzsäure hinaus.

5. Aus obigen Darlegungen ergeben sich Methoden zur Bekämpfung der durch Strahlung in tetrachlorkohlenstoffhaltigen Systemen hervorgerufenen Metallkorrosion. Am radikalsten wirkt die Anwendung vollkommen trockener Systeme (getrocknetes CCl_4 + trockene Luft), wodurch die Möglichkeit der Salzsäurebildung verhindert wird. Ein anderer Weg ist die Herabsetzung der Konzentration der gebildeten Säure durch Zugabe einer größeren Wassermenge, die nach Maßgabe der in ihr angereicherten Salzsäure während des Arbeitsprozesses ausgetauscht wird.

Die durchgeführten Versuche zeigten weiterhin, daß es Metalle gibt, die in bestrahltem Tetrachlorkohlenstoff (bei Normaltemperatur) auch ohne die oben beschriebene Behandlung des Korrosionsmediums beständig sind. Solche Metalle sind Zirkon und besonders Titan. Nichtrostender Stahl kann nur unter der Bedingung des oben beschriebenen periodischen Auswaschens des Tetrachlorkohlenstoffs verwendet werden.

6. Die mögliche Korrosion der Metalle in Tetrachlorkohlenstoff infolge Bildung metallorganischer Verbindungen wurde nicht bestätigt. Die Analyse der Korrosionsprodukte auf Kupferproben ergab eine geringe Menge (Hundertstel Prozent) von Kohlenstoff in ihrer Zusammensetzung. Davon zeugt auch das Fehlen von Chloroform in den Radiolyseprodukten von Tetrachlorkohlenstoff.

8. Literatur

[1] J. A. FRIEND: J. Chem. Soc. **119**, 466 (1921)

[2] J. J. STOBBS, A. J. SWALLOW: Metallurg. Rev. **7**, N 25, 95 (1962)

[3] L. LINTNER, E. NACHTIGALL, E. SCHMID: Metall **11**, N1, 31, (1957)

[4] Dž. DINS, Dz. VINJARD: „*Strahlungseffekte in Festkörpern*", M., IL, 1960

[5] S. T. KONOBEEVSKIJ: Sammelband „*Wirkung von Kernstrahlung auf Materialien*", M., Verlag AN SSSR, 1962, Seite 5

[6] Van BJUREN: „*Defekte in Kristallen*" (Übersetzung aus dem Englischen), M., IL, 1962, Seite 218

[7] A. J. ZACHAROV: UFN, **57**, Heft 4, 525 (1955)

[8] F. SEITZ: Disc. Faraday Soc. **5**, 271 (1949); Bull. Am. Phys. Soc. **30**, 17 (1955)

[9] J. A. BRINKMAN: J. Appl. Phys. **25**, 961 (1954)

[10] Dines: Sammelband „*Metallurgie der Kernenergetik und Strahlungswirkung auf Materialien*". Vorträge ausländischer Wissenschaftler auf der Internationalen Konferenz zur friedlichen Nutzung der Atomenergie. M., Metallurgizdat, 1956, Seite 467

[11] S. T. KIŠKIN: „*Einfluß von Bestrahlung auf Struktur und Eigenschaften von Konstruktionsmetallen*, M., Oborongiz, 1958

[12] S. T. KONOBEEVSKIJ, V. I. KUTAJCEV, N. F. PRAVDJUK: Sammelband „*Untersuchungen auf den Gebieten der Geologie, Chemie und Metallurgie*". Vorträge der sowjetischen Delegation auf der Internationalen Konferenz zur friedlichen Nutzung der Atomenergie. M., Verlag AN SSSR, 1955, Seite 276

[13] N. F. PRAVDJUK, S. T. KONOBEEVSKIJ, A. D. AMAEV, Ju. N. POKROVSKIJ: „*Arbeiten der II. Internationalen Konferenz zur friedlichen Nutzung der Atomenergie*" (Vorträge sowjetischer Wissenschaftler), Band 3, M., Atomizdat, 1959, Seite 610

[14] T. H. BLEWIT, R. R. COLTMAN: Phys. Rev. **85**, 384 (1952)

[15] V. K. ZAVOJSKIJ, B. V. ERŠLER: Sitzung der Akademie der Wissenschaften der UdSSR zur friedlichen Nutzung der Atomenergie. (1.—5. Juli 1955). Abteilung physikalisch-mathematische Wissenschaften. M., Verlag AN SSSR, 1955, Seite 362

[16] G. W. CALLENDINE, Jr. VIRGINIA, C. RIDOLFO, M. L. POOL: Phys. Rev. **86**, 642 (1952)

[17] J. FLEEMAN: Phys. Rev. **91**, 237 (1953)

[18] M. B. REYNOLDS, J. R. LAW, L. O. SULIVAN: J. Metal. **7**, 555 (1955)

[19] E. I. HART, I. W. BOOG: J. Am. Chem. Soc. **84**, 4090 (1962)

[20] P. I. DOLIN: Chim. nauka i promyšl. **4**, 516 (1959)

[21] A. K. PIKAEV: „*Impulsradiolyse des Wassers und wäßriger Lösungen*". M., Verlag „Nauka", 1965

[22] A. O. ALLEN: J. Phys. Coll. Chem. **52**, 479 (1948); Disc. Faraday Soc. **12**, 79 (1952)

[23] A. O. ALLEN, R. A. HOLROYD: J. Am. Chem. Soc. **77**, 5852 (1955)

[24] C. J. HOCHANADEL: J. Phys. Chem. **56**, 587 (1952)

[25] J. A. Ghormley: Rad. Research 5, 247 (1956)
[26] G. Czapski, B. Bielski: J. Phys. Chem. 67, 2180 (1963)
[27] A. K. Pikaev, P. Ja. Glazunov: *„Arbeiten der Taschkenter Konferenz zur friedlichen Nutzung der Atomenergie"*, Band 1, Verlag AN Uzb. SSR, Taschkent, 1961, Seite 354
[28] G. V. Akimov: *„Theorie und Untersuchungsmethoden der Metallkorrosion"* M.-L., Verlag AN SSSR, 1952
[29] G. V. Akimov: *„Grundlagen der Lehre von der Korrosion und dem Schutz der Metalle"*. M., Metallurgizdat, 1946
[30] N. D. Tomašov: *„Theorie der Korrosion mit Sauerstoffdepolarisation"*, M.-L., Verlag AN SSSR, 1947
[31] N. D. Tomašov: *„Theorie der Metallkorrosion"*, M., Metallurgizdat, 1952
[32] N. D. Tomašov: *„Theorie der Korrosion und des Schutzes der Metalle"*, M., Verlag AN SSSR 1959
[33] I. L. Rozenfel'd: *„Korrosionsinhibitoren in neutralen Medien"*; M., Verlag AN SSSR, 1953
[34] I. L. Rozenfel'd: *„Atmosphärische Korrosion der Metalle"*, M., Verlag AN SSSR, 1960
[35] A. J. Golubev: *„Korrosionsprozesse an realen Mikroelementen"*, M., Oborongiz, 1953
[36] Ju. P. Evans: *„Korrosion, Passivität und Schutz der Metalle"*, M., Metallurgizdat, 1941
[37] V. J. Spicyn, K. N. Janduškin, S. A. Balezin. I. M. Kulešov: Dokl. AN SSSR 143, 1406 (1962)
[38] K. N. Janduškin, S. A. Balezin, V. I. Spicyn: Dokl. AN SSSR 147, 155 (1962)
[39] D. N. Ziv, I. A. Èvros: Atomnaja Ènergija 4, 293 (1958)
[40] A. B. McIntosh: Chem. Ind. 22, 687 (1957)
[41] E. G. Komar: *„Beschleuniger geladener Teilchen"*, M., Atomizdat, 1964
[42] A. K. Val'ter u. a.: *„Elektrostatische Beschleuniger geladener Teilchen"*, M., Atomizdat, 1963
[43] P. Ja. Glazunov, G. B. Radzievskij: Sammelband *„Wirkung ionisierender Strahlung auf anorganische und organische Systeme"*, M., Verlag AN SSSR, 1958, Seite 395
[44] V. V. Gončarov u. a.: *„Arbeiten der II. Internationalen Konferenz zur friedlichen Nutzung der Atomenergie"* (Vorträge sowjetischer Wissenschaftler), Band 2., M., Atomizdat, 1959, Seite 243
[45] V. J. Zatulovskij, D. J. Narjadčikov: Sammelband *„Wirkung ionisierender Strahlung auf anorganische und organische Systeme"*, M., Verlag AN SSSR, 1958, Seite 406
[46] V. I Zatulovskij, N I Vituškin, D. J. Narjadčikov. V. I. Petrovskij: *„Arbeiten der I. Allunionstagung über Strahlenchemie"*; M., Verlag AN SSSR, 1958, Seite 313
[47] I. V. Vereščinskij, A. K. Pikaev: *„Einführung in die Strahlenchemie"*, M., Verlag AN SSSR, 1963
[48] P. V. Porojkov: *„Röntgenometrie"*, Gostechteoretizdat, M., 1950
[49] G. Moler: Sammelband *„Strahlenchemie"* (Übersetzung aus dem Deutschen und Englischen), M., Gosatomizdat, 1963, Seite 9
[50] A. V. Bjalobžeskij. V. D. Val'kov. Atomnaja Ènergija 5, 68 (1958)
[51] K. K. Aglincev: *„Grundlagen der Dosimetrie ionisierender Strahlung"*, M., Medgiz, 1954
[52] P. Merrej: *„Einführung in die Kerntechnik"*, M., IL, 1955
[53] P. Eger. *„Dosimetrie und Strahlenschutz"* (Übersetzung aus dem Deutschen). M., Atomizdat, 1961
[54] M. N. Fokin, T. V. Matveeva, N. D. Tomašov. A. V. Bjalobžeskij, V. D. Val'kov *„Arbeiten der I. Allunionstagung über Strahlenchemie"*, M., Verlag AN SSSR, 1958, Seite 150

[55] A. V. Bjalobžeskij, V. D. Val'kov: Sammelband „*Untersuchungen über die Korrosion der Metalle*", Nr. 5. Arbeiten des Instituts für Physikalische Chemie der Akademie der Wissenschaften der UdSSR, Heft 7, M., Verlag AN SSSR, Seite 119

[56] B. L. Cetlin, N. G. Zajceva, V. N. Korbut, V. I. Kargin: Sammelband „*Wirkung ionisierender Strahlung auf anorganische und organische Systeme*", M., Verlag AN SSSR, 1958, Seite 362

[57] A. V. Bjalobžeskij, V. D. Val'kov: Atomnaja Ėnergija **10**, 525 (1961)

[58] Das mineralokeramische Instrumentenmaterial CM-332. Allunionskontor für technische Unterstützung bei der Anwendung fester Legierungen. M., Metallurgizdat 1957

[59] V. D. Val'kov: Sammelband „*Untersuchungen über die Korrosion der Metalle*", Nr. 5, Arbeiten des Instituts für physikalische Chemie der Akademie der Wissenschaften der UdSSR, Heft 7, Verlag AN SSSR, 1959, Seite 139

[60] A. V. Bjalobžeskij: ebenda, Seite 133

[61] I. V. Šatalov, V. A. Nikitina: „*Arbeiten der II. Internationalen Konferenz zur friedlichen Nutzung der Atomenergie*" (Vorträge sowjetischer Wissenschaftler), Band 3, M., Atomizdat, 1953, Seite 636

[62] M. T. Simnad: „*Effects of Radiation on Materials*", N. Y., 1958, Seite 126

[63] V. V. Gerasimov, V. N. Aleksandrova: Atomnaja Ėnergija **10**, 164 (1961)

[64] V. N. Veselovskij: Sammelband „*Untersuchungen auf den Gebieten der Geologie, Chemie und Metallurgie*", Vorträge der sowjetischen Delegation auf der Internationalen Konferenz zur friedlichen Nutzung der Atomenergie. M., Verlag AN SSSR, 1955, Seite 320

[65] C. N. Zalkind, V. N. Veselovskij: „*Sammlung von Arbeiten über Strahlenchemie*", M., Verlag AN SSSR, 1955, Seite 66

[66] C. N. Zalkind, V. N. Veselovskij, G. Z. Gočaliev: „*Arbeiten der I. Allunionstagung über Strahlenchemie*", M., Verlag AN SSSR, 1958, Seite 123

[67] C. N. Zalkind, V. N. Veselovskij: Sammelband „*Wirkung ionisierender Strahlung auf anorganische und organische Systeme*", M., Verlag AN SSSR, 1958, Seite 66

[68] W. E. Clark: J. Electrochem. Soc. **105**, 483 (1958)

[69] D. V. Kokoulina, P. I. Dolin, A. N. Frumkin: Dokl. AN SSSR **132**, 880 (1960)

[70] F. S. Feates: Trans. Faraday Soc. **56**, 1671 (1960)

[71] S. D. Levina, T. V. Kališ: Dokl. AN SSSR **130**, 573 (1960)

[72] V. N. Veselovskij, M. B. Miller, D. M. Šub: „*Sammlung von Arbeiten über Strahlenchemie*", M., Verlag AN SSSR, 1955, Seite 49

[73] I. L. Rozenfel'd, E. K. Oše: Dokl. AN SSSR **125**, 139 (1959)

[74] K. N. Janduškin: Dissertation. M., MGPI „V. I. Lenin" und IFCh AN SSSR, 1963

[75] I. L. Rozenfel'd, E. K. Oše: Dokl. AN SSSR **114**, 143 (1957)

[76] I. L. Rozenfel'd, E. K. Oše: Sammelband „*Wirkung ionisierender Strahlung auf anorganische und organische Systeme*", M., Verlag AN SSSR, 1958, Seite 103

[77] V. D. Val'kov, A. V. Bjalobžeskij: Sammelband „*Korrosion von Metallen und Legierungen*", M., Metallurgizdat 1963, Seite 298

[78] E. M. Zareckij, A. M. Tumanov: „*Anodische Oxydation von Aluminiumlegierungen*", M., Oborongiz, 1950

[79] J. E. Draley, W. E. Ruther: Corrosion **12**, 441 (1956)

[80] A. V. Bjalobžeskij: Dokl. AN SSSR **152**, 899 (1963)

[81] D. A. Vermilyea: J. Electrochem. Soc. **104**, 212 (1957)

[82] M. Simnad, R. Smoluchovski: J. Chem. Phys. **23**, 1961 (1955)

[83] R. Smoluchovski: „*Radiation effects in solids*", Radiation research Supplement. N. Y., 1959, Seite 26

[84] M. C. Wittels, F. A. Sherrill: J. Appl. Phys. **27**, 643 (1956)

[85] J. Adam, B. Cox: J. Nuclear Energy, part A, **11**, N 1, 31 (1959)

[86] U. F. Gianola: J. Appl. Phys. **28**, 868 (1957)

[87] N. F. Pravdjuk, V. M. Goljanov: „*Radiationdamage in Solids*", Symposium on radiaton damage in solids (Venice, 1962), vol. 1, Vienna, int. At. Energy Agency, 1962, Seite 333

[88] F. P. Bowden, L. T. Chadderton: Nature **192**, N 4797, 31 (1961)

[89] J. J. Kelsch, O. F. Kamerer, P. A. Buhl: J. Appl. Phys. **32**, 1627 (1961)

[90] T. S. Noggle, J. O. Stiegler: J. Appl. Phys. **31**, 2199 (1960)

[91] T. K. Bierlein, B. Mastel: J. Appl. Phys. **31**, 2315 (1960)

[92] M. Riehl: Kerntechnik 3, N 12, 518 (1961)

[93] D. G. Brandon, F. P. Bowden: Philosoph. Mag. **6**, N 65, 707, (1961)

[94] J. W. Menter, D. W. Pashley, A. E. W. Presland: „*Properties of Reactor Materials and Effects of Radiation Damage*", London, Butterworths, 1962, Seite 149

[95] L. N. Zakgejm: „*Elektrolytkondensatoren*", Gosėnergoizdat, 1954

[96] V. I. Veselovskij: ŽFCh **15**, 145 (1941)

[97] V. I. Veselovskij: ŽFCh **23**, 1095 (1949); **24**, 336 (1950)

[98] V. I. Veselovskij: Sammelband „*Probleme der physikalischen Chemie*", Arbeiten des physiko-chemischen Instituts „L. Ja. Karpov", Heft 1, Chimizdat, M., 1958, Seite 73

[99] S. S. Šalyt: Sammelband „*Halbleiter in Wissenschaft und Technik*", Band 1, M.-L., Verlag AN SSSR, 1957, Seite 7

[100] N. D. Tomašov, E. N. Paleolog, A. Z. Fedotova: ŽFCh **34**, 833 (1960)

[101] D. A. Šklover: Sammelband „*Materialien der wissenschaftlich-technischen Allunions-Sitzung über Lichttechnik,*" M., *Gosėnergoizdat*, 1947

[102] V. I. Veselovskij: ŽFCh **20**, 269 (1946); **22**, 1427 (1948); **24**, 366 (1950)

[103] H. E. Haring: J. Electrochem. Soc. **99**, 30 (1952)

[104] A. V. Bjalobžeskij, V. D. Val'kov: Dokl. AN SSSR 134, 121 (1960)

[105] L. Young: Trans. Faraday Soc. **50**, 2 (1954)

[106] A. N. Frumkin, V. S. Bagockij, Z. A. Joffa, B. N. Kabanov: „*Kinetik der Elektrodenprozesse*", M., Verlag MGU, 1952

[107] P. I. Dolin: „*Sammlung von Arbeiten über Strahlenchemie*", M., Verlag AN SSSR, 1955, Seite 7

[108] V. V. Gerasimov, A. I. Gromova, E. S. Golovina, G. S. Moskvičev u. a.: „*Korrosion und Strahlung*", M., Gosatomizdat, 1963

[109] J. O. Bockris, L. F. Oldfield: Trans. Faraday Soc. **51**, 249 (1955)

[110] V. M. Latimer: „*Oxydationszustände der Elemente und ihre Potentiale in wäßrigen Lösungen*", M., IL, 1954, Seite 355, 360

[111] Ja. M. Kolotyrkin, N. Ja. Bunė, G. S. Tjurikov: Sammelband „*Arbeiten der I. Allunionstagung über Strahlenchemie*", M., Verlag AN SSSR, 1958, Seite 143

[112] G. H. Cartledge: J. Electrochem. Soc. **104**, 420 (1957)

[113] D. M. Šub, G. S. Tjurikov, V. I. Veselovskij: „*Arbeiten der Taschkenter Konferenz zur friedlichen Nutzung der Atomenergie*", Band 1, Taschkent, Verlag AN Uzb SSR, 1961, Seite 370

[114] G. H. Cartledge: Nature **186**, N 4722, 370 (1960)

[115] A. B. McIntosh, T. E. Evans: „*Proceedings of the Second United Nations Internation. Conference on the Peaceful Uses of Atom. Energy*, Band 17., Geneva. U. N., 1958, Seite 206

[116] A. S. Zajmovskij, V. V. Kalašnikov, I. S. Golovnin: „*Brennelemente von Atomreaktoren*", M., *Goschimizdat*, 1962

[117] A. O. Allen: US-Report CC-1321 (1944)

[118] J. Burkett: Metallurgia **58**, N 345, 32 (1958)
[119] F. H. Krenz: Corrosion **13**, N 9, 575 (1957)
[120] Sueo Nomura: J. At. Energy Soc. (Japan), **2**, 603 (1960)
[121] R. Borasky, B. Mastel: US-Report HW-3704 (1957)
[122] A. J. Golubev: „*Anodische Oxydation von Aluminiumlegierungen*", M., Verlag AN SSSR, 1961
[123] A.V. Bjalobžeskij: „*Methoden der anodischen Oxydation von Aluminium*", M., VINITI, 1956
[124] A. S. Ambarcumjan, A. A. Kiselev, R. V. Grebennikov. V. A. Myškin, L. I. Cuprin, A. V. Nikulina: „*Arbeiten der II. Internationalen Konferenz zur friedlichen Nutzung der Atomenergie*" (Vorträge sowjetischer Wissenschaftler), Band 3., M., Atomizdat, 1958, Seite 486
[125] G. E. Gallonjan, E. J. Callahan, R. F. Koenig: US-Report KAPL-GEG-4 (1957)
[126] F. Ch. Krenc u. a.: „*Arbeiten der II. Internationalen Konferenz zur friedlichen Nutzung der Atomenergie*" (Vorträge ausländischer Wissenschaftler), Band 6., M., Atomizdat, 1959, Seite 286
[127] B. Cox, K. Alcock, W. Derrick: J. Elektrochem. Soc. **108**, N 2, 129 (1961)
[128] F. H. Krenz: „*Proceedings of the I. International Congress on Metallic Corrosion*", London, Butterworths, 1961, Seite 462
[129] Rokuel, Koén: „*Materialien der Internationalen Konferenz zur friedlichen Nutzung der Atomenergie*", Band 9, M., Goschimizdat, 1955, Seite 520
[130] G. H. Jenks: US Atomic Energy Comission Publ. ORNL-3039, 1961 (zit. nach [2])
[131] G. H. Jenks: US-Report ORNL-3039 (1961); „*Corrosion of Zirconium Alloys*", Philadelphia, Pa. Amer. Soc. Test. and Mater., 1964, Seite 41
[132] G. H. Cartledge: Corros. et anticorros. **6**, 11, 387 (1958)
[133] G. V. Akimov: Sammelband „*Untersuchungen über rostfreien Stahl*", M.-L., Verlag AN SSSR, 1956, Seite 117
[134] V. P. Batrakov: Vestnik AN SSSR, Nr. 8, 67 (1950)
[135] I. L. Rozenfel'd, I. K. Maršakov: ŽFCh **30**, 2724 (1956)
[136] I. B. Ulanovskij, Ju. M. Korovin: ŽPCh **31**, 1366 (1958); **33**, 167 (1960); ŽFCh **33**, 1414 (1959)
[137] I. L. Rozenfel'd, V. P. Maksimčuk: Dokl. AN SSSR **119**, 986 (1958)
[138] I. L. Rozenfel'd u. a.: „*VIII. Mendeleev-Tagung über allgemeine und angewandte Chemie*", Sektion theoretische und angewandte Elektrochemie, M., Verlag AN SSSR, 1958, Seite 124
[139] Oak Ridge National Laboratory: „*Proceedings of the Second United Nations Internation· Conference on the Peaceful Uses of Atom. Energy*", Band **7**, Geneva, U. N., 1958, Seite 3
[140] D. Pestrakov: Coll. Czech. Chem. Commum. **4**, 198 (1930)
[141] S. Greenberg, J. E. Draley: Nucl. Sci. Eng. **3**, N 1, 19 (1957)
[142] A. Allen. Sammelband „*Wissenschaftliche und technische Grundlagen der Kernenergetik*", Band 2, Redaktion K. Gudmen, M., IL, 1950, Seite 242
[143] M. N. Cabrera: Philosoph. Mag. **40**, N 300, 175 (1949)
[144] A. V. Bjalobžeskij: Dokl. AN SSSR **119**, 515 (1958)
[145] A. V. Bjalobžeskij: ŽFCh **33**, 1256 (1959)
[146] W. Primak, L. H. Fuchs: Nucleonics **13**, N 3, 38 (1955)
[147] M. V. Alekseeva, B. E. Andronov, S. S. Gurvic, A. S. Žitkova: „*Bestimmung von Schadstoffen in der Luft von Industrieräumen*", M., Goschimizdat, 1954
[148] M. V. Alekseeva: Sammelband „*Zulässige Grenzkonzentrationen atmosphärischer Verunreinigungen*", M., Medgiz, 1955, Seite 108

[149] V. I. Perel'man: „*Kurzes Handbuch der Chemie*", M., Goschimizdat, 1954, Seite 281

[150] „*Technische Enzyklopädie*" (Handbuch physiko-chemischer Werte), Band 1, M., ONTI, 1927, Seite 83

[151] T. I. Lukonina, K. A. Žigalova, I. L. Rozenfel'd: Žavod. labor. **22**, 1403 (1956)

[152] „*Handbuch der Chemie*", Band 1, L. -M., Goschimizdat 1951, Seite 48

[153] W. H. Vernon: Trans. Faraday Soc. **23**, 162 (1927); **27**, 263 (1931); **31**, 1668 (1935)

[154] F. R. Meyer, L. Ronge: Z. Angew. Chem. **52**, 637 (1939)

[155] V. G. Chlopin: ŽRFChO, Teil Chemie, **43**, 554 (1911)

[156] S. Ja. Pšeževkij: Sammelband „*Probleme der physikalischen Chemie*", Heft 1, M., Goschimizdat, 1958, Seite 31

[157] G. Sprenger: Z. Elektrochem. **37**, N 8/9, 674 (1931)

[158] M. A. Proskurnin, V. D. Orechov, A. I. Černova: „*Arbeiten der Taschkenter Konferenz zur friedlichen Nutzung der Atomenergie*", Band 1, Taschkent, Verlag AN Uzb. SSR, 1961, Seite 339

[159] M. N. Bartz: „*Proceedings of the Second United Nations Internation. Conference on the Peaceful Uses of Atom. Energy*", Band 5, Geneva, U. N., 1958 Seite 467

[160] J. W. Mellor: Comprehens. treatise on inorg. and theoret. chem. (London), 1, 908 (1946)

[161] V. P. Baranik: „*Kurzes Handbuch der Korrosion.*" L.—M., Goschimizdat, 1953, Seite 322

[162] N. D. Tomašov, A. Z. Valjulina: ŽFCh **26**, 417 (1952)

[163] G. A. Gorodeckij: ŽPCh **12**, 1637 (1939)

[164] G. P. Černova, P. M. Al'tovskij: Dokl. AN SSSR **110**, 1030 (1956)

[165] G. C. Milak: U. S. Report ANZ-5587, (1956) W. K. Bogd, G. J. Ericson, O. M. Stewort, P. D. Miller, R. S. Peoples. dto. BMJ-1160, (1957); V. H, Trontner, dto. HW-58146, (1958). (zit. nach [2]).

[166] H. K. Kline, N. J. Giasaffi, W. W. Bley: Nucl. Sci. Eng. Conf. Chicago. N 109, 23 (1958)

[167] J. Perrot: Revêtement et protect. N 48, 37 (1956)

[168] H. Goldschmitt: Ber. Deut. Chem. Gesell. **14**, 927 (1881)

[169] F. Faradoire: Chim. Ind. **34**, 84 (1935)

[170] M. Staub: Ann. Chim. **1**, 105 (1946)

[171] J. Tohlen: La Technique Moderne **14**, N 15, 93 (1922)

[172] J. Milbaner: „*Collection des Travaux chimiques de Tchecoslovaquie*", Band 3, 1931, Seite 73

[173] M. Stern, H. Uhlig: J. Electrochem. Soc. **99**, 389 (1952)

[174] M. Stern, H. Uhlig: J. Electrochem. Soc. **100**, 543 (1958)

[175] A. Prevot-Bernas, A. Chapiro, C. Cousin, J. Landler, M. Madat: Disc. Faraday Soc. **12**, 98 (1952)

[176] N. N. Tunickij, S. E. Kuprianov, M. V. Tichomirov: „*Sammlung von Arbeiten über Strahlenchemie*", M., Verlag AN SSSR, 1955, Seite 223

[177] A. V. Zimin, Z. S. Egorova: dto. Seite 241

[178] A. V. Bjalobžeskij, V. N. Lukinskaja: Atomnaja Ėnergija **11**, 170 (1961)

[179] L. T. Bugaenko, T. S. Nikitina. A. N. Pravednikov, Ju. N. Malinskij: „*Die chemische Wirkung ionisierender Strahlung*," M., VINITI, 1958, Seite 37

[180] U. Burger, E. Clanahan: Ind. Eng. Chem. **50**, N 2, 153 (1958)

[181] A. Chapiro, J. Boag, M. Ebert, L. Cray: J. Chim. Phys. **50**, 468 (1953)

[182] L. Bouby, A. Chapiro: J. Chim. Phys. **52**, 644 (1955)

9. Register

Bei Fragen zur Produktsicherheit wenden Sie sich bitte an:
If you have any questions regarding product safety,
please contact:

Walter de Gruyter GmbH
Genthiner Straße 13
10785 Berlin
productsafety@degruyterbrill.com